미생물의 힘

Power Unseen

Power Unseen: How Microbes Rule the World

by Bernard Dixon

Published by Oxford University Press

미생물의 힘

Power Unseen

버나드 딕슨/이재열·김사열 옮김

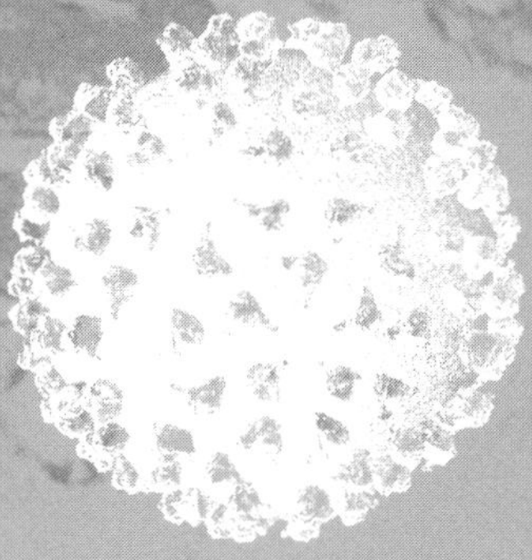

사이언스북스
SCIENCE BOOKS

사랑하는 케이스에게

* 모든 미생물의 학명은 라틴어를 기준으로 발음하였음.

감사의 말

아주 많은 사람들이 알게 모르게 수년 동안 내가 미생물의 생활에 매료되는 데 도움을 주었다. 그래도 이 책이 나올 수 있도록 도와준 분들에게 특별히 감사의 뜻을 전한다. 독일 함부르크의 일반 식물학 및 미생물학 연구소의 에버하르트 보크Eberhard Bock 박사, 브리스톨 대학교의 존 베링거John Beringer 교수, 리딩의 로이 풀러Roy Fuller 박사, 리즈 대학교의 케이스 홀런드Keith Holland 박사, 이스라엘 레호보트의 알렉스 콘Alex Kohn 교수, 셀비의 스터지 사의 필립 밀섬Phillip Milsom, 옥스퍼드 대학교의 리처드 목솜Richard Moxom 교수, 발라터의 이안 포터Ian Porter 박사, 헐 대학교의 콜린 레틀리지Colin Ratledge 교수, 버밍엄 대학교의 해리 스미스Harry Smith 교수, 셰필드의 데이비드 터크David Turk 박사, 셰필드 대학교의 밀턴 웨인라이트Milton Wainright 교수에게 고마움을 전한다. 존 포스트게이트John Postgate 교수에게는 원고를 꼼꼼히 읽고 세심하게 지적하면서 잘못된 곳을 고쳐 격을 높여준 데 대해 진심으로 감사드린다.

미생물 세계의 대표적인 특징을 보여줄 수 있도록 여러 종류의 미생물 사진을 제공해 준 분들에게도 심심한 사의를 표한다. 또한 윌트셔의 포턴다운에 위치한 〈응용미생물학 연구를 위한 공중보건 실험 서비스 센터〉의 베리 다우세트Barry Dowsett와 잭 멜링Jack Melling 교수가 일곱 장가량의 전자현미경 사진을 제공해 준 데 대해 고마움을 표하며, 노르위치의 존 인스 연구소 닉 브루인Nick Brewin 박사에게 감사한다. 빌링엄의 제네카 바이오 프로덕트 사 토니 데이비슨Tony Davison, 길포드의 서레이 대학교 짐 린치Jim Lynch 교수, 애버리스트위스의 웨일스 칼리지의 개레스 모리스Gareth Morris 교수, 말로의 말로 식품 사 테리 샤프Terry Sharp 박사, 노팅엄 대학교의 고든 스튜어트Gordon Stewart 박사, 브리스톨 대학교의 토니 월즈비Tony Walsby 박사에게도 미생물 사진을 제공해준 데 대해 감사드린다.

몇 개의 글은 《생명/공학》과 《영국 의학 저널》에 실렸던 기사를 재구성한 것인데, 이 책에 실릴 수 있도록 허락해 준 두 곳의 편집자 더그 맥코믹Doug McCormick과 리처드 스미스Richard Smith 박사에게 다시 한번 감사드린다. 또한 《옵서버》의 편집자 조나단 펜비Jonathan Fenby에게도 주말판 컬러 신문에 처음 실렸던 세 개의 칼럼을 고쳐 실을 수 있도록 허락해준 데 대해 깊은 감사를 드린다.

끝으로, 동료인 마이클 로저스Michael Rodgers 박사에게 많은 지적 빚을 졌다. 그가 이 책의 편집자이기 때문만이 아니라(보통은 이름을 밝히지 않지만), 지난 20년 동안 대중과학의 훌륭한 업적 뒤에 항상 그가 자리하고 있었기 때문이다.

서문

사람이 사는 사회와 자연계의 모든 부분들은 좋든 나쁘든 아주 작아서 보이지 않는 미생물들——세균, 바이러스, 곰팡이, 원생동물 등——의 활동에 영향을 받고 있다. 이들은 다양한 방법으로 우리가 매일 먹는 음식과 다른 동물들이 먹는 것 모두를 마련한다. 유용한 미생물 계통은 훌륭한 포도주와 맛 좋은 치즈를 만들어 식도락의 즐거움을 선사한다. 미생물은 이 세계에 기름을 풍부하게 공급해주는 근원이자, 해롭고 더러운 액상 폐기물을 깨끗하고 안전한 음용수로 기적같이 처리하는 활발한 행동가이다. 이처럼 미생물은 죽은 동물이나 식물의 세포를 유용한 원소로 순환시키는 역할을 할 뿐 아니라 현대 산업 사회에서 파도처럼 끊임없이 배출되는 독성 물질을 처리해야 하는 짐도 떠맡고 있다.

그러나 미생물들은 무시무시한 전염병의 원인이기도 하다. 수세기에 걸쳐 유행한 천연두와 페스트부터 오늘날까지도 퍼져 있는 콜레라와 아프리카에서 극도로 심각한 에이즈에 이르기까지 매우 다양하다. 미생물은 인간의 많은 재난 가운데서도 아주 나쁜 악재를 일으킬 뿐만 아니라, 장군의 전략이나 정치가의 계획보다도 앞서 대규모 군대 이동을 뒤흔들어 군사력을 꺾어놓기도 한다. 미생물은 기회주의자처럼 사람들의 행동이나 숙주의 기생 환경에 변화가 생기기를 기다린다. 그리고 변화가 나타나기만 하면 금세 폭발적으로 불어난다. 레지오넬라병의 경우가 그랬다.

이제 생물공학 산업에서는 미생물을 이용하여 생명을 구하는 많은 항생 물질과 여러 가지 유용한 산물을 합성한다. 미생물은 지난 반세기 동안 생물과학이 엄청나게 발전하도록 원료를 공급하였고 과학적인 도구와 생각을 여러 방향으로 제시해 주었다. 이들이 제시한 방법은 유전공학의 도구로 쓰이고 있다. 흙 속에서 미생물이 해내는 일들은 생명을 유지하는 데 필수적이다. 그러나 인간과 지구의 역사를 만들고 세상을 유지하며 생명의 질을 향상시키는 데 이바지한 이들의 막대한 영향력은 제대로 평가된 적이 없다. 앞으로 미생물은 과거에 이룬 것보다 훨씬 많은 일을 할 것이다.

이 책은 75개의 짧은 글을 통해 헤아릴 수 없이 많은 미생물의 활동을 보여주는데——과거, 현재 그리고 미래에 이르기까지——이들 각각은 특별한 미생물의 특성과 행동에 초점을 맞추고 있다. 그리고 전체를 다섯 부분으로 묶어 미생물이 우리 세상을 만들고, 여러 가지 방법으로 놀라운 일을 보여주고, 우리를 위협하기도 하고, 우리의 존재를 유지하거나 우리의 미래를 가꾸어 나가는 데 도움을 주는 면에 대해 말한다.

이 책은 생태계에서 우리와 함께 살고 있는 세균, 바이러스, 곰팡이, 원생동물에 대한 자세한 안내를 목적으로 하지는 않았다. 그리고 또한 인간에 대한 미생물의 과거, 현재, 미래의 영향 전부를 설명하려고도 하지 않았다. 다만 가장 악의적이고 또한 가장 자애로운 미생물의 모든 것을 포괄하고자 한다. 이 책에서는 놀라운 다양성을 갖춘 대표적인 미생물의 생활 모습을 초상화 전시회처럼 보여주려고 한다. 이 책은 교과서는 아니지만 배우는 학생이든 가르치는 교사든 다른 책에서 찾아볼 수 있는 미생물학의 형식적인 예에 덧붙여 설명할 유용한 보충 자료가 들어 있다. 어떤 독자들은 이곳저곳을 발췌하여 읽을 수도 있을 것이다. 그리고 처음부터 끝까지 순서대로 읽는 사람은 연속적인 흐름을 파악할 수 있을 것이다.

여기에서 독자들은 한 단어 또는 두 단어로 된 미생물의 이름을 볼 수 있다. 동물이나 식물처럼 대부분의 미생물도 과학적인 이름을 가지고 있다. 이것은 18세기에 스웨덴의 의사이자 박물학자인 칼 린네Carl Linnaeus가 처음으로 도입한 이명법을 근거한 것이다. 예를 들면 살모넬라 티피(*Salmonella typhi*)는 장티푸스를 일으키는 세균의 완전한 이름이며, 살모넬라(*Salmonella*)는 속(屬) 이름이고, 티피(*typhi*)는 종(種) 이름이다. 속 이름인 살모넬라(*Salmonella*)는 간단히 〈S.〉로 줄이기도 하는데, 이것은 연관된 많은 종을 포함하는 비교적 큰 무리로서 식중독을 일으키는 티피무륨(*S. typhimurium*)과 엔테리티디스(*S. enteritidis*)를 포함한다.

미생물 가운데는 중요한 형태를 보이는 두 가지가 있다. 하나는 말라리아 기생체인 플라스모듐(*Plasmodium*)의 여러 종류를 포함하는 원생동물이고, 다른 하나는 곰팡이로(예를 들면 페니칠륨〔*Penicillium*〕) 사카로미체스 체레비시에(*Saccharomyces cerevisiae*) 같은 효모를 포함한다. 바이러스 역시 이명법을 따른다. 예를 들면 유행성 이하선염 바이러스는 믹소비루스 파로티디스(*Myxovirus parotidis*)라고 한다. 그러나 이러한 이름은 널리 쓰이지 않으므로 이 책에서도 사용하지 않는다.

미생물의 같은 종 안에는 몇 가지 성질이 서로 다르지만 이른바 상당히 가까운 〈균주 strain〉가 있다. 실험실에서의 조사에 따르면, 식중독이 발생하는 동안에 전파를 추적하거나 어디에 남아 있는지 알아보고자 살모넬라 티피무륨 균주들 간의 차이를 구별해 내기도 한다. 시간이 흐르면서 돌연변이나 미생물 간의 유전자 〈재조합〉이 일어나 새로운 균주가 나타나기도 한다. 이것은 이상한 독감 바이러스가 어떻게 나타나서, 사람들이 그것에 대한 면역력이 없을 때 어떻게 갑자기 세계를 휩쓸고 지나가는지를 설명해준다. 몇몇 경우에 균주는 한 개체와 다른 개체 사이에서보다 더 작은 차이를 뜻한다. 예를 들면 사카로미체스 체레비시에는 양조장과 제빵 공장에서 쓰는 효모 yeast에 붙여진 이름인데, 두 곳의 효모는 각각 다른 균주이다.

많은 과학자들은 자신이 연구한 미생물의 이름에 기념될 만한 업적을 남겼다. 살모넬라는 미국의 수의학자인 다니엘 살몬 Daniel Salmon의 업적을 기린 것인데, 그는 이 속(屬)의 한 종이 일으키는 돼지 콜레라에 대한 백신을 개발하였다. 예르시니아 페스티스(*Yersinia pestis*)는 페스트를 일으키는 세균인데, 이 이름은 이 균의 발견자인 프랑스인 알렉상드르 예르생 Alexander Yersin의 이름을 딴 것이다. 다른 경우에도 균 이름은 병이 일어나는 생명체를 나타내거나(미코박테륨 투베르쿨로시스 *Mycobacterium tuberculosis*), 이들이 진행시키는 화학적인 과정을 나타내기도 한다(클로스트리듐 아체토부틸리쿰〔*Chlostridium acetobutylicum*〕).

다음의 간단한 두 이야기는 미생물의 힘과 영향력을 잘 보여준다. 먼저 지구에서 가장 작은 생명체와 가장 큰 생명체를 비교해 보자. 가장 작은 세균의 무게는 0.000000000001그램에 불과하다. 고래의 무게는 100,000,000그램에 이른다. 그렇지만 이 세균은 고래를 죽일 수도 있다.

그리고 1993년 4월에 발표된 한 연구에서는 미생물이 지구에서 34억 6천5백만 년 전부터 살아왔다고 했다. 로스앤젤레스 캘리포니아 대학교의 윌리엄 쇼프William Schopf가 《사이언스》에 실린 그의 논문에서 호주 서부의 바위에 나타난 미생물 화석 가운데 이전까지 알려지지 않은 8종류의 무리를 설명한 것이다. 사람(*Homo sapiens*)이 나타나기 전까지 영겁의 세월 속 아주 먼 과거에도 미생물은 그렇게 많이 살았다. 미생물의 적응력과 융통성이 이러했기에, 사람이나 다른 〈고등한〉 동물과 비교해 보더라도 미생물은 의심할 여지없이 무리를 이룰 것이고, 인간과 다른 생물들이 사라진 후에도 오래 동안 지구의 모습을 변화시킬 것이다. 이 세계는 〈거생물〉이 아닌 〈미생물〉이 지배하고 있다.

차례

2부 두 얼굴의 기회주의자

3부 위협적인 파괴자

4부 든든한 후원자

5부 미래의 설계자

1부

뛰어난 제작자

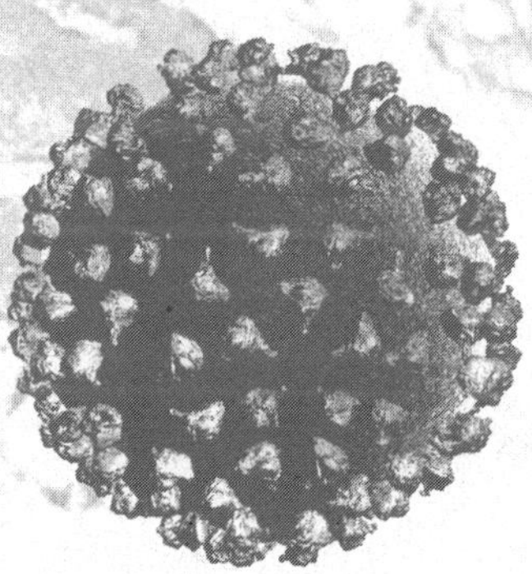

우리 행성인 지구와 인류 사회는 어떻게 생겨나서 지금까지 이어져 왔을까? 우리는 우리가 사는 세상과 환경 그리고 사회를 움직이는 원동력이 무엇인지 어느 정도 이해하고 있다. 이 원동력은 무한한 자연의 힘과 아울러 잘라내기도 하고 끼워넣기도 하는 진화 과정을 비롯하여, 정치· 종교· 군사 지도자 들의 영향력에 이르기까지 매우 다양하다. 하지만 무엇보다 이 책의 1부에서 다루는 것처럼, 인간의 역사뿐 아니라 지구의 역사조차도 미생물의 거대하고도 다양한 활동에 상당히 의존하고 있다. 물론 이 주제는 2, 3, 4부에서도 확인할 수 있으며, 미생물이 인간의 열망을 충족시키는지 좌절시키는지, 더 나아가 인간의 삶을 지켜주는지 위협하는지에 대한 여러 가지 모습을 볼 수 있다.

1 생명은 어디에서 왔는가?
——시원 세포

간단히 정의하면 미생물이란 너무나 작아서 현미경으로만 볼 수 있는 생물이다. 그리고 인간을 비롯한 대부분의 동식물 그리고 우리 행성에 살고 있는 많은 생명체들도 미생물처럼 시작했을 것이다. 아무리 크고 복잡한 성체(成體)라도——인간은 물론 코끼리나 삼나무까지도—— 모두가 맨눈으로는 볼 수 없는 수정란으로부터 시작하였다. 몇몇 종은 눈으로 볼 수 있을 정도로 큰 알을 낳지만, 대부분은 인간의 눈으로는 보기 힘든 미세한 크기로 삶을 시작한다. 그리고 성숙한 동물과 식물은 다세포 구조를 갖는다. 이들은 서로 다른 모양의 세포로 이루어져 있으며, 세포 각각은 독특한 기능을 가지도록 특화되었다. 생물학에서 가장 즐겨 다루는 문제 중 하나는, 미생물 하나에서 파생한 세포들이 연속적으로 분할하여 만들어진 생명체들이 어떻게 완전히 다른 생명체로 발달하는가이다.

〈미생물 microbe〉이란, 분명히 성숙했지만 너무나 작기 때문에 광학현미경 또는 전자현미경으로만 볼 수 있는 생명체를 뜻하는 말로 널리 쓰인다. 역사적으로 볼 때 미생물이 처음으로 사람들 앞에 모습을 드러낸 것은 이들이 결핵이나 콜레라 및 파상풍 등의 병원균으로 확인된 후부터다. 오늘날 우리는 다양한 미생물이 토양을 기름지게 하거나 육상 생물에게 중요한 수많은 과정에 관여하는 등 엄청난 일을 하고 있음을 알고 있다. 즉 인간을 비롯한 〈거생물 macrobe〉들은 보이지 않는 미생물의 세계에서 일어나는 수많은 활동에 한없이 의지하고 있다.

요즈음 생물학자들은 이롭든 해롭든 간에 모든 미생물들을 원시 생명체로 그려내려고 한다. 미생물은 기관과 조직으로 뚜렷이 구분되는 다세포 동물에 비해 확연하게 간단하며, 또한 잎과 꽃을 비롯한 거대 줄기 구조를 가진 식물과 비교해도 그렇다. 이러한 구분이 사실이기는 하지만, 한 가지 매우 중요하게 짚고 넘어가야 할 점이 있다. 그것은 미생물이 우리가 표현하는 것처럼 그렇게 원시적인 것만은 아니라는 사실이다.

예를 들어 많은 미생물들은 비타민이나 아미노산(단백질의 구성 단위) 같은 영양분을 스스로 공급할 수 있지만, 사람이나 다른 〈고등한〉 동물들은 음식으로 섭취해야 한다. 사람과 많이 다르기는 하지만 미생물들 역시 성생활을 하며, 이때 독특한 방법으로 유전 물질을 한 세포에서 다른 세포로 전달한다. 무엇보다도, 알려진 바와 같이 이 간단한 생활형들은 다세포 개체에서 여러 조직에 의해 이루어지는 모든 기능을 하나의 세포 안에 가지고 있다. 그래서 노폐물을 세포막을 통해 바깥으로 배출하는 메커니즘을 갖추었다. 하지만 사람은 신장 같은 특별한 기관을 통해 이러한 기능을 수행한다.

사실 고등 동물이나 식물의 몇몇 기능은 그들 내부 또는 외부 미생물의 도움으로 이루어진다. 일례로 소와 같은 반추(되새김질) 동물의 소화관 안에는 섬유소(셀룰로오스)를 분해하는 세균이 있어 풀을 먹고살 수 있도록 해준다. 미국의 생물학자 린 마굴리스 Lynn Margulis는 다세포 생명체의 세포 내부 구조 중 어떤 것은 언젠가 독립적인 생활형이었으나 진화가 일어나는 동안 세포 안으로 흡수되었다고 믿는다. 가장 그럴듯한 후보는 식물 세포의 〈엽록체〉다. 엽록체는 엽록소를 가지고 광합성을 하는 기관으로서 빛 에너지를 이용하여 이산화탄소를 당과 녹말로 바꿔준다. 가능한 또다른 후보는 동물과 식물의 세포에서 에너지를 합성하는 〈미토콘드리아〉다. 이 작은 구조물은 원래 미생물이었지만 나중에 세포 안으로 통합되었다고 한다.

우리 자신이나 생물권의 모든 요소들이 미생물로 시작했다는 것에는 또다른 의미가 담겨 있다. 즉 우리 모두가 지구에 나타난 최초 세포의 후손이라는 점이다. 여전히 완고한 종교적 믿음하에 진화의 개념을 묻는 사람들도 있지만, 생명이 육지에서 어떻게 발전되어 왔는지를 보여주는 증거들은 도처에 널려 있다. 지금은 찰스 다윈Charles Darwin이 자신의 이론을 뒷받침하기 위해 사용했던 것보다도 훨씬 많은 자료가 있다. 그러나 중심을 이루는 설명은 화석과 현생 생명체 간의 연관성으로부터 알아낸 것으로, 아주 복잡한 생명체는 간단한 개체로부터 매우 점진적이면서도 우연하게 발전해 왔다는 것이다.

그렇지만 이러한 과정은 어떻게 시작되었을까? 이에 대해서는 수많은 의견들이 있다. 그 가운데 어떤 것(배종설)은 생명의 근원이 우주의 어느곳에 있으며 그곳에서 비롯되어 지구에 전해졌다고 간단히 치부해 버린다. 가장 신빙성 있는 견해는 러시아의 생화학자 알렉산드르 오파린Alexander Oparin의 생각에 근거한다. 그는 1924년에 펴낸 『생명의 기원 *The Origin of Life*』에서, 살아 있는 세포의 출현은 순수한 화학적 진화 과정에 따른 것이라고 하였다. 방전 같은 자연 현상의 영향을 받는 동안, 때때로 우리가 현재 〈무기물〉이라고 부르는 무생물 화학 물질이 서로 결합하여 〈유기물〉이라 부르는 훨씬 복잡한 분자들을 만들기도 하였다(우리가 알고 있듯이 이 분자들은 살아 있는 세포와 불가분의 관계이다). 이것들은 최초의 세포를 만드는 데 필요한 구성 물질로 이루어진 〈원시 수프primeval soup〉를 형성했다. 오파린에 따르면 어느 순간 최초의 자기 복제 단위가 나타났고, 이것이 바로 최초의 생명체가 되었다.

적당한 시간에——이러한 발전이 일어나는 데는 문자 그대로 수십억 년이 걸렸다——이 생명 단위는 오늘날 우리가 알고 있는 막으로 둘러싸인 세포를 닮아가기 시작했다. 처음에는 주변에 있는 분자들에 의해 양육되고 나중에는 자신을 고갈시키면서 그러한 물질을 만드는 능력을 획득했다. 이러한 방법으로 하나의 세포가 연속적인 화학 반응을 일으키기 시작했다. 그 과정에서 오늘날의 미생물을 그대로 빼닮은 원시 세포들은 서로에게 이익이 될 때면 영구적인 결합을 만들기도 했다. 이 공생 관계는 다세포 생명체를 향한 첫걸음이었으며, 알다시피 오늘날의 생물권에서 아주 흔한 일이다. 그리고 역시 우리 자신에서도 흔하다. 요컨대 우리의 조상은 의심할 여지없이 미생물이다.

2 석유를 만든 자연의 화학자
——보트리오코쿠스 브라우니(*Botryococcus braunii*)

원자력을 개발하고 바람이나 물 같은 〈청정〉 자원 및 석탄을 이용하고 있음에도 불구하고 석유는 여전히 세계의 주요 에너지원이다. 눈에 띄지는 않지만 미생물은 사람들이 폐공에서 원유를 채유하기 쉽도록 돕기도 한다. 예를 들면 크탄토모나스 캄페스트리(*Xanthomonas campestri*)라는 세균이 만들어내는 크산탄 고무 xanthan gum는 지하 바위 입자에 꽉 달라붙은 원유를 분리해내는 데 매우 효과적이다. 이것을 바탕으로 한 흥미로운 발상은 유전 지대에 이 미생물을 투입하여 그곳에서 증식하면서 채유를 도와주는 물질을 생산하도록 하는 것이다. 즉, 이 미생물이 이산화탄소를 발생시키면 석유가 위쪽으로 밀려 올라오게 된다.

그런데 우리가 사용하는 석유는 맨 처음 어디에서 왔을까? 세계의 거대한 유전 지형들이 태초부터 침적암의 구멍 속에 나타난 것은 아니다. 어쨌든 석유는 만들어질 수밖에 없었고, 오늘날에는 미생물이 천연 생물공학의 이 거대한 업적(석유)을 남긴 장본인이라는 사실이 널리 받아들여지고 있다. 이에 관여한 적어도 몇몇 유기체들은 스트로마톨라이트stromatolite였을 것이고, 이것은 섬유 모양의 깔개 같은 남조 미생물(시안세균 cyanobacteria)로서 선캄브리아기(지구가 생성된 46억 년 전부터 5억 9천만 년 전까지) 바다에 생명체의 형태로 있었다. 스트로마톨라이트의 화석은 30억 년 된 바위에 남아 있다. 이 화석들은 가장 크다고 알려진, 미국 와이오밍 주 콜로라도 그린Green 강의 유모혈암 퇴적물에서 많이 나타난다.

스트로마톨라이트의 지방(기름기)이 어떻게 우리가 알고 있는 원유 성분인 탄화수소로 바뀌었는지에 대해서는 미생물학자들도 분명하게 설명하지 못했다. 그러나 몇 년 전에 저 먼 남극 지방에서 스트로마톨라이트의 화석과 많이 닮은 조류 깔개에서 발견된 사실로부터 이 초기 과정에 대해 보다 자세히 설명할 수 있는 가능성을 얻었다. 그들의 서식지는 지구에서 매우 황량한 곳 가운데 하나로, 언제나 얼음으로 덮인 호수의 밑바닥이었다. 그곳은 바닥에까지 들어가는 빛의 양이 너무 적어(조류가 살기 위해서는 빛이 필요하다) 거의 암흑 지역이다. 그렇지만 미국 블랙스버그에 있는 버지니아 폴리테크닉 연구소와 주립 대학교의 과학자들은 자연에서 석유 형성에 관한 비밀을 풀어보려는 희망을 가지고 이들 〈극한미생물 extremophiles〉에 대해 연구하고 있다. 실제로 이러한 연구는 언젠가 지구에서 가솔린을 추출하는 비용이 너무 커질 경우 미생물을 이용한 가솔린 생산을 가능하게 할지도 모른다.

시안세균은 근대 석유 산업 초창기의 은인으로 대접받을 자격이 충분히 있다. 이것은 역사 속의 아이러니 중 하나이며, 특별한 생명체 덕분에 비교적 최근까지 부존자원이 보잘것없을 것으로 보인 나라에서 석유 탐사가 시작됐다. 보트리오코쿠스 브라우니가 바로 헛된 꿈을 좇는 호주의 석유 시추자에게 보내진 미생물이었다. 한 세기쯤 전에 2, 30년 동안 미친 듯이 땅에다 구멍을 뚫었던 기업가들이 비로소 헛돈을 썼음을 깨닫기 시작했다. 보트리오코쿠스 브라우니는 이러한 실패의 원인이었고, 그 모험담에서 이 미생물의 자세한 역할이 알려지기 전까지는 또다시 2, 30년이 지나야만 했다.

이야기는 1852년으로 거슬러 올라간다. 경찰이 빅토리아 주에서 채굴한 금의 수송을 호위하는 도중에 이상한 물질과 마주쳤다. 일행은 호주 남부의 쿠롱Coorong에 많은 비가 내린 후 일시적으로 만들어진 이름 없는 호수 옆의 저지대를 지나고 있었다. 이곳은 고무나 아스팔트 같은 물질의 층이 덮고 있었다. 겉보기에는 검었지만 긁어보니 밝은 노란색 줄무늬가 나타났고 빛을 비춰보니 노란빛을 띠었다. 여행자들 가운데 아무도 이전에는 그와 같은 물질을 보지 못했다.

다시 몇 해가 지나고 그와 같이 괴상한 탄력성 물질이 쿠롱 지역의 다른 곳에서도 발견되었다. 그것은 매우 질기기는 하지만 칼로 자를 수 있고 뜯기기도 했는데, 부서진 곳은 녹갈색을 띠며 수지 비슷한 광택을 냈다. 그리고 보통은 1-2센티미터, 종종 30센티미터의 두께에 이르는 불규칙한 지층에서 발견되었다. 그리고 가끔씩 호수의 가장자리와 맞닿은 물결의 표면에도 나타나는 것으로 보아 물에 뜨는 것임을 알 수 있었다.

화학자들은 지금까지 알려지지 않은 이 물질에 대해 조사하기 시작했고, 이것을 〈쿠로나이트Coorongite〉라고 불렀다. 쿠로나이트를 증류기에 넣고 가열하면 원유 성분과 같은 종류의 탄화수소가 발생했다. 이러한 발견이 알려지면서 점차 처음의 관찰에 대한 설명을 믿게 되었다. 이전에 과학적으로 알려지지 않았던 이 특이한 검은 물질은 땅속의 석유 저장소로부터 표면으로 스며 나온 것이리라.

이렇게 해서 1860년대에 쿠롱 지역에서는 폭발적인 석유 탐사가 이루어졌다. 투기업자들은 불하받은 지역에 말뚝을 박고 잇달아 유정을 개발했다. 쿠로나이트가 가득한 지역——지질학자들도 사실 그곳이 유전이기에는 지대가 높다는 것을 알고 있었다——

에서는 기둥을 세우고 암상(岩床)에 구멍을 뚫어댔다. 하지만 모든 유정에서 석유가 나오지 않았고, 좌절과 당혹감이 일었다.

그러는 동안 쿠로나이트의 성상에 대한 논쟁도 커져 갔다. 생물학자들이 현미경으로 관찰한 결과, 이 물질에는 식물이나 미생물이 만들어냈을 법한 포자가 포함되어 있었던 것이다. 그들은 이 물질이 살아 있는 세포가 분비한 것이라는 결론을 내렸다. 그러나 몇몇 전문가들은 〈포자〉를 오염 물질이라며 무시해 버렸고, 쿠로나이트가 원유의 윗부분에서 누출된 것이라는 주장을 굽히지 않았다. 시료를 스코틀랜드로 보내 증류시켜 분석한 결과 이러한 설명이 옳았음이 밝혀졌다. 쿠로나이트 1톤으로부터 318리터의 파라핀과 59리터의 지방질 파라핀 및 32리터의 니스가 나온 것이다.

그러나 1892년 281미터에 이르는 구멍을 뚫었으나 소득은 없었고 점차 환멸감이 생겼다. 조사자들이 실제로 쿠로나이트가 만들어지는 과정을 보게 되면서 모든 게 드러났다. 이들은 자연 석호에서 나타나는 많은 녹색 찌끼가 나중에 탄력이 있는 독특한 모암에 달라 붙는다는 것을 알아냈다. 오늘날 쿠로나이트는 물질을 합성하거나 화학적 변화를 일으키는 보트리오코쿠스 브라우니의 탄화수소를 기반으로 유모혈암을 형성하는 〈토탄 단계〉로 이해된다.

몇몇 전문가들이 이야기하듯이, 보트리오코쿠스 브라우니를 대량으로 배양하면 경제적인 새로운 연료를 만들어낼 수 있을지는 한 세기가 지난 오늘날에도 여전히 의문으로 남아 있다. 이 특별한 미생물이 석유 저장소를 만드는 데 중요한 역할을 하는지에 대해서도 역시 분명하게 알려지지 않았다. 다만 확실한 것은 자신들의 또다른 역할을 너무나 효과적으로 보여준 나머지, 호주의 산업을 그릇된 길로 안내하여 큰 힘을 낭비하도록 했다는 점이다. 이것이 바로 미생물의 힘이다.

3 르네상스 시대의 개막자

——예르시니아 페스티스(*Yersinia pestis*)

간담을 서늘하게 하는 이 죽음과 질병의 내습은 1347년 유럽에서 시작됐다. 바로 이 해에 〈대역병〉이 시작되었다. 이 병은 나중에 〈흑사병 Black Death〉으로 불렸다. 겨우 4년 동안에 선(線)페스트라는 한 가지 병으로 7천5백만에 달하는 유럽 전체 인구의 3분의 1 이상이 죽었다. 지금은 페스트균(그림 1)으로 알려진 이 무시무시한 세균이 일으킨 전염병은 14세기에 8년에 한 번 꼴로 발생하여 유럽 전체 인구의 4분의 3 정도를 휩쓸었다.

그렇지만 페스트균이 유럽 사람들에게 고통을 준 것은 이때가 처음은 아니었다. 이와 비슷한 전염병이 서기 6세기경 유스티니아누스 황제 때 나타난 바 있으며, 그후에도 두 세기에 걸쳐 국지적으로 발생했다. 흑사병은 감염률이 매우 높으며 이것은 이미 중세에 그랬듯이 인구 증가에 막대한 악영향을 끼쳤다. 유사 이래 이러한 참화를 가져온 미생물은 없었다.

선페스트는 가래톳(림프절)에서 이름을 따왔으며, 희생자의 목과 겨드랑이와 사타구니의 림프절이 크게 부어오르고 심한 경우 터지기도 하는 끔찍한 병이다. 선페스트는 갑작스런 고열을 동반하며, 곧 전신성 출혈로 인해 피부가 검게 변한다. 이 균이 폐에

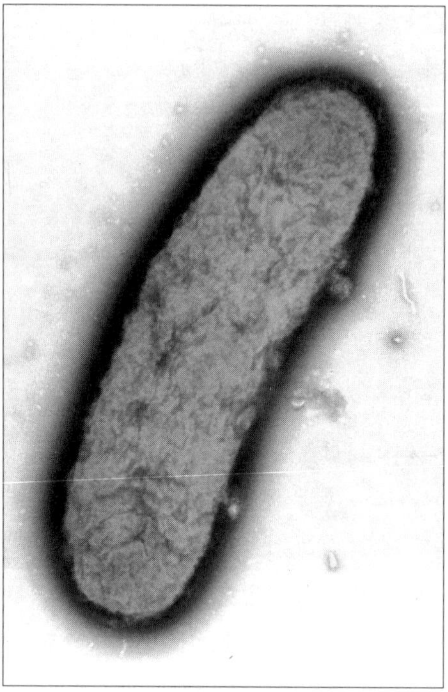

그림 1
예르시니아 페스티스(*Yersinia pestis*). 흑사병을 일으키는 세균. 프랑스 화학자 루이 파스퇴르 Louis Pasteur의 이름을 따서 처음에는 파스테우렐라 페스티스(*Pasteurella pestis*)라 불렀다(배율: ×70,000).

들어가면 이른바 폐페스트로 들불처럼 전파된다. 그래서 이 병은 악마같이 무서운 병이다.

그렇다면 흑사병은 어디에서 유래한 것일까? 이 병은 전염의 범위가 분명하고 간단하게 설명할 수 있음에도 불구하고 발생이 감소한 지 한참이 지난 오늘날까지도 그 원인은 베일에 싸여 있다. 물론 지금은 페스트균이 전세계의 검은 쥐나 다른 설치류를 1차 보균체로 한다는 사실을 안다. 감염된 쥐의 피를 빨아먹은 벼룩은 페스트균을 다른 개체로 옮긴다. 어떤 쥐는 페스트균에 저항성이 있는 반면 다른 것들은 감염된 지 얼마 되지 않아 죽어버린다. 그러면 쥐의 개체수는 줄어들고, 벼룩은 낯선 숙주인 사람이나 다른 동물로 옮아간다.

역사학자들은 흑사병이 아시아에서 시작되었고, 14세기에 쥐들이 균을 서쪽으로 옮겨 왔으며, 페스트균을 가진 벼룩이 쥐에서 쥐로 그리고 쥐에서 사람으로 옮겼다고 믿는다. 그 경로는 중국 상인들이 비단을 운반한 비단길임이 분명하다는 것이다. 중국 상인들의 근거지인 아스트라칸Astrakhan과 사라이Saray——구소련의 볼가 강 하류 지역——에서 이미 1346년에 페스트가 발생했다. 이것 외에도 여러 증거들을 볼 때 페스트균이 서부 유럽으로 들어간 경로는 비단길임이 분명하다.

가장 그럴듯한 시나리오에 따르면 중앙아시아에 사는 마못marmot이라는 큰 쥐가 이 병을 전파하는 데 결정적인 역할을 했고, 그러면서 엄청나게 죽었다. 사냥꾼들은 그 가죽을 모아서 서역 상인들에게 팔아넘겼다. 상인들이 아스트라칸과 사라이에서 이 가죽을 담은 포대를 풀자 굶주렸던 벼룩들은 〈피의 식사〉를 찾아나섰다. 페스트균은 곧 그곳으로부터 돈Don 강을 거쳐 흑해의 카파Kaffa 항까지 건너갔고, 다시 배를 타고 쥐가 번성하는 세상을 찾아 안식처를 마련하게 되었으며, 동시에 유럽 전역으로 퍼질 수 있었다. 1347년 12월까지 페스트는 시칠리아 섬의 메시나와 콘스탄티노플을 비롯한 카파나 제노아와 연결된 이탈리아 북부 대부분의 항구 도시에서도 나타났다.

이듬해에는 프랑스에 이르렀고, 그곳에서 클라레claret(프랑스 보르도산 적포도주)를 실은 배를 타고 영국에까지 건너갔다. 1349년 5월에는 런던에서 출항해 노르웨이 베르겐으로 가던 배가 베르겐의 해안가에서 표류하다가 발견되었다. 지역 주민들이 이 배로 가서 조사를 해보니 승무원 모두가 죽어 있었다. 이들은 해안으로 돌아오면서 배에 있던 양모 하물 몇 개를 가져왔는데, 여기에 이 무서운 세균이 딸려왔고 곧 온 나라에 퍼졌다. 페스트균은 덴마크와 독일에서 많은 사람들을 죽음으로 내몰았고 1351년에는 폴란드, 그 이듬해에는 러시아에까지 이르렀다. 이로써 이 무서운 균은 전 유럽을 휩쓸었다.

역사학자이자 목사인 프란시스 아이단 가스케 Francis Aidan Gasquet가 1893년에 펴낸 『대역병 *The Great Pestilence*』은 흑사병이 14세기에 시작된 종교·정치적인 변동을 어떻게 강화시켰는지, 어떻게 중세의 종지부를 찍고 근대를 열었는지를 보여준다. 최근의 연구자들은 이 점과 함께 한 가지 중요한 패러독스도 집어냈다. 페스트균은 유럽 사회에서 인간의 기본 욕구——음식, 주거, 일자리——를 충족하기 위한 경쟁을 엄청나게 줄여주었던 것이다. 사회적 지위가 낮은 사람들까지도 전에 없던 부를 누렸고, 부유한 사람들은 친인척이 생전에 쌓아놓은 재산을 상속받아 더욱더 부유해졌다. 이렇게 해서 르네상스를 위한 훌륭한 조건이 갖추어졌으며, 이것이 유럽이 오늘날 우리가 알고 있는 모습과 특징을 갖추게 된 계기가 되었다.

페스트가 계속해서 기승을 부리는 동안에도 이러한 진보는 지속되었다. 예를 들면 런던에서는 1665년까지 계속 페스트가 발생했다. 다행히 이듬해 대화재 이후에는 발생이 줄었다. 이 대화재가 병의 발생을 줄이는 데 일조했는지는 여전히 전문가들 사이에서 논쟁이 되고 있다. 결정적인 원인은 오히려 병원성이 매우 강한 페스트균이 점차 병원성이 약한 균주로 변한 것이었다. 페스트가 사라진 데 대해 어떻게 설명을 하든, 후기에 발생한 페스트는 이전의 페스트만큼 치명적이지 않았다. 그렇다면 중세의 흑사병은 어째서 그 이전의 페스트보다 병독성이 강했을까? 최근에 이루어진 페스트균의 병독성에 관한 유전자 연구에 따르면 미생물의 DNA에서 한 개의 돌연변이가 나타난 것이 이러한 결과를 가져왔다고 한다.

그렇다면 오늘날의 페스트는 어떠한가? 우선 이 병은 항체로 잘 다룰 수 있다. 물론 아프리카 일부 지역, 남미, 미국 남서부 등지에서 여전히 발생하고는 있지만, 전파 형태로 볼 때 페스트균이 다시는 가공할 전염병을 일으킬 것 같지는 않다. 그러나 왜 어떤 설치류는 감염을 일으키고 다른 종류는 그렇지 않은지에 대해서는 잘 알지 못한다. 이 〈대역병〉에 대해서는 여전히 알아야 할 것들이 많다.

4 미국 대통령의 탄생을 도운 산파

——감자역병균(*Phytophthora infestans*)

1845년에 곰팡이가 아일랜드에서 주식이 되는 식품을 파괴하기 시작했다. 감자역병균이 건강한 감자 속으로 들어가면서 세계의 역사가 달라졌다. 100만 명에 이르는 가난한 아일랜드 민족이 죽어간 것이나 200만 명이 호주와 신세계로 이민을 떠난 것도 바로 이 역병 때문이었다. 보이지도 않고 알 수도 없는 감자역병균은 존 F. 케네디를 미국의 대통령으로 당선시켜, 1962년 10월에는 소련이 쿠바에 미사일 기지를 설치하는 문제로 그와 흐루시초프Nikita Khrushchev가 대치하도록 했다.

아일랜드의 부재 지주들은 곰팡이에게 인류 역사를 바꿀 수 있는 기회를 부여했다. 이들은 자신들의 이익을 위해 한 톨의 곡식이라도 더 짜내려고 했으며 소작인들의 몫으로는 아주 조금만 남겼다. 이 때문에 소작인은 특별히 수확을 많이 내는 작물을 심어야 했다. 결국 이 불쌍한 빈민들은 감자를 택했고 이것 외에는 먹을 게 없었다.

1845년 《더 타임스》에 밸리나모어 Ballinamore(생활 조건이 최악은 아니었다)에 거주하는 노동자 가족들의 평균 생활비가 발표됐다. 노동자들은 일년의 절반은 임시로 농사를 지었고, 일당으로 6펜스를 받았다. 주택의 연간 임대료는 2파운드 10실링이었고, 농토를 빌리는 데는 추가로 2파운드 10실링이 더 들었다. 돼지 한 마리를 길러 팔면 4파운드를 받았다. 《더 타임스》에 따르면 이들을 먹고살기 위해 하루에 32파운드씩 일년에 감자 5톤을 경작해야 했다. 그러나 아주 오랜 시간이 지난 1940년에 라지 E. C. Large가 『곰팡이의 진격 *The Advance of the Fungi*』에서 지적했듯이 그나마 이것은 낙관적인 평가였다. 농토가 황폐해지면서 당시에 재배하던 감자 품종이 병으로 죽어 수확량이 현저히 줄었다. 라지는 다음과 같이 적었다.

> 부재 지주는 때때로 아일랜드 소유지를 방문하곤 했다. 이 지주들은 제대로 뛰지도 못하는 여위고 지저분한 이 불쌍한 사람들을 보고 놀라움을 감추지 못했다. 이것은 이들만의 문제가 아니다. 이 불행한 사람들을 위해 정부가 나서야 할 것이다. 이들을 교육시켜 게으른 타성으로부터 벗어나도록 해야 하며 더 나아질 것이라는 자신감을 심어주어야 한다. …… 새로운 농업 기술을 사용할

수 있게 되면 해마다 더 많은 감자를 수확하려는 욕심을 가지게 될 것이고, 다른 작물도 심을 것이며, 겨울철에도 춥다고 웅크리고 있는 대신 자신의 경작지와 거처를 개선할 것이다. 그러면 얼마나 생활이 풍요로워지겠는가!

그러나 소작인들은 그 상황에서 벗어날 수 있는 길을 찾지 못한 채로 그전처럼 지냈다. 환경을 원망하기만 할 뿐 더 이상 아무것도 하지 않았다. 이들이 걱정한 것은 고작 때때로 감자와 감자잎을 썩게 하는 이상한 병이었다. 이 병은 1844년에 위세를 떨쳤다. 차갑고 습한 날씨가 계속되자 보이지 않는 곰팡이 때문에 모든 감자 포기가 시들어 누렇게 변하더니 결국 죽었다. 감자는 대부분의 가정에서 주식이었으므로 이것은 말 그대로 〈재앙〉이었다. 겨울이 되자 사람들은 굶어죽었다. 이듬해의 상황은 더욱 나빴다. 사람들은 장티푸스와 이질로 고통받았고, 이 감염으로 인해 영혼까지 약해졌다. 그리고 영양실조로 질병 저항력도 급격히 떨어졌다.

몇몇 권위자들은 감자 대기근이 토양의 고갈 때문이라고 했다. 물론 땅의 영양분은 바닥났다. 어떤 사람들은 이것을 여러 해 동안 계속된 사람들의 낭비와 무절제에 대한 악마의 장난이거나 신의 징벌이라고 생각했다. 어느 목사는 시간당 20마일로 천둥처럼 달리는 증기기관차가 시골 들판을 달리며 파괴적인 전기의 힘을 들판으로 쏟아냈기 때문이라고 했다. 몇몇 사람들은 난쟁이들이 저지른 악행이라고 믿기도 했다.

병에 걸린 감자로부터 영양분을 얻을 수 있는 방법에 대해서도 수많은 제안들이 나왔다. 라지는 〈그들은 감자를 석회에 묻어 말리거나 소금을 뿌리거나 또는 얇게 썰거나 조각내어 오븐에서 말렸다. 가난한 농부들은 황산염 기름, 이산화망간, 소금을 한데 모아 직접 염소 가스를 만들어 감자를 처리하기도 했다〉라고 썼다. 그렇지만 몇 달이 지나자 이런 제안들은 거의 쓸모가 없음이 밝혀졌다. 실제로 한 가지 뚜렷한 성과라면 가정에서의 염소 가스 제조가 위험하다는 것을 알려준 정도였다.

이 사건의 정확한 원인은 1845-6년에 레버랜드 마일스 버클리 Reverend Miles Berkeley에 의해 밝혀졌다. 그는 노샘프턴셔의 킹스 클리프 근처에 살던 아마추어 박물학자였다. 그는 감염된 감자 잎을 현미경으로 자세히 들여다보고 오늘날 감자역병균이라 불리는 미생물을 분리해냈다. 버클리는 가느다란 실 덩어리가 식물을 잔인하게 삼켰다고 주장했다. 그러나 똑똑하다는 사람들조차 그의 생각을 헛소리로 치부해 버렸다. 그러나 1860-1년에 독일의 식물병리학자인 안톤 데 바리 Anton de Bary는 버클리의 생각이 옳았음을 증명했다. 그는 또한 감염이 작은 포자에 의해 식물에서 식물로, 경작지에서 경작지로 그리고 나라에서 나라로 퍼져나가는 것을 보여주었다. 습한 상태에서는 포자가 싹을 틔우고 가느다란 실을 감자 잎으로 보내 풍부한 영양 물질을 소모하면서 몇 주 만에 식물을 죽게 만들었다.

한편 아일랜드 역병이 감자가 풍년이 든 이듬해에 나타났던 이유는 다음과 같다. 농부들은 이듬해 봄에 심고 남은 감자 괴경을 무심코 땅에 버렸는데, 그 가운데 일부가 병에 걸려 있었던 것이다. 감자역병균은 외부에서는 겨울을 나지 못했지만, 이제는 새로 난 작물에 감염될 수 있었던 것이다.

그러나 이러한 사실들이 알려지기 전에 많은 사람들이 절망에 빠져 이주하기 시작했다. 1845년에 아일랜드는 유럽에서도 인구 밀도가 높은 곳으로서 800만 명이 살았다. 그러나 불과 몇 년 만에 500만 명 수준으로 감소했다. 병 들고 가난했던 사람들은 유랑민처럼 신세계로 6주도 넘게 걸리는 여행을 떠났고, 그보다 더 먼 호주까지도 떠나갔다. 대서양을 건너간 수천 명 가운데 케리에서 떠나간 피츠제럴드 집안과 웩스포드 지방에서 떠나간 케네디 집안도 있었다. 이렇게 해서 1917년에 존 피츠제럴드 케네디가 태어났고, 1960년에 그는 미국 대통령이 되었으며, 2년 후에는 소련의 힘에 대항하며 어려운 국면과 마주하게 되었다. 그의 선조들이 재배한 감자가 감자역병균에 감염되어 썩은 일이 그에게는 행운이었다.

5 나폴레옹의 정복욕을 꺾은 전략가
——리케치아 프로바제키(*Rickettsia prowazekii*)

「전략가들의 상대적인 무심함에 대하여」. 이것은 1935년에 발간된 한스 진저 Hans Zinsser의 고전 『쥐, 이 그리고 역사 *Rats, Lice and History*』 중 한 대목이다. 이것은 인간과 그 적인 미생물의 관계에 대한 올바른 시각을 제시한 훌륭한 구절이다. 진저는 처음으로 티푸스열의 전염 양식에 주목하여 대단위 군사 행동이나 그 결과에 있어 미생물이 장군의 전략보다 훨씬 커다란 영향을 미친다는 사실을 보여주었다.

티푸스균인 리케치아 프로바제키는 이가 옮긴다. 따라서 전쟁이 일어나 군대의 이동이 있을 때나 사회 질서가 파괴되어 난민이 발생할 때면 그러한 사람들의 이동을 통해 전염된다. 물론 리케치아는 미생물의 한 종류이다. 하지만 그 모습은 세균과 비슷하고(항생 물질에 대해 민감한 편이다) 크기는 오히려 바이러스와 비슷하다. 따라서 증식을 위해서는 바이러스처럼 살아 있는 세포 안으로 침입해야 한다. 리케치아 프로바제키라는 이름은 두 선구자의 이름에서 따왔다. 미국인 하워드 리케츠Howard Ricketts와 체코인 스타닐타우스 폰 프로바제크Staniltaus von Prowazek 두 사람은 연구하던 중에 티푸스열에 걸려 목숨을 잃었다.

감염된 이가 사람에게 붙어 병원균이 들어 있는 배설물을 분비하면 가려움을 느껴 긁게 되고 그러다가 상처가 나면 미생물이 몸 안으로 들어가 병을 일으킨다. 10일 내지 14일 정도의 잠복기가 지나면 갑작스레 증상이 나타난다. 고열과 두통에 이어 오한과 구토가 뒤따르고 전신에 근육통이 일어난다. 두통은 극도로 심해지고 발진은 몸통에서부터 전신으로 퍼져나간다. 2-3주가 지나면 환자는 혼수 상태에 빠지고 헛소리까지 한다. 게다가 폐렴도 나타나고 발가락, 손가락, 코, 귓불, 성기, 음낭, 음문이 썩어 들어간다. 티푸스열(장티푸스typhoid fever와 혼동하면 안 된다)은 대체로 60세 이상에서는 치명적이고, 40세 정도에서는 10-15퍼센트의 치사율을 보이며, 20세 이하에서는 치사율이 5퍼센트 이하로 사망자가 거의 없다.

대부분의 병원 미생물처럼 리케치아 프로바제키 역시 영양 실조인 사람에게는 상당히 치명적이며, 탈진 같은 다른 요소의 영향도 받는다. 이러한 요인들은 국가간 군사적 충돌 기간 중에 티푸스열의 발생과 전파를 부추긴다. 이 병이 맨 처음 두드러지게 나타난 때는 키프로스에서 싸우던 에스파냐 군대가 이와 함께 귀

국한 1490년이다. 에스파냐 군대와 함께 들어온 이는 이탈리아의 지배권을 놓고 프랑스가 싸울 때 프랑스에도 티푸스균을 전해주었다. 나폴리를 포위하고 있던 프랑스 군대는 1526년에 이 죽음의 병에 시달리면서 굴욕적으로 후퇴할 수밖에 없었다. 1566년 티푸스는 신성로마제국의 막시밀리안 2세의 군대를 무너뜨리는 데 결정적인 역할을 했다. 막시밀리안 2세가 8만의 군대를 이끌고 헝가리에서 오스만 제국의 슐레이만Süleyman 대제와 맞섰을 때, 그는 너무나 심각하고 치명적인 이 병 때문에 할 수 없이 공격 의지를 접어야 했다.

이때부터 제1차 세계대전에 이르기까지 티푸스열은 200-300만 명의 목숨을 앗아 갔으며, 제2차 세계대전 중에는 독일의 정치범 수용소에서도 발생했다. 군대는 물론 감옥이나 구제소 같은 기관에서는 이 병을 정기적으로 일어나는 가혹한 재앙으로 여겼다. 그러나 인간에 대한 리케치아 프로바제키의 영향력이 나폴레옹 전쟁만큼 생생하게 그려진 적은 거의 없다. 나폴레옹 군대가 유럽 대륙을 진군할 때 티푸스열과 그보다는 덜 치명적인 다른 여러 병이 함께 이들을 덮쳐 전사자보다 병사자가 많았다.

종군 외과의사 세발리에 케르코브Chevalier Kerckhove는 1812년에 있었던 나폴레옹의 러시아 원정에 티푸스열이 끼친 영향을 특히 자세하게 묘사했다. 그는 50만의 군대가 독일 북부와 이탈리아에 걸쳐 주둔하였으며, 마그데부르크와 베를린 및 그 밖의 여러 곳에 의료 본부를 설치했다고 설명했다. 따라서 처음에는 병이 발생하더라도 수습할 수 있었다. 그러나 군대가 이동하기 시작하면서 상황은 급속히 나빠졌다. 케르코브는 사람들의 가난이나 비참함과 함께, 폴란드에 들어가면서 군대가 마주친 전반적인 불행에 대해서도 기록했다. 마을은 벌레가 들끓는 집들뿐이었으므로 군대는 야영을 할 수밖에 없었다. 낮에는 더웠고 밤에는 추웠으며 음식은 형편없었다. 그러나 리케치아 프로바제키에게는 이러한 조건이 오히려 훌륭했다.

폐렴과 함께 여러 병들이 나타났고, 6월 하순경 나폴레옹 군대가 니만Nieman을 건널 때 처음으로 티푸스열이 발생했다. 이질과 함께 이 병은 숲을 헤쳐나가는 나폴레옹 군대를 괴롭혔다. 결국 나폴레옹의 군대는 리투아니아에서 러시아군에게 처참하게 패했다. 이어 7월 말경의 오스트로워Ostrowo 전투에서는 8만 명 이상이 티푸스에 걸렸고, 4만 2천 명이었던 케르코브 소속의 군대는 9월 초 모스크바 강에 도착했을 때 반으로 줄었다. 모스크바에는 그런대로 시설이 잘 갖추어진 병원이 있긴 했지만, 곧 환자와 부상자로 가득 차 버렸다. 도시의 상당 부분은 로스토프친Rostoptchin 사령관이 명령한 포격과 화재로 파괴됐다. 음식은 거의 떨어졌고, 심하게 병든 군인들은 도시 밖으로 쫓겨나 불편한 대피소로 모여들었다.

진저는 『쥐, 이 그리고 역사』에 다음과 같이 서술했다.

> 이때부터는 티푸스와 이질이 나폴레옹의 주적이었다. 모스크바에서 후퇴하기 시작한 10월 19일에는 임무를 제대로 수행할 수 있는 군사가 8만 명도 채 안 되었다. 고향으로의 행군은 무질서한 패주였으며, 지치고 병든 군대는 뒤쫓는 적군에게 끊임없이 공격을 당했다. 날씨는 더욱 추워졌고, 많은 사람들은 병과 굶주림에 지쳐 죽어 갔다. …… 빌나Vilna의 병원은 가득 찼고, 사람들은 썩은 짚 위에 분비한 자신의 배설물을 깔고 누웠다. 굶주리고 추

위에 떨었으나 전혀 도움을 받지 못했다. 그들은 가죽을 씹어야 했고, 심지어 인육까지도 먹었다. 병 가운데에서도 특히 티푸스는 주위 나라의 온 도시와 마을에까지 퍼졌다. …… 러시아로부터 도망친 군인들은 거의 예외 없이 티푸스에 감염되어 있었다.〉

그러나 이러한 믿기 어려운 비극조차도 나폴레옹이 이듬해 50만 명의 새로운 군대를 모으는 것을 막지는 못했다. 하지만 이번 전쟁에서도 그는 또다시 티푸스열을 비롯한 여러 병으로 큰 타격을 입었다. 리케치아 프로바제키는 비록 어느 적군의 전략도 아니었지만 유럽에서 나폴레옹의 권력을 무너뜨렸다.

6 공수병 백신의 탄생
——광견병 바이러스

어느 의사 자격이 없는 사람이 미지의 성분과 독성을 함유한 물질로 환자들을 치료한다. 환자들 중에는 생명을 앗아갈지도 모르는 질병을 앓는 어린아이도 포함되어 있다. 이 사람은 공개적인 동의를 구하려고 하지 않고 몇몇 놀라운 주장들을 공표하기 위해 환자들의 이름과 주소를 공개한다. 자세한 〈치료〉 사항들은 비밀로 한다. 따라서 이 치료의 유효성은 독립적으로 평가될 수 없다. 그러나 가장 두려운 사실은 이 무모한 사람이 동물 실험도 거치기 전에 환자들에게 독성이 매우 강한 미생물을 주사한다는 점이다. 몇몇 환자들이 죽고, 정식 의학 수업을 받은 의사이자 아주 가까운 동료는 그의 작업에서 손을 뗀다.

이러한 모험을 강행하여 광견병 퇴치라는 놀라운 업적을 남긴 사람은 다름아닌 루이 파스퇴르Louis Pasteur이다. 그는 우뢰와 같은 박수 갈채를 받으며 세상 사람들 앞에 섰다. 이 위대한 프랑스 화학자는 특정 감염의 원인이 되는 미생물들을 가려내는 선구적인 연구를 했기에 이런 고무적인 행운을 누릴 수 있었다. 파스퇴르는 광견병 연구를 하면서 몇 가지 윤리적 지침을 어겼다. 당시에는 감염을 일으키는 미생물이 발견되지 않았다. 그러나 그는 병균이 척수에 머무르기 때문에 감염된 토끼의 척수 조직을 추출하여 〈묵히면〉 병독성이 약화될 것이라고 생각했다. 〈묵힌 병균을 사람에게 주사하면 감염 증상은 나타나지 않되, 앞으로 있을 질병의 공격을 막아내리라.〉

1885년 7월에 그는 조세프 마이스터Joseph Meister라는 어린이에게 〈묵힌〉 척수를 주사했다. 당시에 그는 약독화시킨 광견병 바이러스를 주사했다고 생각했다. 한 달 전에 같은 물질로 동물에게 실험을 했다. 그러나 실험들은 일부만 성공했다. 게다가 사실은 파스퇴르조차도 이 척수 조직에 실제로 광견병 바이러스가 들어 있는지 확신하지 못했다. 그가 정말로 걱정한 것은 독성을 점차로 늘려가다가 마지막에는 이 소년에게 광견병 걸린 개에게서 얻은 것보다 더 위험한 물질을 주사하게 되지 않을까 하는 점이었다. 그는 예전에 개에게 물린 소년의 치료를 거절한 적이 있었다. 당시 그는 〈사람에게 직접 이런 종류의 예방 치료를 하기 전에 여러 종류의 동물들로 많은 실험을 하여 증거를 쌓아야 한다〉고 생각했던 것이다.

사실 당시는 이런 조건이 누그러질 만한 상황이었다. 광견병은 오랫동안 비참한 질병으로 여겨져 왔었고, 감염자들은 대개 육체적으로나 정신적으로 완전히 손상되어 감염된 동물처럼 경련 증상을 보였다. 파스퇴르가 등장하기 오래전부터 광견병의 공포는 사람들로 하여금 자발적으로 일말의 가능성이라도 있어 보이는 모든 치료를 받아들일 발판을 마련해 놓았던 것이다. 이를테면 불이나 산(酸)으로 뜸을 뜨는 것 같은 고통도 무릅쓰게 만들었다!

오늘날의 시각에서 고려해 볼 점은 파스퇴르의 백신이 영국인 의사 에드워드 제너 Edward Jenner의 백신과는 달리 실험실에서 만들어졌다는 윤리적 문제이다. 1776년에 제너 역시 당시로서는 의문이 가는 일들을 하였다. 그는 우두(牛痘)에서 뽑아낸 고름을 건강한 소년인 제임스 핍스 James Phipps의 팔에 접종하고, 6주 후에 다시 우두 고름을 주사했다. 그러나 우두 고름은 자연 상태에서 얻은 것이었으며, 제너의 확신은 두 조건 사이의 자연스러운 관계――우두 바이러스 vaccinia에 의한 감염은 종종 천연두를 예방한다――를 충분히 관찰한 것에 근거하였다. 반면 파스퇴르의 접근법은 매우 달랐다. 그는 자신이 〈추정한〉 광견병 바이러스를 실험실에서 조작하여 새롭고 인공적인 질병을 일으킬 수 있을 것이라 예측했다.

제너와 파스퇴르는 모두 성공하였고, 치명적인 여러 질병들에 대항하는 백신을 개발할 수 있는 기반을 마련하였다. 파스퇴르의 경우, 광견병 연구로 파리에 파스퇴르 연구소가 설립되었고, 전 세계적으로 의학미생물학에 대한 연구 지원을 증폭시켰다. 이때 이후로 죽었거나 약독화된 세균을 이용한 면역은 1979년의 천연두 박멸처럼 현대 의학의 가장 빛나는 전략 중 하나가 되었다.

루이 파스퇴르와 광견병 백신의 사례를 20세기 연구가인 런던 가이스 병원 Guy's Hospital의 톰 레너 Tom Lehner의 경우와 비교해 보는 일도 의미 있을 것 같다. 레너는 1980년경에 널리 알려진 충치에 대해 새롭게 접근했다. 즉 충치도 어느 정도는 감염된 것이며, 예방 접종으로 예방할 수 있다고 생각한 것이다. 이에 치석이 쌓이거나 끈적끈적하게 들러붙는 단 음식을 많이 먹으면 충치가 생긴다. 미생물은 이 과정에서 매우 중요한 역할을 한다. 따라서 레너의 생각은 일리가 있다. 이 주변에 살고 있는 스트렙토코쿠스 무탄스(*Streptococcus mutans*)라는 세균은 설탕이나 다른 음식물을 산성으로 바꿔 이를 부식시킨다.

그래서 레너는 파스퇴르의 〈시간을 이용하는 원리〉를 적용하여 스트렙토코쿠스 무탄스에 대한 백신을 개발했다. 영장류를 비롯한 동물에게 실험을 해본 결과 의심할 여지없이 제대로 작용하였다. 그러나 몇년 만에 레너는 대단히 유망한 이 연구를 포기하기로 결심했다. 이유는 간단했다. 과학적인 관점에서는 이 연구가 성공적이었지만 생명에 지장이 없는 상황에서까지 정기적인 검진을 받아가며 백신을 사용하는 것이──특히 주사를 놓아야 할 경우에── 마음에 걸렸던 것이다.

레너는 보다 최근에 충치 발생을 억제하는 스트렙토코쿠스 무탄스 대신 미생물에 직접 작용하는 〈단일 클론〉 항체를 개발해 왔다. 단일 클론 항체는 매우 순수한 항체로, 항체에 상응하는 항원의 분자 하나까지도 인식할 수 있다. 레너는 영장류나 사람에게 정기적으로 이 항체를 접종하면 세균 집단을 없애 충치 또한 거의 제로 상태로 만들 수 있음을 보여주었다. 아마 이 항체는 스트렙토코쿠스 무탄스가 치아 표면의 타액 단백질에 들러붙는 것을 막고, 백혈구가 식세포 작용을 함으로써 세균을 파괴하는 것 같다.

시간이 지나면 레너의 방법이 실용적인 것인지 여부를 알 수 있을 것이다. 그러나 레너가 포기한 연구와 행운 그리고 여전히 값진 것으로 남아 있는 파스퇴르의 연구, 이 둘 사이의 차이는 매우 시사적이다. 어쩌면 우리는 의학에 대한 기대나 의학을 통한 조절의 영역에 너무 깊이까지 와 버려서, 도저히 달성할 수 없는 철저한 안전을 기대하고 있는지도 모른다.

7 항생제 혁명

——페니실륨 노타툼(*Penicillium notatum*)

경찰 앨버트 알렉산더Albert Alexander는 2개월 동안이나 병원에 입원했다. 그는 매우 절망적인 상태에 이르렀다. 그는 지독한 전염병을 상대로 질 수밖에 없는 싸움을 해왔다. 이 질병은 입 한쪽 구석의 조그만 염증을 시작으로 이내 얼굴 전체와 눈과 머리로 염증이 퍼져가는 참혹한 질병이다. 알렉산더의 왼쪽 눈은 일주일 전에 없어져 버렸다. 이 경찰을 이렇게 비참한 상태로 내몬 연쇄상구균(*Streptococcus*)과 포도상구균 (*Staphylococcus*)은 왼쪽 어깨와 양쪽 폐까지 침입했다. 몇 군데 종기는 외과 수술로 제거했지만, 계속해서 다시 곪았다. 한때 이런 종류의 세균을 공격하는 데 가장 효과적인 무기라고 여겼던 〈설파제 sulpha drugs〉로 치료해 보았지만 차도가 없었다. 이런 거침없고 맹렬한 전염병이라는 요괴에 익숙해져 있는 의사들은 죽음만이 유일한 해방의 길임을 알고 있었다.

이 절망적인 알렉산더가 옥스퍼드 래드클리프 병원에 근무하던 찰스 플레처Charles Fletcher와 만난 것은 1941년 2월 12일이었다. 플레처는 위츠L.J. Witts 교수 밑에 있던 젊은 연구원으로서 나중에 옥스퍼드 대학교 의과대학의 누필드Nuffield 교수가 되었다. 한 달 전 그는 위츠 교수가 병리학과의 동료 교수인 하워드 플로리Howard Florey와 이야기하고 있을 때, 우연히 그 방에 들어가게 되었다. 뛰어난 호주 병리학자로 나중에 왕립학회 회장이 된 플로리는 그의 프로젝트를 도울 사람을 찾는 중이었다.

이렇게 하여 플로리, 노먼 히틀리Norman Heatley, 독일계 유대인 화학자로 히틀러 치하의 독일에서 망명해 온 에른스트 카인 Ernst Chain을 비롯한 그의 동료들은 스코틀랜드인 알렉산더 플레밍 Alexander Fleming이 10여 년 전에 실패한 프로젝트를 계속 진행하게 되었다. 이들은 어떻게든 페니칠륨 노타튬이라는 곰팡이가 만들어내는 물질을 분리하여 정제하려고 했다. 이 물질을 질병을 일으키는 세균을 공격하는 〈마법의 탄환〉으로 이용할 수 있으리라고 생각했던 것이다.

페니칠륨 노타튬이 만드는 어떤 물질이 특정 세균에 매우 치명적인 영향을 미친다는 사실을 처음으로 관찰한 사람은 런던 세인트 메리 병원에서 일하던 알렉산더 플레밍이었다. 그는 버려진 배양 용기의 젤리 양분 위에 자라난 포도상구균 균체가, 배양을 오염시킨 곰팡이로부터 퍼져나온 어떤 물질에 영향을 받는다는 사실에 주목하였다. 플레밍은 이 물질이 다 자란 세균을 파괴한다고 생각했다. 그러나 이것은 후에 잘못된 것으로 밝혀졌으며 실제로 우리가 현재 〈페니실린〉이라 부르는 것은 성장기의 세균에 대해서만 작용한다. 즉 세균이 세포벽을 형성하는 것을 방해하여 더 이상 성장하지 못하도록 함으로써 죽이는 것이다. 몇 년 후에

로널드 헤어Ronald Hare의 추적으로 확인된 바로는 플레밍이 배지에 포도상구균을 접종하기 전에 이미 이 곰팡이가 플레밍의 배지에 오염되어 있었고, 포도상구균의 정상적인 성장이 이 페니실린에 의해 억제되었다.

플레밍은 비록 최초로 페니칠륨 노타툼을 관찰하여 그것을 학술지에 발표하였지만, 페니실린을 정제하려고 하지는 않았고 이 우연한 성과를 응용해 유용한 약품을 만들려고 하지도 않았다. 1940년과 1941년 사이에 플레밍의 연구에 버금가는, 어쩌면 그보다 더 중요한 발전이 하워드 플로리와 그의 동료들에 의해 이루어졌다. 1941년 2월 이미 쥐에게 시험을 해본 플로리는 질병에 대항하는 무기로서 이 물질을 시험해 볼 인간 모르모트를 찾기 시작했다.

이렇게 해서 찰스 플레처는 자원한 사람에게 페니실린을 주입했고 이것이 인간에게는 무독성임을 최초로 보여주었다. 그는 페니실린을 이용해 끔찍한 질병에 감염된 환자를 치료할 수 있음을 보여준 최초의 의사가 되었다. 1941년 2월 12일 그는 당시 심한 질병으로 회복의 기미가 없던 앨버트 알렉산더에게 치료 가능성을 가진 200밀리그램의 약을 투여하였다. 그러고는 세 시간 간격으로 소량의 약을 계속해서 투여하였다.

그 결과는 아주 놀라웠다. 24시간도 채 안 되어 알렉산더의 상태가 눈에 띄게 좋아진 것이다. 체온이 정상으로 떨어졌고, 곪아가던 상처가 낫기 시작하였으며, 입맛도 다시 돌아왔고, 5일 후에는 오른쪽 눈이 거의 정상으로 돌아왔다. 알렉산더의 회복을 지켜본 사람들은 기적이 일어났다고 생각했다. 그러나 이 이야기가 좋은 결과를 맺지는 못했다. 페니칠륨 노타툼이 플로리, 히틀리, 카인에게 만들어준 페니실린은 너무나 적은 양이어서 곧 바닥이 났다. 그들은 알렉산더의 오줌으로부터 희석되어 거의 남아 있지도 않은 이 만병 통치약을 필사적으로 추출하여 다시 혈관에 주사했다. 그러자 환자는 조금 더 회복되는 기미를 보였다. 그러나 회수량은 점점 줄어들었고, 그것은 치료의 중단을 예고했다. 그래도 환자는 주사 때마다 질병의 고통으로부터 벗어나는 것을 느낄 수 있었다. 하지만 곧 포도상구균이 다시 주도권을 잡았고, 결국 앨버트 알렉산더는 3월 15일에 세상을 떠났다.

비록 실패로 끝나긴 했지만, 런던 공격이 한창이던 1941년 2월에 옥스퍼드의 이 사건은 20세기 의학사에 있어 가장 극적인 개가로 남았다. 지금은 셰필드에서 세실 페인Cecil Paine이 이보다 몇 년 앞서 환자들에게 가공하지 않은 천연 페니실린을 투여했다는 사실을 알고 있지만, 당시 그는 학술지에 자신의 실험을 발표하지 않았다. 항상 그렇듯이 과학에서 이런 종류의 새로운 발견을 널리 알리는 것은 발견 자체만큼이나 중요하다. 그렇기에 옥스퍼드의 실험 결과가 발표되면서 미국에서는 약품이 상업적으로 생산되기 시작했고, 곧이어 항생제 혁명이 일어났다.

페니실린의 극적인 효과는 매독이나 전쟁 사상자들이 겪게 되는 무시무시한 전염성 상처들에 대해서도 탁월해서, 제2차 세계대전 당시와 그 이후에도 충분히 〈경이로운 약〉이라 불릴 만했다. 병원균 중에서도 의사들이나 환자들 모두가 두려워한 것으로 뇌막염과 폐렴을 일으키는 세균이 있었으나, 지금은 이 새로운 강력한 무기로 물리칠 수 있다.

나중에 탄생한 다른 항생제와 함께 페니실린은 항생제 이전 시기와 비교하여 인간의 수명을 족히 10년은 연장시켜 주었다. 오늘날에는 매년 영국에서만도 무려 2,500만 건에 이르는 페니실린 처방을 내며, 이제는 모든 페니실린이 안전하고 강력한 약품으로 인정받고 있다. 과다한 처방이나 항생제 저항성 계통에 대한 문제가 어느 정도 있기는 하지만, 이러한 약물 처방을 통해 질병을 예방하고 질병의 고통과 대량 살상을 막을 수 있다. 옥스퍼드에서 앨버트 알렉산더가 일시적으로나마 회복을 보였던 기적이 일어난 지 50년이 지난 후에 페니칠륨 노타툼은 항생제 혁명을 일으킨 미생물로 알려졌다.

8 문학적 미생물

——결핵균(*Mycobacterium tuberculosis*)

오웰 Orwell과 오스틴 Austen, 몰리에르 Moliere와 발자크 Balzac, 키츠 Keats와 브라우닝 Browning. 이들 모두는 결핵으로 고통을 당했다. 다른 어떤 전염병도 이처럼 문학이나 예술에 큰 영향을 끼친 것은 없을 것이다. 그것은 아마도 결핵균이 병을 오래 끄는 데다 신체의 거의 모든 부분에 영향을 미치기 때문일 것이다. 비록 폐결핵은 급성이고 격렬한 폐출혈(웰즈 H.G. Wells가 자서전에 묘사하고 있듯이)을 일으키기도 하지만, 대개의 결핵 증상은 만성적이고 소모성이며 심한 쇠약을 일으킨다.

결핵은 진정 역사상 첫째가는 살인마다. 지난 두 세기 동안 10억이 결핵균의 위력에 굴복했다. 공기나 감염된 우유를 통해 사람에서 사람으로 옮아가는 이 세균은 사실상 뼈와 관절부터 뇌나 피부에 이르기까지 신체의 어느 부분이든 공격해 들어갈 수 있다. 폐의 감염(폐결핵)은 문학이나 미술에서 가장 흔하게 묘사되었다.

19세기를 지나면서 영양과 위생 상태의 호전, 면역 및 화학 요법 등으로 몇몇 질병을 효과적으로 퇴치했다. 가장 중요한 발전은 저온 살균을 통해 결핵균을 제거하고 젖소들의 우결핵을 퇴치한 것이다. 1940-50년대에 스트렙토마이신과 다른 약품들이 개발되면서, 폐나 다른 신체 부위에서 결핵균을 공격할 수 있게 된 것은 가장 극적이었다. 마침내 수세기 동안 신선한 공기를 마시거나 침대에서 요양하는 것 이외에는 아무것도 하지 못한 인간을 비웃던 이 〈백색 흑사병〉(폐에 백색 반점이 나타나서 붙인 이름 ——옮긴이)이 사라지게 되었다. 그래서 사람들은 하룻밤 사이에 결핵 환자 요양소가 너무 많다고 떠들게 되었고, 폐결핵(TB) 환자의 촬영에 이용되던 흉부 X선 촬영기는 역사적 유물이 되어 버렸다. 의욕적이고 젊은 흉부외과의들의 특수 전유물이었던 결핵은 사실상 자취도 없이 사라져버린 것이다.

그런데 오늘날 결핵균은 놀라운 속도로 공중 보건 기록의 주요 주제로 다시 등장하고 있다. 1992년 몇 달 간격으로 미국의 《사이언스》, 《미국 의학 협회 저널》, 《뉴잉글랜드 의학 저널》에서 결핵이 다시 심각한 위협이 되고 있다는 보고서를 발표한 것이다. 결핵 간균은 빈민굴의 알코올 중독자같이 위험을 안고 사는 사람들에서 몇 년이 넘도록 살아남았고, 환경(이 세균은 건조에 특별한 저항력을 보이며, 직접 햇빛만 쬐지 않으면 수개월을 살아남을 수 있다) 내에 잔존하기도 했다. 이제 그들이 다시 움직이기 시작한 것이다.

이들의 위협은 미국에서 특히 뚜렷하게 나타났는데, 1985년 이후 매년 16퍼센트씩 새로운 사례가 증가해온 것으로 알려졌다. 이것은 해마다 발병이 6퍼센트씩 줄어들어 온 지난 30년의 경향에 역행하는 것이다. 특히 최근에는 어린아이와 젊은이, 소수 민족과 이민자 및 피난민 사이에서 발병이 증가하고 있다. 이 전염병의 발생과 증가에는 몇 가지 요인이 있다. 집 없는 이들, 마약 복용자들, 결핵이 만연한 나라로부터 들어온 이민자들, 넘쳐나는 수감자들, 빈민들의 집단 거주지 등이다. 이 사회적인 요인들을 실제 질병으로 연결시키는 것은 영양 결핍, 면역력 약화, 결핵균의 전염성 증가 등이다.

세계적인 규모로 보아 더 심각한 역할을 하는 것은 AIDS의 원인인 인간 면역 결핍 바이러스(HIV)다. 결핵균에 감염된 모든 사람들에게서 결핵이 나타나지는 않지만, 이들이 HIV에 감염될 경우에는 그럴 가능성이 훨씬 높다. 최근 제3세계 곳곳에 이 냉혹한 두 미생물이 퍼지고 있는데, 정말 무서운 악몽이다. 그래서 『란셋』 최근호에는 〈아프리카는 사라지는가?〉라는 제목의 보고서가 실렸다.

그러나 결핵균으로 야기될 절망은 이것으로 끝나지 않는다. 이제까지 결핵에 걸렸을 때 일반적으로 투여하던 약품에 대한 결핵균의 저항성이 현저하게 증가한 것이다. 이런 현상은 여러 개발도상국들에서 발생하였는데, 그것은 바로 결핵 치료 약품들이 투여 방법에 대한 규제 없이 무분별하게 사용되었기 때문이다. 그 외의 지역, 특히 미국 같은 경우에는 환자들이 약을 6-18개월 동안 지속적으로 복용하기를 꺼리는 데 그 원인이 있는 것 같다. 그러나 몸에서 서서히 자라는 세균들을 제거하는 데에는 이 정도의 투약 기간이 필요하다.

부적절한 투약의 결과는 두 경우 모두에서 근본적으로 같다. 계속해서 병이 다른 사람에게 퍼져갈 뿐 아니라, 약품에 대한 균의 저항성도 높아진다. 결핵균이 치명적인 약품에 노출된다고 하더라도 전체 세균 집단이 파괴될 만큼 시간이 충분하지 않으면, 제거된 미생물의 희생으로 저항성을 가진 개체가 생겨나 다시 번식할 수 있다.

결핵의 재발생이 보이는 또다른 특성도 보건 당국을 괴롭히기 시작했다. 결핵은 이미 지난 세기에 확실히 퇴치된 것으로 생각되었기 때문에, 공중 보건 사업이나 의학계에서 주변으로 밀려나 있었다. 또한 제약 회사들이 더 이상 결핵 치료제의 개선에 힘쓰지 않아도 될 만큼 발병이 감소했다. 실제로 1990년대 후반에는 스트렙토마이신의 생산이, 시중 의약품의 월별 색인인 《*MIMS*》에 기록되지 않을 정도로 줄었으며, 미국에서는 더 이상 앨버트 샤츠Albert Schatz와 셀먼 왁스먼Selman Waksman이 1943년에 처음으로 개발한 스트렙토마이신을 구입하기 어려웠다.

다른 전염병들과 비교해 보면 결핵균은 어떻게 질병을 일으키는지, 현대 의약품에 어떻게 반응하는지, 왜 몇몇 종은 저항성을 지니게 되는지 등에 대한 연구가 거의 이루어지지 않고 있다. 질병을 일으키는 유전자를 찾아내는 것 같은 새로운 방법을 응용하는 데도 다른 세균에 비해 현저히 떨어진다.

이 이야기는 유쾌하지는 않지만 시사하는 바가 크다. 주요 질병과의 싸움에서 과학이 일시적인 휴지기를 확보했다고 해서, 그 분야에 대한 경계를 낮추고 기본적인 연구를 소홀히 하는 행위는 적지 않게 위험한 일이다. 이러한 잘못은 이제까지 보아왔듯이 비극적인 결과를 초래할 수도 있다.

9 이스라엘의 건국자
——클로스트리듐 아체토부틸리쿰(*Clostridium acetobutylicum*)

제1차 세계대전이 한창이던 때에 맨체스터 대학교의 어느 실험실에서 일하던 한 젊은 화학자는 박테리아의 도움을 받아 오늘날 생명공학 산업을 낳은 발견을 해냈다. 뿐만 아니라 중동 지역 정치사에 급진적인 변화도 초래했다. 젊은 화학자 체임 바이츠만 Chaim Weizmann이 효모가 당분을 발효시켜 알코올을 만든다는 루이 파스퇴르의 발견을 근거로 아세톤을 만드는 박테리아를 발견한 것이다. 바이츠만이 찾은 이 박테리아는 클로스트리듐 아체토부틸리쿰(그림 2)으로 매우 유용한 물질인 아세톤을 생산한다. 이러한 발견은 팔레스타인을 유대인의 〈민족적 모국〉으로 인정한 1917년 11월 6일의 밸푸어 Balfour 선언과 30년 후 이스라엘의 국가 선포를 이끌어냈다.

1874년 러시아 서부에 위치한 모톨 Motol이라는 작은 촌락에서 태어난 체임 바이츠만은 젊은 유대인들에 대한 대학 입학 허가 제한 정책 때문에 어쩔 수 없이 고향을 떠나야 했다. 그는 스위스에서 공부하다가 1904년에 영국으로 갔다. 그는 〈적어도 제도적으로는 유대인에게 아무런 제한 없이 일하게 해주었으며, 철저하게 능력에 따른 대우를 해주는 것처럼 보였기 때문에〉 영국을 선택하였다.

바이츠만은 얼마간 런던 동쪽 끝에 거주하다가 유명한 화학과 교수 윌리엄 퍼킨 William Perkin에게 보낸 자기소개서가 받아들여져 맨체스터 대학교에서 근무하게 되었다. 그는 순식간에 아주 유명해졌고 다른 동료들과 학생들로부터 존경을 받게 되었다. 유

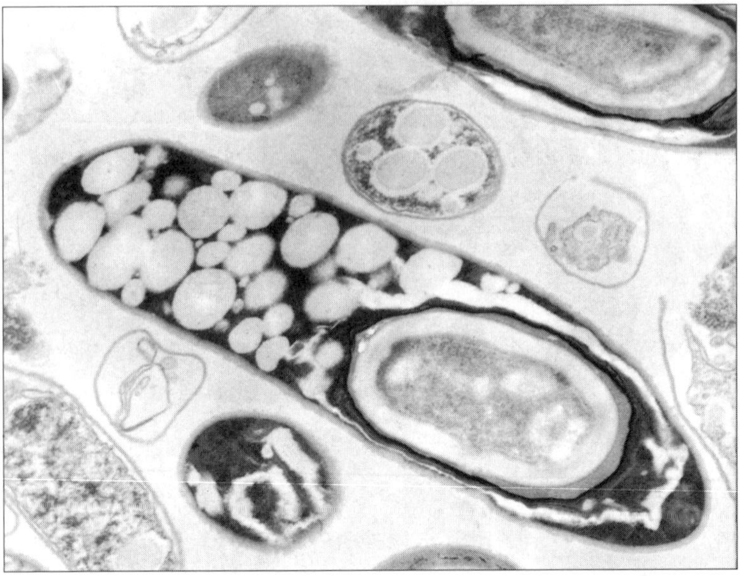

그림 2 클로스트리듐 아체토부틸리쿰(*Clostridium acetobutylicum*). 이스라엘의 건국자. 세균 내부에 저항성 포자가 보인다(배율: ×27,600).

명한 화학자 로버트 로빈슨Robert Robinson 경은 이렇게 회상하였다.

그가 그 유명한 반 크라운을 가지고 처음 맨체스터에 도착하였을 때 나는 퍼킨 교수의 개인 실험실에 있었다. 퍼킨 교수는 다음 날 나에게 우리가 〈대단한 인물〉을 얻었다는 생각이 든다고 말했다. 곧 우리 모두는 그것을 알게 되었다. …… 그의 강의는 최고였고 그만의 특유한 재치로 가득 차 있었으며 이것은 학생들의 구미에 딱 맞았다. 그는 각계로부터 칭송을 받았다.

1915년 초 《맨체스터 가디언*Manchester Guardian*》의 편집장 스콧C. P. Scott은 군수참모장 데이비드 로이드 조지David Lloyd George와 이야기를 나누고 있었다. 군수참모장은 폭발성이 높은 무연 화약 제조에 필요한 아세톤의 부족으로 고민하고 있었다. 이때는 최초의 드레드노트 군함에 장착된 12인치(약 30센티미터) 포에서 날아갈 포탄을 조달하기 위해 많은 양의 무연 화약 공급이 필요한 시기였다. 나무를 증류해서 아세톤을 만드는 방법으로는 이 공급량을 맞출 수가 없었다. 스콧은 고민하는 군수참모장에게 제안을 하나 하였다. 그는 〈맨체스터 대학교에 이 나라를 위해 기꺼이 복무할 의지가 있는 아주 뛰어난 화학 교수가 한 사람 있습니다. 그는 비스툴라Vistula 근처의 어딘가에서 태어났는데 그가 어느 편인지를 확실히 모르겠습니다. 그의 이름은 바이츠만이라고 합니다〉.

바이츠만은 아세톤을 합성하는 새로운 방법을 제시할 수 있었을까? 런던에서는 황급히 회의가 소집되었다. 일은 척척 진행되었다. 곧 웨일스의 로이드 조지의 열정에 자극받아 잔뜩 흥분하여 돌아온 바이츠만은 완전히 새로운 방법으로 이 문제에 파고들기 시작했다. 아세톤을 합성할 수 있는 자연의 〈미생물 서식지〉에서 미생물을 분리해내기로 한 것이다. 그는 파스퇴르의 효모처럼 자가번식하는 유기체가, 거대한 통에서 자라면서 필요한 화학 물질을 엄청나게 만들어낼 것이라고 생각했다. 이런 방법은 비용이 엄청나게 싸면서도 효율은 굉장히 높을 것이다!

놀라울 만큼 단기간에 바이츠만이 구상한 작업은 멋지게 성공했다. 그는 클로스트리듐 아체토부틸리쿰으로 아세톤뿐 아니라 부틸 알코올이라는 유용한 물질을 생산하는 데에도 힘을 기울였다. 로이드 조지는 자신의 『전쟁 회고록 *War Memoirs*』에 바이츠만의 업적을 이렇게 적었다.

> 몇 주도 안 되어 그가 나를 찾아와 이렇게 말했다. 〈문제가 해결되었습니다.〉 그는 옥수수나 다른 곡류 또는 이따금 흙에서 발견되는 〈미생물 서식지〉를 집중적으로 연구한 끝에 곡류, 특히 옥수수의 전분을 아세톤과 부틸 알코올로 전환하는 유기체를 분리해냈다. 정말로 짧은 시간 내에 그는 약속대로 〈밤낮으로〉 일을 해서 배양균을 얻었고, 옥수수에서 아세톤을 추출할 수 있도록 해주었다. …… 이 발견을 통해 우리는 절대적으로 필요한 이 화학 물질을 상당량 생산할 수 있게 되었다.

〈우리의 어려움이 바이츠만 박사의 천재성 덕분에 해결되자 로이드 조지는 총리에게 적절한 서훈을 내리도록 청하였다. 바이츠만은 이것을 거절하는 대신, 그의 마음속에 언제나 남아 있던 문제——전세계에 퍼져 있던 유대인을 본국으로 송환할 필요성——를 제기하였다. 나중에 로이드 조지가 총리가 되었을 때 그는 바이츠만이 제안한 문제를 외무부 장관 얼 밸푸어Earl Balfour와 의논하였다. 이렇게 하여 역사적인 1917년의 밸푸어 선언이 나오게 되었고, 이어서 이스라엘이 건국되었으며 바이츠만은 초대 대통령이 되었다.

또한 레호봇Rehovot에 지금은 바이츠만 연구소로 알려진 건물이 세워졌다. 어네스트 베르그만Ernest Bergmann이 초대 소장이었던 이 연구소는 원래 시프Sieff 경이 자신의 아들을 기념해서 세운 다니엘 시프 연구소Daniel Sieff Research Institute였다. 우수 인력의 중심지인 이 연구소는 언제나 과학 분야에서 국제적인 연대를 촉진하는 일에 특히 중점을 두고 있다. 1951년 바이츠만이 이 연구소의 소장이 되면서, 연구소는 전세계 과학 연구의 주요 중심지로 성장하였다. 바이츠만 역시 명성을 얻었다. 이것은 연구소 건물과 정원의 청결을 꼼꼼히 챙겼던 데서 비롯하였다. 과학 저술가 앤서니 미카엘리스Anthony Michaelis는 바이츠만 탄생 100주년 기념으로 1974년 영국-이스라엘 협회가 발간한 소책자에서 이렇게 회상하고 있다.

> 그는 방문자들이 던져버린 꽁초를 몸소 주웠다. 그가 그렇게 하는 것이 몇 번 목격되자 아무도 꽁초를 버리지 않았다. 연구소에서 있는 낡은 건물 몇 채는 오늘날에도 당시의 아주 깨끗했던 나날들을 생각나게 한다. 그곳에는 재떨이들이 10미터 정도의 간격으로 벽에 고정되어 있다. 이런 풍경은 세계 어느 곳에서도 보지 못했다.

바이츠만의 아세톤-부틸 알코올 발효 업적을 단순히 두 가지 특정 화합물을 만들어낸 천재적인 방법으로만 보아 넘겨서는 안 된다. 그의 연구와 철학은 현재 비타민에서 항생 물질에 이르는 다양한 종류의 물질을 전세계적으로 엄청나게 생산하는 발효 산업의 성장을 가져왔다. 지금은 생명공학이라고 알려진 이 모든 활동은 원래 미세한 박테리아인 클로스트리듐 아체토부틸리쿰의 합성 능력에서 비롯된 것이다.

10 세계 최대의 구연산 생산자

——아스페르질루스 니제르(*Aspergillus niger*)

자그마한 미생물이 한 산업의 독점을 가져오고 한 국가 경제에 막대한 영향을 끼쳤다는 사실을 인정하기란 그리 쉽지 않다. 그렇지만 1917년에 《생물 화학 저널》에 실린 한 논문이 몰고 온 결과는 실제로 그랬다. 이 논문은 아스페르질루스 니제르의 특별한 활성을 기록해 놓은 것이었다. 이 역사적인 논문의 저자 퀴리 J. N. Currie는 이 곰팡이로 구연산을 만드는 방법을 발견하였다. 약산성의 좋은 맛을 지닌 무독성의 구연산은 오늘날 음료수, 잼, 과자 등의 여러 식품에 널리 이용되고 있다. 몇 년 후에는 퀴리가 발견한 이 방법이 뉴욕 브루클린에 위치한 카스 파이저 Chas Pfizer 사에서 상용화되었고, 이로써 그 동안 감귤 과수원에서 구연산을 독점 생산하던 이탈리아의 독점 체제는 종지부를 찍게 되었다.

사실 이야기는 영국의 셀비라는 고장에서 일어난 일로 거슬러 올라간다. 존 스터지 John Sturge와 에드먼드 스터지 Edmund Sturge는 1826년 이 고장에서 처음으로 구연산을 상업적으로 생산하기 시작했다. 이들이 이용한 원료는 이탈리아산 레몬 주스에서 추출한 구연산 칼슘으로, 이들의 사업은 커다란 성공을 거두었다. 그러나 20세기 초 20년 동안 이탈리아에서도 구연산을 생산하기 시작했고 곧 이 산업을 독점하게 되었으며 계속하여 가격을 높게 책정했다. 따라서 다른 나라들은 다른 생산 방법을 개발하기 위해 연구에 박차를 가했다.

이런 의미에서 퀴리가 1917년에 논문을 발표한 것은 매우 시기적절한 것이었다. 이탈리아는 자기네 시장 발전을 저해하는 것임에도 불구하고, 제1차 세계대전 동안에 레몬과 라임 과수원을 돌보지 않았다. 이미 가격이 오를 대로 오른 원료의 생산량마저 줄어들자 경쟁자들의 진입 가능성은 더욱 커졌다. 이미 19세기 후반에 페니칠륨(페니실린의 원료가 되는 사상균)에 속하는 어떤 종을 당분이 함유된 용액에서 키우면 구연산을 만든다는 사실을 발견했고, 이로써 보잘것없어 보이는 미생물에서 원료 물질을 얻을 수 있으리라는 생각이 퍼졌다. 그렇지만 이 사상균이 만들어내는 구연산의 양은 지극히 적어서 페니칠륨을 이용해 상업적 생산 기반을 구축하려는 노력은 실패로 돌아갔다.

반면 퀴리는 아스페르질루스 니제르가 보다 많은 양의 구연산을 만들어낸다는 것을 보여주었고, 나아가 이 생산량을 최대화하는 조건을 찾아냈다. 그는 당분이나 다른 여러 종류의 염류(오늘날 구연산 제조에 이용되는 것과 기본적으로는 동일한 조성)를 포함한 액체 배지에 이 곰팡이를 배양했다. 또한 최적의 생산 조건으로 적당량의 철도 필요하다는 사실을 알아냈다. 이것은 당시로서는 놀라운 일이었으며, 그가 발견한 곰팡이는 최대로 증식하도록 자극할 때보다 오히려 증식을 억제할 때 고농도의 구연산을 생산했다.

퀴리의 도움으로 파이저 사는 1923년 공정 규모를 늘려 브루클린에 공장을 가동시켰다. 당시에 비슷한 개발이 영국, 독일, 벨기에, 체코슬로바키아에서도 이루어졌다. 모든 개발국에서 아스페르질루스 니제르는 환기가 잘 되는 방에 마련된 배양 상자에서 배양되었고, 에너지원으로는 설탕 대신 사탕무 당밀이 사용되었다.

1930년 무렵 영국에서는 아스페르질루스 니제르가 판매할 수 있을 만큼의 구연산을 제조해 내기 시작했다. 요크에 자리 잡은 새로운 회사 존 앤드 이 스터지John & E. Sturge 사는 이미 100년이 넘도록 사용해 온 구연산 추출 기술에 로운트리의 과학자가 개발한 미생물 공정을 결합시켰다. 물론 기본적으로는 퀴리의 연구에 기반을 두었다. 스터지 사는 1974년 베링거 인겔하임 Boehringer Ingelheim 그룹의 계열사였다가 현재는 바이엘의 자회사인 하만 앤드 라이머Haarmann & Reimer 사에 속해 있다.

몇몇 참여자들이 기대했던 만큼 극적인 도약은 없었지만 그후로도 기술은 진보를 거듭하였다. 제2차 세계대전 이후 구연산은 액체 배양지에서 더 효율적으로 제조되기 시작했으며, 이 상태에서는 공정을 조절하는 것이 훨씬 수월했다. 1960년대와 1970년대에는 이보다 더 고무적이고 현저한 변화가 일어났다. 제조업자들은 석유 가격이 낮은 것에 힘입어 석유로 구연산을 만들 수 있는 효모로 관심을 돌렸다. 그러나 이것은 별로 효용이 없었다. 이런 방법으로 구연산을 제조한다고 하더라도 그것이 상용화할 만한 양은 아니었던 것이다. 게다가 포도당 시럽이나 사탕무, 사탕수수 설탕 같은 탄수화물이 석유 유도체보다는 비용이 적게 들었으므로 계속해서 구연산은 이 초기 물질들을 통해 생산되었다. 다만 효모가 미생물 일꾼으로서 부분적으로 아스페르질루스 니제르를 대신했다는 점은 달라졌다.

아스페르질루스 니제르와 퀴리의 활동은 80년 전에 구연산 제조 분야에서 이탈리아의 독점을 종식시켰다. 전세계적으로 라임 과수원과 레몬 과수원을 급격히 늘린다 해도 증가하는 구연산 수요를 감당할 수는 없다. 연간 50만 톤에 달하는 현재의 구연산 생산 수준을 감귤 생산으로는 도저히 맞출 수 없는 것이다. 구연산은 기분 좋게 톡 쏘는 향기는 차치하고라도 식품 산업에서 헤아릴 수 없을 만큼 다양하게 응용될 수 있다. 구연산은 가공 중인 치즈의 유화 공정에서부터 통조림 과일이나 채소의 비타민 C 손실 방지에까지 이용된다. 폭발적으로 급증하는 이러한 수요는 미생물만이 따라잡을 수 있다.

한편 아스페르질루스 니제르가 구연산 제조만 할 수 있는 것은 아니다. 이 미생물은 수년간 다른 유용한 화학 물질의 공급자로도 인정받았다. 예를 들면 글루콘산을 만드는 데 필요한 물질도 공급하는데, 이 글루콘산은 제약이나 다른 산업에서 두루 사용된다. 글루콘산염 칼슘은 어린이와 임산부에게 우수한 칼슘원이 되며, 글루콘산염 철은 영양 결핍에 따른 빈혈 치료제로 이용된다. 베이킹 파우더에 혼합된 글루콘산은 이산화탄소의 방출을 조절하는 데 도움을 준다. 이런 작용은 버터 제조나 양조, 음료수 산업에서도 이용되는데, 찌꺼기가 특수 자동 세척기에 침전되는 것을 방지한다.

아스페르질루스 니제르는 비타민 B_{12}(시아노코발라민 cyanocobalamin), 양조 과정에 쓰이는 녹말 분해 효소, 페인트나 접착제, 섬유나 표면 코팅에 들어가는 이타콘산 제조에도 사용된다. 이 곰팡이는 주요 물질의 국가적 독점을 몰아내는 것으로 만족하지 않고, 지금까지도 인간에게 도움을 주는 미생물 일꾼 중 가장 유용한 미생물로 남아 있다.

11 백신 개발의 두 갈래길

——황열 바이러스

〈스카치 위스키 한 상자를 사서 다저스 팀의 야구 경기를 보겠다.〉 이 말은 1951년 노벨상 수상자로 선정되면 그 상금으로 무엇을 하겠냐는 한 기자의 물음에 대해 막스 타일러Max Theiller가 한 대답이다.

겸손하고 호감이 가는 성품의 타일러는 황열yellow fever을 일으키는 바이러스에 효력이 높은 백신을 개발한 공로로 존경받았다. 이 황열은 급작스레 발병하는 지독한 병으로 잇몸 출혈과 경련을 일으키고, 구토에 피가 섞여 나오면서 황달 증세가 나타난다. 이 〈황열〉은 타일러에게는 명성과 영예를 안겨주었고, 다른 연구자 노구치 히데요〔野口英世〕에게는 비통한 실패를 가져다 주었다. 노구치는 이 질병을 유발하는 미생물을 발견하는 과정에서 잘못된 길을 밟아 결국 황열에 굴복하고 말았다——일부의 주장에 따르면 그는 자신이 실패했다는 사실을 알게 되자 할복했다고 한다.

황열 백신의 필요성은 1869년 수에즈 운하는 완성했으나 파나마 운하 건설에는 실패한 페르디낭 드 레셉스Ferdinand de Lesseps의 일화에서 극적으로 묘사되고 있다. 지세나 날씨 혹은 자본의 부족 때문이 아니라 일꾼들을 강타한 황열 때문에 실패했던 것이다. 비록 이 운하가 나중에 바이러스를 옮기는 모기들을 방제함으로써 결국 건설되기는 했지만, 황열을 이기는 가장 확실하고 지속적인 해결책은 면역임이 분명했다.

수의(獸醫)세균학자 아놀드 타일러Arnold Theiller 경의 막내

아들인 막스 타일러는 1899년 남아프리카 프레토리아 근처의 한 농장에서 태어났다. 그는 케이프타운 대학교에서 의예과 과정을 마친 후 1919년에 런던으로 건너가 세인트 토머스 병원에서 의학 공부를 시작하였다. 처음에 그는 공부를 거의 하지 않았다. 대신 아버지가 주는 20파운드의 용돈으로 가능한 모든 시간을 화랑에 가거나 연극을 보거나 입센, 체스터톤, 쇼, 웰즈의 책을 읽는 데 보냈다.

막스 타일러가 미생물학에 대해 열정적으로 관심을 보이기 시작한 것은 런던의 위생 및 열대 의과대학에서 대학원을 수료하는 과정에서였다. 『쥐, 이 그리고 역사』를 집필한 미국 세균학자 한스 진저의 『감염과 저항 *Infection and Resistance*』을 읽으면서 그의 열정에 불이 붙었다. 이후 얼마 안 되어 데일러에게 하버드 대학교에서 교직 제안이 왔고 1922년에 이 자리를 받아들였다. 그는 역시 그 무렵 하버드 대학교 교수가 된 진저와 친분을 맺기 시작했다. 금주령이 내려진 가운데서도 두 사람은 곧 집에서 양조법을 논하는 사이가 되었다.

그리고 어느 새 타일러는 황열의 원인에 대해 열정적으로 토론하였다. 일본에서 태어나 뉴욕 록펠러 연구소에서 일하고 있던 노구치 히데요는 황열의 원인체가 매독을 일으키는 것으로 알려진 코르크 따개 모양의 세균인 스피로헤타의 일종이라고 주장했다. 반면 타일러는 그가 실험용 쥐에 접종한 바이러스가 원인이라고 생각했다. 타일러가 1930년 《사이언스》에 이 연구에 대한 논문을 발표했을 때, 다른 과학자들은 타일러의 결론에 의문을 나타냈다. 그러나 당시 그는 두 가지 핵심적인 발견을 해놓은 때였다(더구나 자신을 공격한 이 질병을 물리치기도 했다). 우선 그는 황열을 이겨낸 사람의 혈청이 바이러스를 비활성화시킨다는 사실을 발견했다. 이것은 황열에 걸렸던 사람의 항체가 바이러스에 대항하는 능력을 가졌다는 뜻이다. 두번째로 그는 쥐에서 증식한 바이러스는 시간이 지나면서 원숭이에 병을 일으킬 정도로 약화된다는 사실도 알아냈다.

다른 과학자들이 이에 대해 회의적인 태도를 보이고 있을 때, 뉴욕 록펠러 재단의 윌버 소여Wilbur Sawyer는 이 발견에 깊은 인상을 받고 타일러에게 두 배의 급여를 보장하는 조건으로 새로운 자리를 주어 불러들였다. 곧 이 재단은 타일러의 〈활성 테스트〉를 이용하여 감염자를 확인하는 식으로 당시 세계의 황열 분포를 조사하기 시작했다.

타일러는 바이러스의 약독화에 대한 결과를 이용하여 백신 개발에 들어갔다. 그는 실험동물이 아닌 조직 배양으로 바이러스를 증식시키는 방법을 개발했다. 그는 이러한 방법으로 면역에 사용할 수 있을 만큼 충분히 약화된 바이러스 균주를 만들려고 했다. 3년간 수천 번의 조직 배양을 시도한 끝에 17D라는 번호표가 붙은 플라스크에, 《영국 의학》에 〈최근 개발한 가장 성능이 우수하고 안전한 바이러스 백신〉이라고 설명한, 백신을 만들 수 있는 바이러스를 증식할 수 있었다. 1936년에 타일러는 이 바이러스를 자신에게 접종하고 자신의 몸 속에서 늘어나는 항체 수준을 측정하였다. 1940년 무렵에는 임상 실험이 마무리되었고, 다시 7년이 지난 후에는 록펠러 재단에서 2,800만 번 투약할 수 있을 만큼의 백신을 제조했다.

타일러의 백신은 19세기 말엽 황열 바이러스를 전염시키는 모기의 방제 대책과 발맞추어 아프리카, 남아메리카, 카리브해 전역에서 유행하던 황열의 전파를 저지할 수 있었다. 최근에는 모기 방제 대책이 축소되고 집단 백신 접종도 줄고 있다. 그렇다고 백신이 가져온 쾌거가 다시 수포로 돌아가는 것은 아니다. 이것은 오히려 백신의 성공도와 지속적인 경계의 필요성을 의미한다.

노구치 히데요가 황열에 관심을 갖게 된 것은 이미 매독의 원인인 스피로헤타를 최초로 배양하는 데 성공하고, 트라코마와 쓰쓰가무시병을 상당한 정도로 이해하는 등의 몇 가지 주요 전환을 이루었을 때였다. 그러나 황열은 그를 실패의 길로 접어들게 하였다. 그는 스스로 황열의 원인이라고 믿은 스피로헤타 종 하나를 분리하여 그에 맞는 이름을 붙였다. 그러고는 모르모트에 주입했다. 확실히 황열과 비슷한 증상을 나타냈다.

그러나 타일러는 노구치의 스피로헤타는 사실 매우 다른 종류의 질병, 즉 바일병Weil's disease이라고 알려진 황달의 원인임을 밝혔다. 그럼에도 불구하고 노구치는 자신의 주장을 굽히지 않았다. 게다가 록펠러 재단 팀이 열대 지방의 황열 환자에서 그가 주장하는 스피로헤타를 발견하지 못했음에도 자신의 주장을 고집했다. 황금 해안(아프리카 가나의 지명)에 거주하던 아드리안 스톡스 Adrian Stokes가 바이러스까지는 아니지만 박테리아는 거를 수 있는 세밀한 필터를 통과한 물질을 이용하여 황열을 원숭이에게 옮기는 데 성공하고 난 후에, 노구치는 자신의 견해를 다시금 확신하였다. 스톡스는 자신의 실험을 선보인 직후인 1927년 9월, 황열에 걸려 죽었다. 이듬해 노구치는 〈성공 아니면 죽음〉이라며 뉴욕을 떠나 아크라로 향했다. 수개월 동안 그는 황열의 혈액 시료를 철저히 검사하여 자신의 스피로헤타 검증 자료를 찾았다. 그러나 그는 결국 실패했고 진짜 병원체인 황열 바이러스에 감염되어 세상을 떠났다.

타일러는 노벨상을 탔다. 노구치 역시 황열이 세균에 의한 것이라는 초기 연구로 노벨상을 받을 뻔했다. 그렇지만 그는 자신의 잘못된 연구 결과를 확신하면서 명예의 길에서 비껴갔다. 그가 마지막 죽음의 침상에서 남긴 말은 〈난 이해할 수 없다〉로 기록되어 있다.

12 분자생물학의 창시자
——네우로스포라 크라사(*Neurospora crassa*)

누구나 브루노(지금의 체코)의 수도원에서 완두콩 교배 실험으로 19세기에 현대 유전학의 기초를 닦은 그레고르 멘델Gregor Mendel의 이름을 들어 보았을 것이다. 멘델은 서로 다른 성질을 띤 식물들을 교배시켜, 꽃의 색 같은 특성이 마구 뒤섞여 나타나는 것이 아니라 정확한 법칙에 따라 유전한다는 사실을 발견하였다. 멘델만큼 친숙한 다른 이름들로는 DNA의 구조를 밝힌 영국인 프랜시스 크릭Francis Crick과 그의 미국인 동료 제임스 왓슨James Watson이 있다. 멘델의 연구는 유전 정보를 옮기는 물질의 존재를 암시했고, 1950년 초에 케임브리지 대학교에서 연구하던 왓슨과 크릭은 이 〈유전자〉가 DNA의 이중나선에 존재하며 살아 있는 세포의 핵이 분열할 때 확실하게 복제된다는 사실을 밝혀냈다.

그렇다면 이 유전자들은 얼마나 정확하게 꽃의 색 또는 다른 식물이나 동물 혹은 미생물의 특성을 발현하는 것일까? 이 질문의 답을 찾기 위한 최초의 구체적인 노력은 앞서 언급한 사람들보다는 덜 알려진 조지 비들George Beadle과 에드워드 테이텀Edward Tatum에 의해 이루어졌다. 이 두 사람이 1941년에 《국립 과학 아카데미 회보(*PNAS*)》에 발표한 논문은 유전학을 실용 과학으로 바꾼 혁명이었을 뿐 아니라 왓슨과 크릭에게 분자생물학의 무대를 마련해 주기도 하였다. 사실 이 진보의 영예 중 일부는 이들의 공동 연구에서 특별한 역할을 한 네우로스포라 크라사에게로 돌려야 할 것이다. 1958년에 비들과 테이텀이 조수아 레더버그Joshua Lederberg와 함께 노벨상을 수상한 것도 별 볼일 없는 평범한 곰팡이의 역할에 힘입은 바가 크다.

네우로스포라 크라사도 다른 미생물처럼 천문학적인 양으로 증식하여 균사체를 이루어야 맨눈에 겨우 보인다. 네우로스포라 크라사의 미미한 〈균사〉는 얇은 실과 같고 한데 어울려 분홍빛 균사체를 형성하며 종종 오래된 빵 조각 위에 아주 작은 붉은 점으로 나타나기도 한다. 과거에는 위생 기준이 현재만큼 엄격하지 않아서 이 미생물은 제과점의 훼방꾼이었다. 이 곰팡이는 건강에는 해를 끼치지 않았지만 모양이 꼴사나웠기 때문에 곧 〈잡초 곰팡이〉라는 별명을 얻게 되었다.

비들과 테이텀이 네우로스포라 크라사를 연구하기 시작한 1930년대 후반에는 과학자들이 멘델의 연구를 좇아 유전에 대한 증거를 더욱 많이 수집하였다. 미국의 유전학자 토머스 헌트 모건Thomas Hunt Morgan은 살아 있는 세포에서 유전적 특성을 가지는 것이 염색체——염색약에 염색되기 때문에 이렇게 불렸다——임을 보였다. 한편 미국인 동료 허먼 멀러Hermann Muller는 유전자가 염색체 내의 물질이라고 주장했다. 문제는 〈유전자가 어떻게 작용하는가〉였다. 아마 세포 안의 화학적 과정을 조절함으로써 작용할 것이라 예측했지만 이것은 그럴듯한 가정에 불과했다.

조지 비들은 1903년에 미국 네브라스카의 와후Wahoo에서 태어났다. 그는 네브라스카 대학교에서 생물학을 공부했지만 나중에는 당시에 한창 발전하기 시작한 유전학에 관심을 가지게 되었다. 코넬 대학교에서 옥수수에 대한 연구를 한 후에는 캘리포니아 공학 연구소California Institute of Technology(Caltech)로 가서 모건과 함께 과일파리를 연구했다. 1937년에는 스탠퍼드 대학교 교수로 임명됐다. 거기서 그는 연구원으로 일하고 있던 에드워드 테이텀을 만나게 되었다. 테이텀은 콜로라도의 볼더Boulder에서 태어났고 비들보다 여섯 살이 적었다. 그는 위스콘신 대학교를 졸업하고, 네덜란드의 우트레히트Utrecht에서 생화학자로 일했으며, 그 역시 그곳에서 과일파리의 유전성을 연구했다.

어떻게 유전자의 활동을 간파할 수 있을까에 대해 논의를 하던 중 비들과 테이텀은 과일파리보다는 훨씬 덜 복잡한 다른 대상을 연구해야겠다는 결론을 내렸다. 그들에게는 개별적인 화학 과정을 관찰할 수 있는 개체가 필요했다. 네우로스포라 크라사가 이 조건에 알맞았다. 이 곰팡이의 구조와 생활 양식은 비교적 단순했고, 실험실에서 미생물 배양에 널리 쓰이는 젤리형 한천 배지에서 무성하게 자랐다. 비들과 테이텀은 네우로스포라 크라사로 실험을 하면서 유전자들 간의 중요한 상호 관계를 밝혀냈다. 그들은 특정 유전자가 그에 상응하는 특화된 효소——살아 있는 세포 안에서 화학 작용을 일으키는 촉매——와의 작용을 통해서 발현된다는 것을 밝혀냈다.

비들과 테이텀은 우선 네우로스포라 크라사에 X선을 쪼임으로써 포자의 변이를 만들어냈다. 그들은 이 포자들을 각각 따로 배양하였고 변이 포자(변이체) 중 하나는 배지에 비타민 B_1(티아민)이 포함되어 있어야만 성장한다는 사실을 발견했다. 두번째 변이체는 비타민 B_6(피리독신)을 필요로 했다. 이것은 X선이 두 변이체에서 각각 다른 두 개의 유전자를 파괴하여 그것이 생산해내는 효소도 함께 파괴했다. 따라서 변이체는 스스로 만들어내는 비타민 대신 외부로부터 공급되는 비타민에 의존하게 된 것이다.

곧 하나의 유전자는 하나의 특정 단백질(혹은 단백질의 일부) 생산에 관여한다는 〈유전자 하나에 효소 하나〉라는 개념이 등장했다. 하나의 유전자와 이 유전자가 조절하는 과정 사이의 상관관계가 밝혀지면서 네우로스포라 크라사는 왓슨과 크릭의 분자생물학뿐 아니라 현대 유전공학의 탄생에 결정적인 역할을 했다.

비들과 테이텀은 조심스럽지만 확신을 가지고 《국립 과학 아카데미 회보》에 그들의 연구가 가지는 의미를 요약하여 발표했다.

> 예비 실험의 결과들을 볼 때, 이런 식의 접근을 통해 발생 기능을 조절하는 유전자의 메커니즘을 알 수 있다. 예를 들면 어떤 합성 과정에서 특별한 기능을 수행하지 못하는 변이체를 찾아냄으로써, 이 화학 반응을 직접적으로 조절하는 유전자가 단 하나인지 아닌지를 결정할 수 있다.

비들과 테이텀은 논문을 작성하여 발표하는 동안에도 그들이 선택한 네우로스포사 크라사의 도움으로 〈유전자 하나에 효소 하나〉라는 개념을 발전시켜 나갔다. 그들은 각주에 〈이 논문이 인쇄된 이후에, 하나의 유전자가 정상 상태를 변이시켰을 때처럼 티아졸과 아미노벤조산을 합성할 능력이 없는 것도 유전된다는 사실이 밝혀졌다〉라고 적었다. 다시 말하면 특정 유전자가 결정하는 두 가지 능력이 더 있다는 것이다.

이제는 비들과 테이텀이 연구한 것과 같은 화학적 변화들은 일련의 변형 과정에서 종종 나타나는 각 단계들임을 안다. 살아 있는 유기체들은 이러한 단계를 통해 식품을 분해하거나 새로운 물질을 합성한다. 이 연속 과정을 대사 과정이라 부르며, 이것은 세포의 생존에 결정적인 역할을 한다. 이 과정이 정확하게 어떻게 작용하는지를 처음 보여준 것은 바로 네우로스포라 크라사였다.

13 병원성 바이러스도 생명체다
——천연두 바이러스

1994년에는 특별한 사건이 예정되어 있었다. 하나의 종이 다른 하나의 종을 계획적이고도 의도적으로 완전히 절멸시키는 계획이었다. 바로 이 해에 미국 조지아 주 애틀랜타의 질병 통제 센터(CDC)와 모스크바의 바이러스 예방 연구소는 전세계에 유일하게 남아 있는 천연두 바이러스 표본을 냉동 보관소에서 꺼내 파괴하기로 했었다. 이 조치는 세계 보건 기구(WHO)가 지구상에서 마지막으로 천연두의 자연 발생을 보고한 1977년 10월 이래 진행되어 온 천연두 바이러스 말살 논쟁을 종결시키는 것이었다. 즉 소말리아에서 전해진 천연두 청정 보고는 예방의학의 궁극적인 승리를 의미했으며, 인류 역사상 가장 오래된 공포의 전염병을 근절시키려 해온 세계 보건 기구의 10년 동안의 캠페인을 마감하는 것이었다.

이 결정은 분명 천연두를 제거하려는 것이었다. 1950년에도 이 병은 여전히 인도에서 100만 명 이상의 목숨을 앗아갔다. 1967년에도 세계 인구의 60퍼센트를 위협하였고 5명에 1명 꼴로 목숨을 앗아갔으며, 겨우 살아남은 사람은 장님이 되거나 뚜렷한 흉터가 남았다. 더구나 이것은 어떤 형태의 치료에 대해서도 반응이 없었다. 그러나 다행히도 천연두 백신은 일정하게 장기간 지속되는 면역을 제공했다. 세상에 바이러스를 〈저장〉하는 동물은 없으므로, 이런 효과적인 백신 덕분에——이 백신은 아무리 가난하고 외진 지역이라도 사용할 수 있다—— 지구상에서 천연두를 영원히 제거하는 일이 가능했던 것이다.

1977년부터 1993년까지 몇 안 되는 실험실에서 조심스럽게 보관되어 온 이 마지막 바이러스들을 제거하겠다는 결정이 쉽게 내려진 것은 아니다. 그것이 무엇이든 유일한 생명의 한 형태를 제거함으로써 대두될 수 있는 막대한 손실에 대한 우려가 높아지면서, 천연두 바이러스(그림 3)처럼 치명적인 유기체라 하더라도 그것을 제거하는 데에는 신중해야 한다는 생각에 관심이 쏠리기 시작했다. 이 바이러스가 〈살아남아서〉 식물이나 동물 세포를 침입함으로써 자신을 복제할 수 있다는 사실은 차치하고라도, 일단 멸종시키고 나면 돌이킬 수 없는 것이다. 같은 질병이 변화된 모습으로 닥쳐와 우리를 공격할 때 오히려 단순한 구조를 가진 이 오래된 미생물이 도움을 주지 않을까? 이 바이러스를 지속적으로 연구한다면 유전 성분이나 다른 위험한 바이러스와의 관계 등을 더 알아낼 수 있지는 않을까?

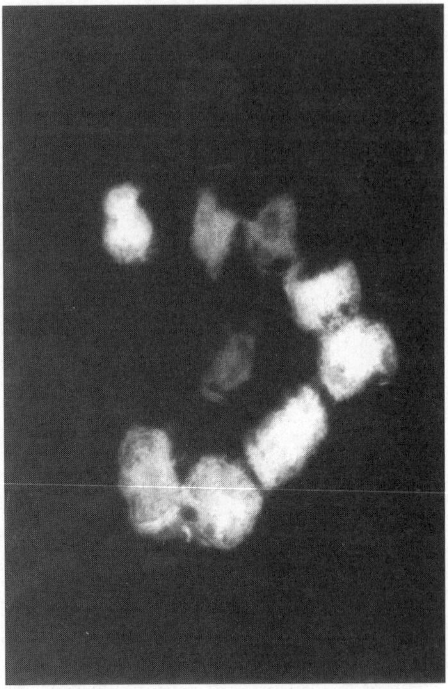

그림 3
천연두 바이러스. 수십 세기 동안 무서운 병원균이었지만, 자연에서는 박멸되었다. 최근에는 생물 무기로써의 위험성 때문에 주목받고 있다.(배율: ×165,000)

결국 이러한 일반론이 득세했다. 천연두 바이러스 자체는 더 이상 면역의 기초 재료로써 필요하지 않다. 예방 백신을 만드는 데에는 밀접한 관련이 있지만 이것 대신 훨씬 덜 해로운 우두 바이러스인 백시니아vaccinia를 이용하면 된다. 천연두 바이러스가 여전히 의학적인 가치를 가진다는 것에 대한 근거로는 도저히 믿기 어려운 논거들만 제시되었다. 또한 사람에게 전염되는 일이 없다면 이 바이러스가 자연 상태에서 소생하는 일은 불가능할 것 같다. 무엇보다도 최근에 개발된 분자생물학 기술은 이 바이러스 DNA의 화학 단위 조성을 밝힐 수 있다. 이 작업은 원래 천연두 바이러스를 파괴하기에 앞서 완료하려고 했으나 1993년에 일단 보류한 것이었다. 만약 이 바이러스의 구조 정보(필요하면 화학적 구성 물질로 이 바이러스를 만들 수 있는 정보)를 완벽하게 알아낸다면 전세계의 바이러스 학자들은 애틀랜타와 모스크바에 남아 있는 바이러스 표본을 화염에 날리는 데 동의할 수도 있었다.

이렇게 하여 적어도 3천 년 이상 존재해 왔으며, 아마도 인도나 이집트에서 유래(아마 초기의 바이러스의 우연한 변이를 통해 나타난 것 같다)한 것 같은 가장 위협적인 질병과 인류가 대적하는 일은 종말을 맞을 뻔했다. 역사상 여러 시기에 걸쳐 천연두는 역사에 기록된 인류 사망 원인의 10퍼센트를 차지했다. 17세기에는 유럽에서 흑사병, 나병, 매독을 능가하여 대륙에 가장 널리 퍼진 역병이었다. 감염자는 20퍼센트 이상이 목숨을 잃었으며 그나마 살아남은 사람의 65-80퍼센트에게는 마마 자국이 뚜렷하고 깊게 남았다. 그래서 이 병은 두려움의 대상이었다. 18세기 말에도 천연두는 프랑스와 스웨덴에서 10명 중 1명 꼴로 어린아이의 목숨을 앗아갔다. 또한 당시 유럽 전역의 장님 중 3분의 1이 바로 천연두 때문이었다.

세계 보건 기구에서 소련 대표가 천연두 제거를 위한 전세계적 박멸 운동을 제안한 것은 1958년이었고, 이는 다음해에 인가를 받았다. 이 제안은 늘어가는 감염 가능 인구을 면역시켜, 이미 감염되었거나 바이러스를 다른 사람에게 옮길 수 있는 사람들의 수를 줄이자는 것이었다. 감염되어 바이러스를 전파시키거나 복제시킬 사람이 더 이상 없어지면 결국 천연두 바이러스도 사라지리라는 생각이었다. 이 운동을 위한 기본 무기는 18세기에 에드워드 제너가 처음으로 개발한 우두 백신이었다. 그 이후 여기에 특별히 추가된 수단은 백신을 빠른 시간 안에 많은 사람들에게 투여할 수 있는 향상된 현대 기술과, 백신 접종 장소까지 이동하는 동안 백신이 열로 인해 불활성화될 가능성을 막기 위한 〈냉장 시설〉이었다.

1960년대 초에는 몇몇 지역에서 상황이 나아지긴 했지만, 천연두는 여전히 31개 국가에서 풍토병으로 남아 있었다. 세계 보건 기구가 전세계적인 천연두 박멸 운동을 시작한 1967년에는 그 감염자 수가 10억에 달해 있었다. 그러나 그 이후 천연두 바이러스는 격퇴되기 시작했다. 1970년 6월 무렵에는 서부와 중앙아프리카에서, 1971년 4월에는 브라질에서, 1972년 1월에는 인도네시아에서 천연두가 사라졌다. 방글라데시에서는 전쟁, 홍수, 기타 다른 문제들 때문에 세계 보건 기구의 계획에 차질을 빚기도 했지만, 1975년 10월에는 마침내 그곳에서도 천연두가 사라졌다. 마지막 승리는 동부아프리카에서 이룩되었으며, 에티오피아에서는 1976년 8월에 그리고 케냐에서는 1977년 초에 나타난 사례가 마지막 발병으로 기록되었다.

곧 천연두 바이러스는 지구상의 단 한 곳에만 남게 되었다. 이 최후의 감염지는 소말리아로, 1977년 봄에 갑자기 천연두가 남쪽 지역 전역으로 퍼지기 시작했다. 그러나 세계 보건 기구의 대규모 긴급 구호로 확산의 불길은 이내 진정되었다. 그리고 마침내 그 해 10월 메르카 시의 어느 23세 병원 요리사가 천연두 자연 감염에 의한 마지막 희생자로 기록되었다. 그로써 완전한 승리였다.

그러나 사실 이것으로 끝난 게 아니었다. 1978년 8월에 영국의 버밍엄에 위치한 실험실에서 사고로 두 가지 사례가 더 나타났다. 한 경우는 치명적이었다. 그러나 이제 애틀랜타와 모스크바

외에서는 이와 같은 사고가 다시 일어날 가능성이 없게 되었다. 물론 처음에 이 바이러스가 나타난 것 같은 임의의 변이가 발생하는 경우는 예외로 하고 말이다.

* 미국과 러시아는 세계 보건 기구의 권고로 1999년 6월 20일과 12월 31일에 실험실에 남아 있는 천연두 바이러스 표본을 파괴하기로 하였으나 러시아와 미국의 반대로 결렬되어 여전히 인류와 공존하고 있다——옮긴이.

14 생물 무기의 무서움
——탄저균(*Bacillus anthracis*)

모든 군사 작전은, 과거에 견고하게 봉쇄되었다 하더라도 치명적인 전염병을 일으키는 위험한 세균이 넓게 퍼질 수 있는 경로를 통해 성공한다. 병을 일으키는 미생물은 이런 새로운 기회들을 이용할 수 있기 때문에 오랜 혼란 상황에서는 적어도 〈전장〉을 포위하여 공격하는 전투만큼 유리하다. 식량과 물 공급이나 하수 처리가 중단되면 영양 결핍으로 이병성이 커지며, 거의 확실히 장티푸스 · 콜레라 · 이질 같은 수인성 질병이 나타난다.

1992년에 크로아티아의 스플리트Split에서 일하던 두 의사가 《란셋》에 매우 다른 전염병의 위협을 경고하는 글을 발표했다. 대부분의 사람들은 이것이 전쟁 중의 위생이나 의학적 혹은 다른 기본 시설의 파괴로 인해 발생하는 것인지 알지 못했다. 이것은 바로 탄저병에 관한 이야기다. 두 의사의 관심은 파리에게 물려서 바칠루스 안트라치스(탄저균)에 감염된 것으로 보이는 한 환자를 치료하면서 시작되었다.

탄저균은 비록 오랫동안 생물전의 무기로 그 가능성이 고려되기는 했지만 원래는 초식성 동물, 특히 소나 양에서 병을 일으킨다. 만약 이 균이 흙을 통해 감염되면, 치사율이 약 80퍼센트에 달하는 탄저병으로 발전한다. 탄저균은 사람에게도 감염될 수 있는데, 대개는 〈동물성 대사 산물〉과의 접촉을 통해 옮는다. 이러한 특성은 사람에게 나타나는 탄저병을 일컫는 두 가지 이름에도 드러난다. 〈생가죽 짐꾼병〉은 피부 탄저병에 대한 직업적인 용어로, 탄저균이 베인 상처나 염증을 통해서 몸으로 들어가면 발생한다. 〈양털 선별자병〉은 폐 탄저병으로, 탄저균이 호흡을 통해 폐로 침투하면서 발생한다. 두 병 중 후자가 더 심각하며, 이는 폐에 출혈을 일으켜 호흡을 곤란하게 하고 치료를 받지 않을 경우에는 매우 치명적이다.

곤충 역시 이 세균을 옮긴다. 보스니아-헤르체고비나 남서부 시골에 살던 38세 여성 환자에서 나타난 경우가 그랬다. 이에 대한 이야기는 《란셋》 1992년 8월 1일자에 발표된 논문에 자세히 나와 있다. 그녀는 쇠파리 같은 곤충에게 목을 물려 목 부분이 고통스럽게 부어올랐다. 처음에는 곤충에게 물린 것에 대한 알레르기 반응으로 진단을 받고 그에 따른 치료를 받았다. 그러나 상태는 급속히 악화되어 결국 병원으로 옮겨졌고 집중적인 치료를 받게 되었다. 이 병원에 근무하던 니콜라 브래더릭Nikola Bradaric과 볼가 펀다폴릭Volga Punda-Polic은 이 환자의 목에서 저혈압이나 피로로 나타나는 농포를 발견했다. 이들은 이 농포가 피부 탄저병 때문에 생긴 것으로 보았다.

비록 환자가 탄저병을 치료하는 데 효과적이라는 페니실린에는 반응하지 않았지만, 농포로부터 얻은 도말 표본을 조사해 본 결과 그녀가 탄저균에 감염되었다는 사실이 확인되었다. 곧 항생제 저항성 실험으로 이 세균이 페니실린에는 내성이 있지만 테트라사이클린에는 민감하다는 사실을 밝혀냈다. 이러한 결과에 따라 치료 방법이 달라졌고, 이 여성은 점차 회복되어 한 달 만에 집으로 돌아갈 수 있었다.

증거가 정황적이기는 하지만 쇠파리나 다른 곤충에 의해 옮겨진 이 세균의 근원은 몇 주 전에 탄저병으로 죽어 이 여성의 집 근처 구덩이에 아무렇게나 버려진 암소의 사체일 가능성이 대단히 높았다. 브래더릭과 펀다폴릭은 크로아티아와 보스니아-헤르체고비나와의 전쟁 중에 수의 활동이나 의료 활동이 제대로 수행되지 않았다는 사실에 주목하면서, 이것이 이 지역 전체에 탄저균을 퍼뜨릴 위험이 있다고 주장했다. 물론 페니실린 내성이 있는 탄저균이 그 원인이라면 훨씬 더 위험했다.

탄저균이 생물전 무기로 적합한지를 밝히기 위해 영국에서 수행된 실험이 50주년을 맞는 시기에 이러한 사건이 터진 것은 그야말로 우연이 아닐 수 없다. 윌트셔의 포턴다운에 위치한 국방부 실험실의 과학자들은 1942년 가을과 겨울에 전년도의 선도적 실험에 이어서 스코틀랜드 북서 해안의 그뤼나드Gruinard 섬을 세 차례나 방문하였다. 그곳에서 그들은 수십억의 탄저균 포자를 담은 소형 폭탄 6개를 터뜨렸다. 이 소형 폭탄은 일종의 받침대 위에서 폭파되었는데, 그 아래에는 동심원 형태로 서로 사슬에 묶인 양들이 있었다. 나중에는 비행기 한 대가 섬 위로 낮게 날아와 실험 지구에 더 많은 탄저균 폭탄을 투하하였다.

이 기동 훈련의 목적은 오늘날에도 여전히 논쟁거리로 남아 있다. 독일과 일본에서 준비 중이라고 생각되는 전쟁의 한 형태와 관련된 것이라고 주장하는 이도 있었고, 영국 정부가 생물 무기를 사용하는 방안을 진지하게 고려했다는 주장도 있었다. 어쨌든 이 계획들에 대한 열정적인 지원은 〈살인 현장의 적을 치기 위해서는 어떤 일이라도 할 준비가 되어 있다〉라는 처칠의 발표에 따라 이루어졌을 것이다. 확실한 것은 (당시에는 물론 예상만 했었다) 그뤼나드의 양들이 탄저균에 피폭된 후 며칠 만에 죽기 시작했다는 것이다. 게다가 포턴다운의 세균학자들이 헤브리디스 제도 실험 현장을 떠난 후에도 그곳의 토양은 여전히 40년 이상이나 심하게 오염된 채로 남아 있었고, 1986-87년이 되어서야 이 오염에서 벗어났다.

보스니아-헤르체고비나의 사건이 보여주듯이, 이 치명적인 세균이 실제로 아주 오랫동안 환경 속에 살아남을 수 있다는 사실은 오늘날에도 전쟁과 관련하여 두려움으로 남아 있다. 한편 이 균은 동물 건강과도 관련이 있다. 《수의록 *The Veterinary Record*》 1992년 10월 17일자에 웰시 농업국의 윌리엄스D. H. Williams와 그의 동료들은 노스웨일스에 탄저병이 발생해 95일 동안 19마리의 수퇘지와 500마리의 암퇘지가 죽었다고 보고했다. 지난 25년간 잉글랜드와 웨일스에서는 탄저병이 206번이나 발생했는데도 겨우 수퇘지 한 마리가 죽었을 뿐이고, 그후로도 42번이나 더 발생하였지만 9마리 이상 죽은 경우는 한번도 없었다. 조사관들은 북웨일스의 전염병 원인을 어떻게든 캐내려고 갖은 노력을 다했지만 헛수고였다. 돼지우리나 사료 운반선 같은 곳에서 채취한 먼지

시료들은 음성 반응을 보였다. 가장 그럴듯한 탄저균의 근원이라고 여겨진 돼지 사료에서도 마찬가지였다. 온갖 노력들이 수포로 돌아갔다. 결국 모든 돼지와 감염 가능성이 있는 가축들을 도살하는 무자비한 방법으로 이 전염병을 몰아냈으며, 이 세균의 근원은 수수께끼로 남았다.

15 발 냄새의 주범
——미크로코쿠스 세덴타리우스(*Micrococcus sedentarius*)

앞에서 본 것처럼 미생물은 우리가 살고 있는 이 세계에서 일어나는 여러 가지 일을 결정하는 데 매우 다양한 역할을 하고 있다. 이들은 지구에 유전을 만들었고 정치사의 흐름을 흔들어 놓았으며 현대 과학의 발전을 이루었다. 이들은 페니실린과 다른 항생제의 생산을 가능하게 하였고, 수세기에 걸쳐 콜레라·결핵·흑사병 같은 질병으로 인명을 위협하기도 하였다. 언제나 그랬듯이 오늘날에도 미생물은 인간의 삶이나 생물권에 행복을 가져다 주기도 하고 해를 끼치기도 한다. 앞으로도 보겠지만 미생물은 좋은 포도주를 만들고, 하수를 정화하고 농작물 해충을 방제하며, 자연 속에서 각종 요소들을 끊임없이 재생산한다.

다시 말해 미생물의 활동에 영향을 받지 않는 생활 영역은 거의 없다. 이제 영국 리즈Leeds의 한 미생물학 실험실에서는 무엇보다 중요한 의문에 대한 답을 찾기 시작했다. 바로 발에 땀이 날 때 나는 독특한 냄새의 원인이 되는 미생물은 무엇일까라는 문제였다. 여러 문헌을 통해 우리는 사회적으로 당황하게 만드는 이런 현상 때문에 인간이 얼마나 오랫동안 고통을 받아 왔는지 알고 있다. 윌리엄 블레이크William Blake는 『순수의 전조*Auguries of Innocence*』에 〈독사와 도마뱀의 독은 악마의 발에서 나는 땀이다〉라고 썼다. 그러나 고대 희랍까지 거슬러 올라가도 작가들이 이 현상을 진화의 역사를 통해 언제나 호모 사피엔스(*Homo sapiens*)와 함께해 온 〈병〉이라고 지적한 적은 없다. 과학자들이 풀어야 할 수수께끼는 발 냄새의 원인이 되는 미생물이 무엇인지와 왜 이 미생물들은 특정한 사람들에게서만 활발하게 활동하는지의 이유를 밝히는 것이었다.

지난 세기 초에 인플루엔자의 정체를 밝히려고 했던 때처럼, 과거의 몇몇 연구들은 특정 미생물에 그 원인을 돌리려고 했었다. 그러나 그때마다 더 정밀한 연구에 의해 적어도 부분적으로는 그렇지 않다는 사실이 밝혀졌다. 몇 년 전 한 연구팀에서 발가락 사이에 둥지를 틀고 있는 소위 브레비박테륨(*Brevibacterium*)이 메탄에티올methanethiol을 만들어낸다는 것을 발견했다. 이것은 정말로 흥분할 만한 일이었다. 메탄에티올은 저녁 무렵 버스나 지하철을 타고 퇴근할 때 나는 땀에 젖은 양말 냄새와 정말로 똑같은 냄새를 풍겼다. 그러나 계속되는 연구에도 불구하고 더 이상 그럴듯한 증거는 나오지 않았고 결국 브레비박테륨과 고약한 발 냄새 사이에는 아무런 관련도 없음이 판명됐다.

리즈 대학교의 케이스 홀런드Keith Holland와 그의 동료들은 미크로코쿠스 세덴타리우스라 불리는 박테리아에 특별한 관심을 가졌다. 이 미생물은 오랫동안 밀폐된 신발을 신어야 하는 병사들이나 광부들의 발에서 종종 발생하는 구멍 각질pitted keratolysis이라는 고통스런 병의 원인임이 확실한 것 같았다. 이 병의 특징은 발가락 피부에 죽은 피부층(각질)이 형성되고 발바닥에 구멍이 생기는 것이다. 정상인은 이 미생물의 공격에 대해 강한 저항력을 가지지만, 특별히 많은 무게를 받아 축축한 진공 상태가 되면 그 부위가 부식될 수 있다.

리즈의 연구원들은 두 가지 방법으로 접근했다. 하나는 이 균이 어떻게 각질에 구멍을 내는가를 정확히 밝혀내는 것이었고, 다른 하나는 이 균이나 다른 미생물 또는 미생물들의 혼합이 〈정상 발〉들이 문제 삼는 악취의 원인인지를 밝혀내는 것이었다. 그들은 19명의 남성 지원자를 대상으로 오른쪽 발을 조사하기 시작했다. 이 지원자들은 모두 사무실이나 실험실 혹은 공장에서 일하는 사람들이었다. 모두 발의 위생 상태가 좋았고, 아무도 피부에 박테리아가 증식할 수 있게 할 만한 제품을 사용하지 않았다. 〈경험 있는 평가자〉를 통해 발 냄새를 평가한 결과 9명이 항상 냄새를 조금씩 발산했고, 10명은 심한 냄새를 발산했다. 연구자들은 발에 붙어 있는 박테리아를 분리하기 위해 발을 닦아냈고 발바닥의 산도를 측정하기 위해 pH 미터를 사용하였다.

놀랍게도 홀런드와 그의 동료들은 각질 유발 조건이 전혀 없는 지원자의 발에서, 구멍 난 각질의 유발자로 강력하게 지목된 미크로코쿠스 세덴타리우스를 발견했다. 그리고 생화학 실험을 통해 이 박테리아가 예상대로 죽은 피부를 부식시키는 모습을 관찰할 수 있었다. 이 미생물은 단백질(죽은 피부의 주성분)에 붙어 두 종류의 효소를 만들어내며, 이 효소가 단백질을 공격하는 것이다. 이와 비슷한 다른 단백질 분해 효소는 스테이크를 부드럽게 만들거나 짐승의 생가죽에서 털을 제거하는 데 사용된다. 연구자들은 미크로코쿠스 세덴타리우스가 각질이 생긴 발에서 조직 파편들을 파괴한다는 사실(이 사실은 리즈와 그 주변에서 일하고 있던 발병〔足病〕 전문의들이 알려준 것이다)을 발견하자 더욱 확신을 가지게 되었다.

왜 이 미생물은 똑같은 신발을 오랫동안 착용하는 경우에만 인간의 발을 공격하는 것일까? 리즈에서 이루어진 가장 최근의 발견은 이에 대한 답으로 〈폐쇄된 발〉이라는 조건을 제시했다. 미크로코쿠스 세덴타리우스는 정상적인 상황에서는 그 수가 매우 희박하며 단백질 파괴 효소를 거의 생산하지 않는다. 그러나 발이 습해지면서 염도가 증가하면 이것이 박테리아가 더 빨리 증식하도록 자극하여 효소가 더 많이 만들어진다. 결과적으로 발바닥이나 발의 다른 부위에 구멍이 생기기 시작하는 것이다.

미크로코쿠스 세덴타리우스 역시 구멍 각질이 심한 경우에는 코를 찌를 정도의 얼얼한 냄새를 내는 메탄에티올을 만들어낼 수 있다. 리즈의 지원자 19명의 발에서 구멍이 생기는 경우와 냄새가 나는 경우는 뚜렷하게 관련되어 있었다. 그러나 냄새의 정도와, 미크로코쿠스 세덴타리우스나 브레비박테륨 사이에는 전혀 관련이 없었다. 대신 케이스 홀런드와 그의 동료들은 발 냄새와 다른 종류의 박테리아 그룹——포도상구균과 호기성 코리네형 박테리아 aerobic coryneform bacteria——사이에 뚜렷한 관련이 있음을 알아냈다. 이 미생물들의 밀도가 높을 때 발 냄새가 난다는 것이다. 앞에서와 마찬가지로 오랫동안 신고 있던 신발이나 양말의 염도가 높아져 이런 박테리아의 증식이 활발해진 것이 원인이다.

이렇게 하여 사냥은 시작되었고, 사냥감은 곧 시야에 들어왔다. 홀런드와 그의 동료들은 현재 숄 국제연구개발국 Scholl

International Research and Development의 지원을 받아 가장 냄새가 심한 10명의 발에서 가장 일반적으로 발견되는 그 밖의 미생물들에 대해 연구하고 있다. 이 연구의 목적은 미생물이, 냄새의 원인이 되는 물질과 발을 썩게 하는 효소를 합성하는 환경 조건을 더욱 정확히 규명하는 것이다. 병사들은 이 연구로부터 도움을 얻을 것이다. 더 넓게 보자면 발에 땀이 많이 나는 사람들이나 그것 때문에 오랫동안 고통받아 온 사람들 역시 도움을 받게 될 것이다.

2부

두 얼굴의 기회주의자

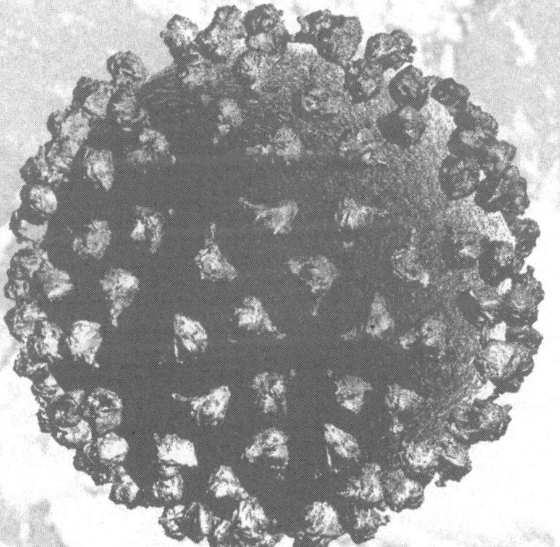

굳이 힐러리 벨록 Hilarie Belloc의 말을 빌리지 않더라도 미생물은 크기가 매우 작다. 그래서 이들을 알아보기란 그리 쉬운 일이 아니다. 세균이나 바이러스를 비롯한 모든 미생물 세계는 깨알보다 작다. 따라서 이들의 거대한 힘을 느끼기는 더욱더 힘들다. 이미 1부에서 이제까지 잘 알려진 미생물의 힘을 소개하였다. 독특한 미생물이나 이들의 특별한 능력이 밝혀질 때마다 우리는 그 작은 크기 때문에 다시 한번 놀라게 된다. 새로운 바이러스의 돌발적인 출현이나 주위 환경에서 미생물이 만든 새로운 물질을 발견하는 것도 한두 가지의 예에 불과하다. 동물이나 식물과 비교해서도 미생물은 놀라움을 불러일으키는 신비한 재능을 가지고 있다.

16 네모난 미생물

——할로아르쿨라(*Haloarcula*)

주변을 둘러보자. 세포와 먼지, 꽃과 나무, 나비 날개와 크로커스 알뿌리, 동그라미와 나선, 야자수잎과 벌집, 그 밖의 제멋대로 생긴 것들, 끈적끈적한 액체와 보이지 않는 가루 등이 보인다. 보이지 않는 것이라곤 넓적한 사각형뿐이다. 건물, 책, 체스판, 어린이들이 처음으로 기하학 수업을 받는 교실 등 네 변과 네 개의 직각으로 구성된 정사각형은 생물권의 모습이 아니라 문화의 모습이자 인위적인 환경의 모습이다. 사람들은 감자를 얇게 썰어 만들어 감자 윤곽이 그대로 나타난 감자 칩을 너무나도 좋아한다. 그러나 요즘에는 감자 반죽을 만들었다가 얇게 밀어 조각으로 잘라 만든다. 네모나고 넓적한 감자 칩은 모양도 그럴듯하고 한데 모아 깔끔하게 포장하기에도 안성맞춤이다. 그렇지만 우리는 이것을 먹으면서도 자연스럽지 않다고 생각하며 왠지 껄끄럽게 느끼기도 한다.

미생물 집단도 거시적인 세계에서 볼 수 있는 모양에 따라 구분하는 경우가 많다. 예를 들어 세균의 모양은 둥글거나 길쭉하다고 말한다. 항생 물질을 분비하는 미생물 종류는 실 모양을 하고 있으며 매독균 같은 나선균은 포도주병 코르크 따개 모습을 하고 있다. 성홍열균 같은 구균은 둥근 모양으로, 안쪽에서 생긴 높은 삼투압 때문에 바깥쪽으로 밀고 나오려는 힘이 생겨 고무풍선처럼 둥글게 부풀어 있다. 이 이름은 작은 딸기 열매와 닮았다고 하여 붙여진 것이다. 좀더 단단한 세포벽에 다른 모양을 한 세균으로는 막대 모양의 간상균이 있다. 세균성 폐렴의 원인이 되는 구균의 경우에는 협막capsule(세포벽 바깥을 덮고 있는 막)을 가진 것들끼리 무리를 이루기도 한다. 미생물학자들은 계속해서 세포들의 이런저런 모습을 조사했지만 네모나거나 각진 세포는 찾지 못했다.

적어도 1980년 전까지는 그랬다. 1980년에 영국 웨일스에 있는 귀네드Gwynedd의 해양 과학 실험실에 근무하던 토니 월즈비Tony Walsby는 1980년 《네이처》에 네모난 세균을 찾았다고 발표했다. 그는 이집트의 시나이 반도에서 이 특이한 모양의 세균을 찾아냈다. 그는 이곳에서 기포(가스를 품고 있는 소기관)를 가진 세균이 소금물 웅덩이에 있는지를 조사하였다. 사실 그가 시작한 연구는 바다에 사는 플랑크톤의 세포 내에 이런 구조가 들어 있는지에 대해 이제까지 연구된 것을 조사하는 것이었다. 확인되지는 않았지만 그때까지는 이 미생물이 부력을 받는 기포를 이용하여 원하는 수심에 자리를 잡는다고 생각했다.

월즈비는 여러 곳의 민물을 조사했고 기포를 가진 세균은 안정된 연못에서든 여러 층으로 이루어진 연못에서든 모든 연못에 살고 있음을 확인했다. 이때는 이미 다른 연구자들이 바닷물을 증발시켜 만든 소금 속에서 그와 비슷한 세균을 찾아내 호염성 세균(*Halobacterium*)이라고 이름 붙인 후였다. 그래서 그는 시나이로 가서 이 세균을 찾아, 기포가 이들을 산소가 풍부한 표면으로 떠올려 잘 자라도록 해준다는 사실을 밝혀내고자 했던 것이다.

그가 발견한 세균이 알려지자 전세계 미생물 실험실에서는 놀라움과 함께 의혹의 물결도 일었다. 그는 나브크 바로 남쪽의 사브크라(해수면 높이의 연안 지대)에 있는 고염도의 웅덩이에서 소금물을 채취했다. 이 소금물에는 기포를 가진 미생물들이 득실거렸다. 대체로 크기와 모습이 다른 다섯 종류의 미생물이 있었고, 네모난 세균이 가장 많았다. 소금물 1밀리리터에 이 세균이 무려 7천만 마리나 들어 있었다. 이리하여 상상하지 못했던 이 생물들의 존재가 밝혀졌다.

자세히 조사해 보니 이 세균은 이전에 본 것과는 전혀 다르게 얇고 네모난 종잇장 같았다. 또한 예상했던 대로 이 세균은 기포가 부력을 받아 소금물 웅덩이 표면으로 떠오를 수 있었다. 그러나 이 세균은 너무나 얇고 투명했으므로 그는 기포가 없을 것으로 생각할 정도였고, 더구나 이런 특별한 구조를 갖추고 있다는 생각은 거의 하지 못했다. 주위를 둘러싼 고농도의 염분 때문에 이 세균은 삼투압의 영향을 받지 않았고 더 나아가 둥근 모양을 갖추려는 성질도 무시되었다. 만약 이들이 삼투압의 영향을 받아야 했다면 아마 쉽게 터져 버렸을 것이다. 어째서 이들이 네모난 모습을 하게 되었는지는 아직까지도 확실하게 알지 못하고 있다. 월즈비는 이들을 찾아내고 〈네모〉라는 뜻으로 〈쿼드라(*Quadra*)〉라는 이름을 제안하였지만 나중에 〈소금 상자〉라는 뜻의 〈할로아

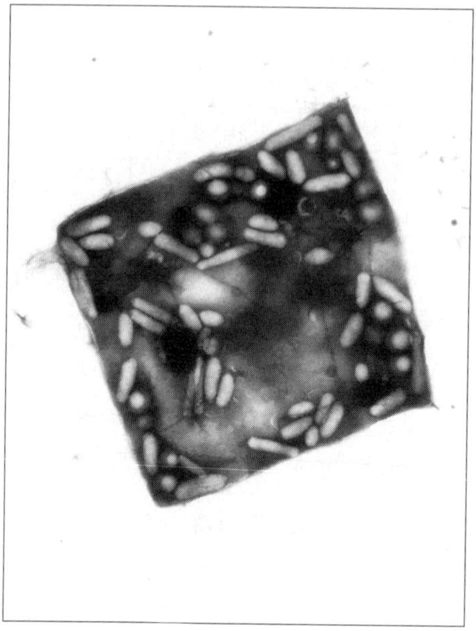

그림 4
헬로아르쿨라(*Haloarcula*). 시나이 웅덩이에서 발견된 세균으로 거짓말처럼 네모나게 생긴 미생물이다(배율: ×27,000).

르쿨라(*Haloarcula*)〉라고 명명되었다(그림 4).

우표처럼 보이는 신비로운 모습의 이 세균이 어떻게 움직일까 하는 것도 수수께끼다. 어떤 세균들은 독자적인 추진력을 갖추지 못한 채 물이나 바람 또는 다른 생물에 실려 이리저리 옮겨다닌다. 막대나 소시지 모양의 움직이는 세균들은 하나 이상의 기다란 편모를 갖고 있다. 이들은 주위 환경 속에서 편모를 굽혔다 폈다 하면서, 혹은 여러 편모를 꽃술처럼 한데 모아 배의 프로펠러처럼 흔들면서 움직인다. 편모의 아래쪽에는 모터만큼 놀라운 힘을 발휘하는 메커니즘이 작동하며 편모를 시계 반대 방향으로 1초에 200번이나 돌린다. 이들은 이 힘으로 주위의 액체를 헤집고 나아갈 수 있는 것이다.

뮌헨에 있는 막스 플랑크 생화학 연구소의 디터 외스터헬트 Dieter Oesterhelt와 예루살렘에 있는 헤브루 대학교의 연구자들이 밝혀낸 사실로 볼 때, 이 네모난 세균은 의외로 잘 움직일 수 있다. 특이하게도 이 미생물은 뒤로도 헤엄칠 수 있다. 이들은 오른쪽으로 꼬인 편모를 마치 나사의 방향을 바꾸듯이 시계 방향으로 또는 시계 반대 방향으로 원하는 대로 돌려가며 움직인다. 한 개체가 마음대로 방향을 바꾸면 여러 개체의 편모가 발휘하는 힘 때문에 제각기 흩어지는 게 아닐까 하고 생각하는 사람도 있을 것이다. 그러나 이 네모난 세균은 매우 협동적이므로 이런 일은 거의 일어나지 않는다.

네모난 것이 있다면 세모난 것은 없을까? 이에 대해 1986년에 호리코시 고키〔弘毅掘越〕를 비롯한 일본 미생물학자들은 삼각형 모양의 세균을 발견했다고 처음 발표했다. 그들은 일본 서부의 이시카와현 염전의 소금물 속에서 넓적하고도 건강한 종을 찾아낸 것이다. 미생물학자들은 네모나거나 세모난 세균이 알려진 이후 다음에는 어떤 것이 나타날지 기대하고 있다. 혹시 팔각형의 미생물이 나타나는 것은 아닐까?

17 킬다 섬을 삼킨 감염
——클로스트리듐 테타니(*Clostridium tetani*)

자유교회파의 한 유력 인사는 〈…… 파상풍이야말로 한정된 섬의 자원 내에서 인구를 유지하기 위한 하나님의 현명한 판단이었다〉라고 감히 말했다.

이것은 《글래스고 헤럴드》의 통신원인 로버트 코넬Robert Connell이 지난 19세기 말에 스코트랜드의 헤브리디스 제도 내의 세인트 킬다 섬을 방문한 후에 쓴 글이다. 이 글은 성인의 파상풍——이 병의 첫번째 증상이 머리와 목 근육의 경련이기에 〈개구장애 lock-jaw〉라고도 부른다——에 대한 이야기가 아니다. 당시 세인트 킬다 섬에서 태어난 유아들 대부분의 목숨을 앗아간 〈8일간의 병〉을 묘사한 것이다.

모든 목회자들이 이 거대한 희생을 종교적으로 해석한 것은 아니었다. 앵거스 피디스Angus Fiddes 목사 덕에 세인트 킬다 섬에서의 신생아 파상풍은 1891년 8월 18일을 마지막으로 잠잠해졌다. 그는 애매모호한 종교심리학으로 마음을 진정시키는 대신 과학적인 방법으로 이 두려운 병을 물리치고자 하였다. 이 병의 원인이 1884년에 괴팅겐에서 연구하던 아서 니콜라이어Arthur Nicolaier에 의해 밝혀졌다는 사실을 몰랐음에도 말이다. 이 병은 파상풍균인 클로스트리듐 테타니에 의한 것이다.

세인트 킬다 섬의 19세기 보건 기록이 완전하지는 않지만, 1855년부터 1876년 사이에 태어난 56명의 갓난아이 가운데 41명 이상이 영아기에 파상풍으로 죽었다는 기록이 남아 있다. 피디스 목사는 다른 곳에서는 흔하지 않은 이 병이 어째서 스코틀랜드의 북부와 서부에서, 그것도 세인트 킬다 섬에서 이렇게 흔하게 나타나는지 의아해했다. 그는 여러 가지 관례나 습관을 생각한 끝에 이것이 출생에 관한 전통 의식에서 비롯했으리라는 결론을 내렸다. 이들은 소금 버터 같은 기름이나 유지에 담갔던 천으로 탯줄을 묶은 후 잘라냈다. 그러나 새가 많은 것으로 유명한 세인트 킬다 섬에서는, 구하기 힘든 소금 버터 대신에 펄머갈매기에서 얻은 홍옥

빛 기름을 사용하기도 했다. 산파나 조산사는 이 기름을 북양가마우지 새의 말린 위장에 저장하였고 몇 년 동안이나 한번도 씻지 않은 채 사용하였다.

1890년 피디스 목사는 글래스고에 도움을 청하기로 했다. 그곳에서는 1860년부터 1869년까지 외과 흠정교수였던 리스터J. Lister 경이 어떤 수술에서도 반드시 뒤따르기 마련인 무시무시한 감염을 막아내기 위한 새로운 방법——간단히 말해 병을 일으키는 세균을 석탄산으로 죽이는 방법——을 개발하고 있었다. 또한 리스터 경은 외과와 산과의 청결 수준을 이미 상당히 끌어올려 산욕열이나 병원성 괴저(혈액 공급이 되지 않거나 세균 때문에 비교적 큰 덩이의 조직이 죽는 현상) 피해를 줄일 수 있었다.

곧 간호원들은 리스터 경의 생각에 따라 교육받기 시작하였고, 피디스 목사의 설득에 따라 세인트 킬다 섬의 조산원들도 위생 처리를 하게 되었다. 상태는 점점 좋아졌고 결국 펄머 기름을 담은 위장 용기를 내버리는 데에도 성공했다. 곧 놀랍고도 극적인 효과가 나타났다. 1854년 의사 존 스노John Snow의 권고에 따라 브로드 거리의 펌프 손잡이를 없앤 후 런던에서 단 한 건의 콜레라도 발생하지 않은 것처럼, 피디스 목사의 지시를 따른 후부터 세인트 킬다 섬에서는 신생아 파상풍이 완전히 사라졌다.

조산사의 기름 용기는 파상풍균의 훌륭한 저장소였다. 이 병균은 조산사의 손을 거친 아이들에게 차례차례 잘려진 탯줄의 끝을 통해 아주 효과적으로 옮아갔던 것이다.

안타깝게도 이 이야기가 행복하게 끝나지는 않았다. 우선 피디스 목사의 활동은 세인트 킬다 섬의 인구 감소를 붙들기에는 너무나 늦은 것이었다. 신생아 파상풍에 의해 수십 년 동안이나 신생아 사망률이 높게 지속되어 인구 규모가 스스로 회복할 수 있는 수준 이하로 떨어져버린 것이다. 사람들은 차츰 자포자기하여 고향을 떠났고 1930년에는 결국 마지막 남은 35명의 주민들마저 이 섬을 떠나버렸다. 아름다운 풍경의 바위와 높은 절벽을 간직한 세인트 킬다 섬은 이제 스코틀랜드의 국립 보호 구역이자 자연의 보고로 남아 있으며 양, 굴뚝새, 생쥐 등 별난 종류의 동물만이 번성하고 있다. 또한 세계에서 북양가마우지가 가장 많은 곳으로도 널리 알려져 있다.

파상풍균은 사람에게만 있는 것이 아니라 흙 속에도 있고 몇몇 초식동물의 내장 안에도 살고 있다. 그리고 세계의 몇몇 곳에서는 아직까지도 중요한 건강상의 문제를 일으키고 있다. 어릴 때 예방 접종을 하고 10년마다 한 번씩 추가 접종을 하면 충분히 예방할 수 있기 때문에, 지금은 성인에게 비교적 흔하다고 해도 단지 〈개구 장애〉 정도의 근육통으로 무시할 만하다. 또한 피부 상처를 통해 오염된 흙으로부터 감염되는 경우도 있지만 이것도 그리 위험하지는 않다. 그렇더라도 세계 보건 기구에서 발표한 바에 따르면 적어도 매년 80만 명이 이 균에 의해 죽음을 맞이하며, 대부분은 신생아 파상풍에 의한 희생자들이다. 이 병의 치료는 어려우며 또한 성공적이지도 못하다. 특히 제3세계에서는 탯줄을 비위생적으로 자르거나 마무리하기 때문에 병원균이 포자 상태로 진흙이나 재, 동물의 분뇨 등에 섞여 있다가 옮겨가면서 감염된다.

의학 저널 《란셋》 1984년 2월 18일자에 실린 연구 결과를 보면 수단의 주바Juba 마을에서 갓 태어난 82명의 어린이 가운데 1명이 신생아 파상풍에 감염되었고, 이들 110명 가운데 1명 꼴로 목숨을 잃었다. 깨끗하지 않은 면도칼이 원인일 수도 있지만 아무래도 감염에서 중요한 역할을 한 것은 탯줄을 묶는 데 쓰이는 뵈르하비아 에렉타(*Boerhavia erecta*)라는 나무의 실처럼 가느다란 뿌리인 것 같았다. 주바 교육병원과 런던 열대의학 보건학교에서 이 나무뿌리를 가져다가 조사해 보니 과연 파상풍균이 들어 있었다. 탯줄을 처리할 위생적인 실과 천만으로도 이 문제를 해결하는 데 충분한 효과가 있겠지만, 가난하고 낙후된 제3세계의 오지에서까지 그 효과를 기대하기란 그리 쉽지 않았던 것이다. 전문가들이 선호하는 또다른 방법은 임산부들에게 파상풍 예방을 실시하는 것이다. 그렇게 하면 태반을 통해 면역 항체가 아기들에게도 전해지므로 아기의 피 속에 면역 체계가 미리 자리잡을 수 있다.

앵거스 피디스 목사가 세인트 킬다 섬의 신생아 사망률이 유난히 높았던 수수께끼를 풀어낸 지 한 세기가 지났음에도 이 미생물에 의해 매년 100만 명에 이르는 어린아이들이 죽어 그들의 어머니들이 애통해한다. 이것은 복잡한 의학 기술이 부족해서가 아니라, 감염을 막아내는 데 필요한 가장 기본적이고 모두가 이해할 수 있는 예방조차 하지 않기 때문이다.

18 부활절의 기적

—— 세라티아 마르체센스(*Serratia marcescens*)

미국에서 생물전의 무기로 쓰이며 사람과 꿀벌에게 치명적인 미생물이 도대체 부활절과 무슨 관계가 있다는 것일까? 바로 세라티아 마르체센스 이야기이다. 이 세균은 해가 없어서 학생들이 악수할 때 미생물이 어떤 식으로 다른 사람에게 전파되는지를 관찰할 때 사용될 정도였다. 그러나 요즘에는 이 균이 뇌막염에서 골수염까지 일으킨다고 알려졌으며, 마약 중독자나 환자들에게는 이런 현상이 더욱 심하다고 한다.

이 별난 미생물의 역사는 기원전 6세기까지 거슬러 올라간다. 피타고라스는 때때로 식료품에 나타나는 핏빛 얼룩에 대해 이야기했다. 기원전 332년 알렉산더 대왕이 이끈 마케도니아 병사들이 페니키아 튀루스(지금의 레바논)를 에워싸고 있을 때에도 그들이 먹던 빵이 때때로 핏빛으로 얼룩졌다. 마케도니아의 한 예언자는 이 기괴한 현상이 곧 튀루스 시 전역에 피가 흐르고 알렉산더가 승리할 증거라고 하였다.

나중에는 〈피 흘리는 성체〉가 기독교의 전설이 되었지만, 당시에는 성찬식 빵이 핏방울로 더럽혀진 것이라고 여겼다. 이것을 기적이라고 생각한 사람들은 몇몇 도시에서 집단 살해되었던 불신자 유대인들이 보복하기 위해 빵을 찔러댄 결과라고 해석했다. 그렇지만 점차 이 핏빛은 빵이 변질되어 나타나는 것이라는 확실한 증거들이 등장하기 시작했다. 1264년 성찬 예물 기적에 의문을 품은 이탈리아 볼세나Bolsena의 한 신부가 미사를 드리면서 빵을 쪼갰을 때, 예복 위로 핏방울이 떨어지는 것을 보고 그 기적을 믿게 되었다. 이것은 바티칸에 있는 라파엘의 작품「볼세나의 미사」에 그려져 있다.

이제는 이러한 우연들이 세라티아 마르체센스라는 세균에 의한 것임을 분명히 알고 있다. 이 세균이 적당한 양분이 마련된 곳에서 증식하면 붉은 색소 때문에 붉게 보인다. 중세의 습한 교회 안에 남아 있던 빵은 이러한 증식이 일어날 수 있는 좋은 조건을 갖추고 있었던 것이다. 근대에 이르러서도 이와 비슷한 현상이 수없이 많이 일어났다.

젊은 약사인 바르톨레메오 비치오Bartolemeo Bizio는 1819년에 처음으로 이 〈피〉에 대한 진실을 찾아냈다. 그는 이탈리아 농부들이 폴렌타polenta라고 부르는 옥수수죽이 핏빛으로 변한 것을 보고 그 원인을 조사하기 시작했다. 가족들은 모두 신의 징벌이라며 두려워했다. 하지만 사실 이 폴렌타는 기근 때문에 2년 동안 저장했던 옥수수 가루로 만든 것이었고, 비치오는 이 핏빛이 미생물(그는 곰팡이라고 잘못 생각하였다)의 색소에 의한 것이라고 증명하여 그 신비로움을 떨쳐버렸다. 비치오는 이것을 이탈리아의 유명한 물리학자 세라피노 세라티Serafino Serrati의 업적을 기리며——그가 최초로 증기선을 개발했다고 잘못 알고 있었다——그의 이름을 붙였다. 그리고 비치오는 뒤에다 〈쇠퇴하다〉라는 뜻의 라틴어 〈마르체센스(*marcescens*)〉를 덧붙였는데, 이것은 이 색소가 빛에 민감해서 실제로 금세 희미해졌기 때문이다.

마력을 잃은 이 기적의 일꾼은 그제서야 비로소 환경 속에서 미생물이 어떻게 퍼져가는지를 보여주는 실용적인 〈표적 미생물〉로 자리잡았다. 학교에서 이루어지는 대표적인 실험을 살펴보자. 우선 세라티아 마르체센스를 배양하고 한 학생이 배양지에 손을 짚었다가 다른 학생과 악수를 한다. 이 학생은 세번째 학생과 악수를 하고 세번째 학생은 네번째 학생과 악수를 한다. 이런 식으로 악수를 12번이나 20번 정도까지 계속하고 나서 악수를 했던 각각의 손을 면봉으로 닦아내 영양 배지에 접종하여 세균을 배양한다. 색소를 만들어내는 세라티아 마르체센스가 비록 몇 마리이긴 하지만 거의 마지막 사람에게서까지 나타난다.

1906년에는 고돈M.H. Gordon 박사가 세라티아 마르체센스가 들어 있는 물로 양치를 하고 하원에서 셰익스피어의 문장 몇 구절을 암송했다. 배양 용기를 흩뿌리지는 않았지만 그곳에 있던 의원들의 의자에는 곧 아주 밝은 선홍색이 나타났으며, 이것은 고돈 박사가 서 있는 곳으로부터 의회의 다른쪽으로 세라티아 마르체센스가 퍼져나갔음을 의미했다. 이 예는 말하거나 기침할 때 또는 심지어 코를 골 때에도 세균이 공기를 통해 먼 거리를 이동한다는 증거 중 하나이다.

그러나 1970년대 말 세라티아 마르체센스는 악명을 얻었다. 1950년과 1966년 사이에 미국 육군에서 세균전을 훈련하면서 8개 지역에 이 균을 뿌렸다. 이 중 세 곳은 뉴욕의 지하철, 샌프란시스코, 플로리다의 키웨스트였다. 기술자들은 움직이는 열차로부터 미생물이 포함된 전구 모양의 용기를 떨어뜨린 후 이 균의 전파 정도를 측정하였다. 《뉴스데이》의 기사를 시작으로 이 실험의 세부 사항이 일반인에게 알려지자 펜타곤(미 국방부)에서는 이 균이 사람에게 감염되거나 또는 사람을 죽게 하는 일이 아직까지 없었다고 발표하였다.

실제로 이 세균이 사람에게 병을 일으키지 않는다는 사실은 오래전부터 알려져 왔다. 1964년에 한 병원에서 조사한 바에 의하면 수백수십 건까지 감염된 경우가 있었지만, 대부분 이 종과 비슷한 다른 세균에 의한 감염이었고 단지 3건만이 세라티아 마르체센스에 의한 것이었다. 면역력이 약해졌다거나 다른 요인들로 환자가 병원균의 침입을 막아내지 못하는 경우라면 모르겠지만, 그러한 상황을 제외하면 이 균은 거의 해가 없다는 데 대체로 동의

한다.

지금 와서 돌이켜보면 이 자료들이 완전하지 않은 기초 위에 세워진 것 같다. 그래도 이 균에 의한 병이라고 잘못 진단하는 경우 여전히 남아 있다. 이 미생물이 혈관에 침입했다는 임상 기록은 1968년까지 겨우 15건만 남아 있지만, 어떤 전문가는 1968년부터 1977년까지 비슷한 증상을 한 병원에서만 76건이나 기록했다. 최근 알려진 바로는 혈관 주사를 놓는 마약 중독자나 병원의 입원 환자처럼 특수한 상태에서는 세라티아 마르체센스가 사람에게도 여러 가지 증상을 일으킨다고 한다. (꿀벌을 공격한다는 것도 알려졌다.) 그러다가 1989년 런던의 세인트 바톨로뮤 병원의 정신외과 병실에서 특이한 감염이 발생했다. 그 감염은 세라티아 마르체센스가 이전까지 잘 듣던 항생제에 대한 내성이 점점 강해져서 나타난 것이었다.

세라티아 마르체센스는 결코 무해하거나 기적적인 미생물이 아니다. 핏빛 빵을 만드는 이 세균은 사실 기회주의자(이 균을 기회감염 병원체라 부른다——옮긴이)이며, 아마 앞으로 이것에 대해서 더 많은 이야기를 들을 수 있을 것이다.

19 나치를 속인 세균

——프로테우스(*Proteus* 0X 19)

제2차 세계대전 중에 피점령국의 시민들은 약탈을 피하기 위해 깊숙이 감추어둔 천재적인 잠재력을 재치 있게 이용했다. 그중에서 폴란드의 두 의사에 대한 놀라운 이야기는 아마 빼놓을 수 없을 것이다. 그들은 그다지 인상적이지도 않고 별로 중요하지도 않은 세균으로 독일 당국을 바보로 만들었을 뿐 아니라 독일에서 중노동을 하던 동포 한 사람이 풀려나도록 하였다(그림 5). 그들은 폴란드의 남동부 로즈바도프Rozvadow에 티푸스열typhus(발진티푸스)이 전염되고 있다며 독일군을 속였다. 그래서 독일군은 병이 옮을지도 모른다는 두려움 때문에 자세히 취조하지도 않았고, 더 이상 협박하거나 압박하지도 않았으며, 사람들이 자유롭게 살도록 내버려 두었다.

오이게니우스 라조프스키Eugeniusz Lazowski와 스타니슬라브 마툴레비치Stanislav Matulewicz라는 두 의사가 생각해낸 계략에는 제1차 세계대전 동안 폴란드에서 나타난 특이한 현상이 숨어 있다. 인간은 특정 미생물에 감염되면 보통 그 병균에 대해서만 항체를 만든다. 그러나 티푸스열의 경우에는 혈관 속에 프로테우스균에 대한 항체도 나타난다. 항원-항체 반응은 너무나 뚜렷하고 특이적이기 때문에 병리 실험실에서는 이렇게 프로테우스균에 대한 항체가 나타나는 경우에는 의심할 여지없이 티푸스열로 진단한다. 검사자가 혈액 시료를 프로테우스균과 섞으면 혈액 세포들은 티푸스열 이병자의 혈액을 만난 것처럼 덩어리를 만든다.

바르샤바에서 남서쪽으로 200킬로미터 떨어진 로즈바도프와 즈비도니오비Zbydniowie라는 작은 마을에서 개업한 라조프스키와 마툴레비치는 학생 때 바일-펠릭스Weil-Felix 반응이라 불리는 현상을 배운 적이 있었다. 아마 그들은 이 현상이 별 볼일 없는 엉뚱한 것이라고 생각했을 것이다. 그러나 전쟁 중에 우선 2주 동안의 체류 허가를 받아 독일로부터 돌아왔다가 어떻게 해서든 돌아가지 않으려는 한 노동자가 이들을 찾아왔을 때, 이들의 마음속

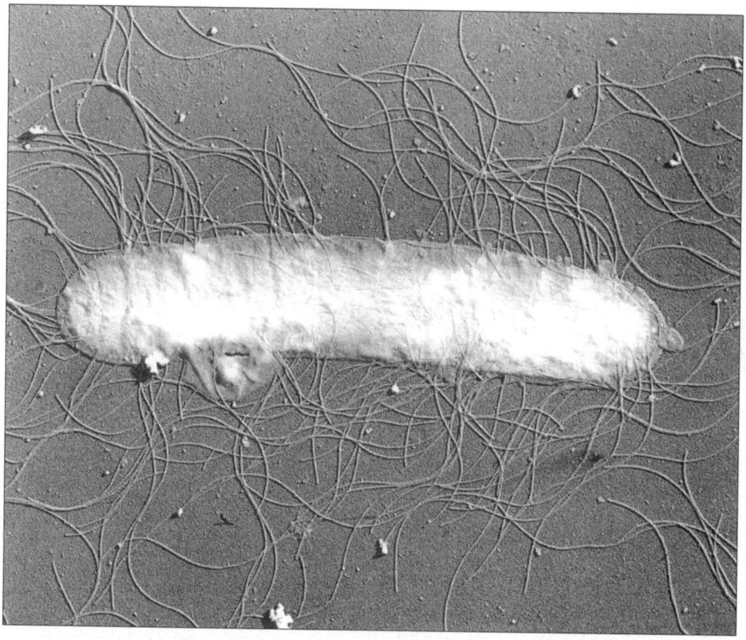

그림 5 프로테우스 미라빌리스(*Proteus mirabilis*). 폴란드 의사가 티푸스 전염병으로 위장하여 나치를 바보로 만든 세균과 매우 닮았다(배율: ×19,800).

에는 이 반응이 떠올랐다.

의료증명서에 〈심각한 병자〉라고 기재된 사람은 집에 머물 수 있었다. 그렇지 않으면 붙들려서 수용소로 되돌아가야 했다. 〈이 사람에게 프로테우스 OX 19를 주사했을 때 항체가 만들어진다면 독일군은 이 사람이 티푸스열에 걸린 것이라고 생각하지 않을까?〉 이 노동자는 노예 생활로부터 탈출하기 위해서는 자살까지도 할 각오를 하였다. 그래서 라조프스키와 마툴레비치는 위험을 감수하고 이 실험을 감행하기로 결심하였다.

이 방법은 효과가 있었다. 그의 몸은 건강을 유지하면서도 티푸스열에 대한 항체를 만들어낸 것이다. 곧 그의 혈액은 독일 연방 실험실로 보내졌고, 공식적으로 〈바일-펠릭스 양성 반응〉이라는 판정이 내려졌다. 그리하여 그는 폴란드에서 가족과 함께 지낼 수 있었다.

이것은 병이 더 넓은 지역으로 전파되었될 수 있다는 사기극도 가능함을 의미했다. 당시 독일 당국은 지난 25년 동안 독일 안에서 티푸스열의 발병이 없었으므로 극도로 조심해 왔다. 실제로 이 병뿐 아니라 이와 비슷한 참호열trench fever(제1차 세계대전 중에 참호 속의 병사들에게 감염된 전염병──옮긴이)에 대한 공포 또한 대단해서 아우슈비츠 수용소에 수용된 사람들은 등록 후에도 6-8주 동안 철저한 검역을 받았다. 게슈타포(나치 독일의 비밀경찰──옮긴이)의 의사들은 이 두 가지 병에 걸렸다고 의심되는 사람들을 죽여가면서까지 병의 발생을 막았다. 만약 이 병이 전선을 넘어 전파된다면 면역성이 낮은 독일군에 치명적인 피해를 일으킬 수도 있었다. 따라서 그들에게는 이러한 전체 상황이 오히려 유리할 수도 있었다.

그래서 이 두 폴란드 의사는 많은 사람들에게 프로테우스 0X 19를 주사하여 혈액 검사를 받도록 하였다. 양성 반응자가 점점 많아지면서 독일 당국은 티푸스열이 실제로 전파되고 있다고 믿었다. 드디어 라조프스키와 마툴레비치가 개업한 곳을 포함한 12곳 이상의 마을이 전염 지역으로 선포되었고, 이 지역에서 독일군의 억압은 자연스럽게 사라졌다.

한번은 이 사기극이 거의 드러날 뻔했다. 한 정보원이 자신있게 그곳에는 병이 없다고 주장했던 것이다. 그러나 사실 그의 추리는 틀린 것이었다. 그는 진짜 환자의 피를 뽑아 다른 여러 사람의 이름으로 내놓아 검사하도록 했다는 것이었다. 즉시 검사가 시작되었지만, 이 병에 대한 당시의 무서운 공포심 때문에 조사가 미진했다. 독일 당국은 티푸스열 환자로 지목된 사람들——물론 이들은 모두가 건강한 사람들——에 대해 신체 검사를 하는 대신 혈액만 채취해 갔다. 결과는 명백했다. 모든 환자의 혈액에서 티푸스열에 대한 항체가 충분할 정도로 검출되었다.

사실 이 이야기에는 두 가지 허점이 있다. 우선 독일 당국은 명백한 감염 지역에서 티푸스열로 죽은 사람이 거의 없었다는 데에 의심을 품지 않았다. 실제로 이 병에 의한 사망률은 매우 높다. 그리고 검사한 혈액마다 높은 수준의 항체가 일률적으로 나타났다는 사실을 눈여겨보지 않았다. 정상적으로는 환자의 혈액에 들어 있는 항체의 수준이 병의 발병 과정에 따라 다른데도 말이다.

몇 년이 지난 후 린텔른Rinteln에 자리한 영국 군인 병원의 외과의사 존 베닛John Bennett은 이 무용담 같은 이야기를 재조사하여 몇 가지 답을 찾아냈다. 우선 독일 사람들은 실험실 결과를 너무나 신뢰한 나머지 모든 것을 간단히 믿어 버렸다. 다음으로 감염의 두려움으로 얼마 안 되는 〈환자〉들조차도 철저히 살피지 않았다. 한편 보드카도 이 사기극을 성공으로 이끄는 데 중요한 역할을 했다. 베닛은 《영국 의학 저널》 1990년 12월호에 다음과 같이 발표하였다.

마툴레비치와 라조프스키가 보낸 결과를 조사하기 위해 나이 든 의사 한 명과 젊은 조수 두 명으로 조직된 나치 대표단이 현장으로 파견됐다. 그들은 성대한 환대를 받았으며 폴란드의 전통적인 예절에 따라 음식과 보드카를 대접받았다. 원로 의사는 마을의 어느 곳도 조사하지 않은 채 이 환대를 즐겼고 두 조수만 보냈다. 그들은 감염의 위험을 알아채고 건물만 건성으로 조사했으며 근접 조사는 하지도 않았다. 폐렴으로 죽어 가는 노인이 원로 의사 앞에 안내되었고 그는 각본대로 티푸스열에 감염된 것처럼 행동했다. 〈아는 만큼 보인다〉라고 괴테가 말했던가. 그들은 이 환자를 보았고 확신했고 떠났다.

점령 기간 동안 폴란드 전체 인구의 5분의 1이 죽임을 당했었고, 수많은 사람들이 독일로 끌려가 강제 노동을 했으며, 또한 그곳에서 죽었다. 한 작은 마을이 이 무시무시한 공포를 피할 수 있었던 것은 사람들의 무한한 재치와 프로테우스균 덕택이었다. 이 세균에게 크게 감사해야 할 것이다.

20 라임병의 발견
——보렐리아 부르그도르페리(*Borrelia burgdorferi*)

이런 무리들이 압력을 넣어 연구를 방해하다니. …… 과학이 있고 비과학이 있으면 비과학은 과학적인 모임에 참여할 수 없을 터인데…….

이것은 밸핼러 Valhalla 소재 뉴욕 의과대학의 덜랜드 피시 Durland Fish가 1992년 버지니아 앨링턴에서 열린 제5차 보렐리아 관절염 회의의 기획위원으로 참여하면서 홧김에 내뱉은 말이다. 그의 마음이 상한 것은 위원회가 기준에 미치지 못했다는 이유로 거부했던 논문들이 되돌아왔기 때문이다. 즉 학자가 아닌 임상의사가 쓴 이 논문들은 환자 후원 단체의 압력 때문에 거부되었다. 물의를 일으킨 논문에 대한 기본 의혹은 이 보고서에 묘사된 환자들이 실제로 라임병으로 고통받고 있고 또한 적절한 치료도 받고 있느냐 하는 것이었다.

어쩌면 피시의 생각이 옳을 수도 있었다. 그러나 이 사건은 라임병(발진 · 발열 · 관절통 · 만성 피로감 · 국부 마비 등을 보이는 감염 질환——옮긴이)이 처음으로 많은 사람들에게 나타났을 때의 상황을 생생하게 떠오르게 한다. 과학자들이 명확한 증거를 바탕으로 결론을 추정하면서 매우 비현실적이고 엉뚱하고 근거없는 이야기들을 무시하려고 할 때는 그들의 주장을 재고해 보아야 한다.

비과학자(일반인)들이 산딸기잼으로 인한 울화증을 호소하거나 송전탑 때문에 머리가 아프다고 말할 때 과학자들은 교묘하게 〈불합리하다〉라는 말로 둘러댄다. 물론 사회운동가나 시민들의 요구에 대한 과학자들의 조바심은 대부분 확실한 근거가 있다. 그러나 항상 그런 것도 아닌 것 같다. 1983년 3월에 알려진 보렐리아 부르그도르페리라는 미생물과 미국 연구자 그룹의 경우에는 일반인들이 옳았고 오히려 전문가들이 틀렸다. 일반 관찰자가 나선형——매독을 일으키는 세균과 비슷한 형태로서 1980년대 초반까지는 자세한 성질이 알려지지 않았다——보렐리아 부르그도르페리를 본 결과가 오히려 전문가들이 교과서적인 지식을 휘두른 것보다 믿을 만했던 것이다.

이 극적인 이야기는 1975년에 코네티컷의 한 사려 깊은 어머니로부터 시작된다. 그녀는 인구가 5천 명인 올드라임Old Lyme이라는 한 마을에서 12명이나 되는 어린이들이 청소년 류머티즘 관절염이라는 병으로 쓰러지는 것을 주의 깊게 관찰했다. 지역 의사들은 이에 관심을 기울이지 않았다. 그녀는 어찌해야 할지 몰라 걱정을 하면서 주 보건과에 이 사실을 알리기로 했다. 같은 무렵에 어떤 사람도 예일 대학교 류머티즘 병원에 자신의 마을에 〈전염성 관절염〉이 발생한 것 같다고 전화를 했다. 그러나 이것이 지나치게 신중한 코네티컷 주 보건 감시 기관의 이목을 끌지는 못했다.

처음에 공무원들은 올드라임에 대한 제보를 그다지 믿지 않았고 조사해 달라는 주민들의 요구도 무시했다. 관절염이 전염성 질병이라는 말을 어느 누가 들어보기나 했겠는가? 관절염은 전염병이 아니고 나이가 들면 나타나는 퇴행성 질병일 뿐이었다. 그렇기 때문에 이것이 천연두나 홍역처럼 어떤 지역 내에서 번지는 일은 있을 수 없었다.

천만다행으로 예일 대학교의 한 연구팀이 그녀의 신고를 진지하게 받아들여 조사를 했다. 과학자들은 1977년까지 올드라임과 그 주변에서 분명히 관절염이 발생했다고 확인했다. 관절은 쑤셨고, 목은 뻣뻣했으며, 머리가 지끈거렸고, 열도 났다. 이 병에는 두 가지 독특한 성질이 있는데, 하나는 주로 여름에 발생한다는 것이고 다른 하나는 피부에 특이한 반점이 생긴 지 몇 주 후에 병증이 나타난다는 점이다.

의문에 대한 첫번째 실마리가 풀린 것은 한 환자가 진드기에게 반점 주변을 물린 일을 기억해내고서였다. 뒤이어 연구자들은 사슴이 옮겨온 특별한 종류의 진드기를 찾아냈고, 곧 병의 원인이라고 생각되는 미생물을 밝혀냈다. 게다가 검출 작업을 통해 진드기로부터 특징적인 나선형 균을 분리해냈고, 라임 관절염 희생자의 혈액에서 이 미생물에 대한 항체를 확인했다. 항체 반응이 양성이면 병에 감염된 것이다. 즉 연구자들이 환자의 혈액에서 나선형 균을 직접 분리해내면서 이 〈조각 맞추기〉의 마지막 조각까지 맞추게 된 것이다. 윌리 버그도퍼 Willy Burgdorfer와 동료 연구자들은 이 역사적인 발견을 1983년 3월 31일자 《뉴잉글랜드 의학 저널》에 발표했다. 곧 이 미생물은 ——하워드 리케츠 Howard Ricketts, 스타니슬라우스 폰 프로바제크 Stanislaus von Prowazek의 경우처럼——버그도퍼의 공적을 기려 부르그도르페리라 불리게 되었다.

〈라임병〉은 그 이후에 미국의 다른 지역에서도 보고되었다. 마샤 배리나가 Marcia Barinaga는 1992년 6월 5일자 《사이언스》에서 다음과 같이 말했다. 〈병을 옮기는 진드기가 우글거리는 잔디밭이 펼쳐진 북동부 지역에서는 1980년대 초반부터 수만 명이 라임병에 걸렸고 이 병에 대한 두려움이 고조되었다.〉 미국의 이 지역에서는 흰발붉은쥐 white-footed mouse가 오랫동안 보렐리아 부르그도르페리의 〈보균 숙주〉로 활동했다고 밝혀졌다. 사슴진드기는 생쥐로부터 나선형 균을 얻어서 이것을 다시 사람들에게 전해주었다.

한편 캘리포니아에서는 서부검은다리진드기 western black-legged tick(물렁진드기과의 일종——옮긴이)라고 불리는 진드기가 나선형 균을 옮긴다고 알려졌다. 그러나 보균 동물은 오랫동안 의혹으로 남아 있었다. 생쥐가 매개 동물이 아닌 것은 분명했고, 다른 종류의 매개 동물도 밝혀지지 않았다. 그러던 차에 캘리포니아 대학교 버클리 캠퍼스의 리처드 브라운Richard Brown과 로버트 레인Robert Lane이 1992년 6월 5일자 《사이언스》에 라임병의 매개 동물은 캘리포니아에서 매우 흔한 검은발숲쥐dusky-footed woodrat였다고 밝혔다. 이 경우에는 두 종류의 진드기가 관여하는데, 서부검은다리진드기가 사람에게 나선형 균을 전달하고 다른 종류의 진드기가 숲쥐의 감염을 유지한다.

이 병은 호주를 비롯하여 영국의 뉴포레스트에서도 알려졌다. 물론 이 병이 발견되어 알려져서 적당한 명명이 되기 전에도 그곳에서 발생했을 것이다. 그러나 이 병에 대해 의문을 불러일으키고 감염에 관한 연구를 촉진시킨 것은 아무래도 전문가들보다는, 그때까지만 해도 잘 알려지지 않았던 보렐리아 부르그도르페리의 출현에 대한 일반인들의 인지라고 하겠다.

1977년 이전에는 피시 박사와 그의 동료들은 〈전염성 관절염〉을 비과학이라고 홀대하는 데 어떤 이견도 보이지 않았다. 그렇지만 그들이 틀렸던 것은 아닐까?

21 콘크리트와 바위를 부수는 파괴자
――질소 고정 세균

미생물이 양배추 잎을 썩히거나 우유를 상하게 하거나 치즈에 구멍을 내는 등 여러 가지 일을 할 수 있음은 익히 알고 있다. 그러나 경우에 따라서는 바위와 같이 단단한 물질도 부스러뜨릴 수 있다. 다소 생소하기는 하지만 이것 역시 엄연한 사실이다. 세균이 돌을 부순다는 것은 수십 년 동안 알려져 왔지만, 최근 연구에 따르면 그 세균은 질소를 〈고정〉하여 식물에게 질소를 공급할 뿐만 아니라, 건물이나 기념물에 심각한 해를 끼치기도 한다. 그렇기에 이 세균은 아주 작은 생명체인 동시에 지구 안쪽 깊숙한 곳에서 바위를 다듬는 조각가이기도 하다.

세계 곳곳에서 일어나는 대기 오염은 인간을 위협하고 있으며 몇몇 경우에는 역사적인 건물을 파괴하기도 한다. 건물은 자연의 물리·화학적 과정 때문에 〈풍화〉되기도 하지만, 대개는 산업 활동에 따라 대기 중으로 방출된 산성 물질에 의해 훼손된다. 지난 수십 년 동안 석탄과 가스의 사용량이 급격하게 증가하면서 매년 수백만 톤의 유해 가스가 대기 중으로 뿜어져 나왔으며, 이 때문에 많은 건물과 조형물이 부식되고 있다. 그 주범은 이산화황이라고 할 수 있다. 이것은 물에 녹아 황산을 만들고 황산은 석회암을 부식시킨다. 자동차 배기 가스 및 다른 것에서 나오는 산화질소에 의해서도 부식이 일어나는데, 이 역시 물과 만나면 질산과 아질산을 만든다.

이런 현상은 유감스러운 일이다. 그렇지만 함부르크의 식물학 및 미생물학 연구소의 미생물학자인 에버하르트 보크Eberhard Bock와 그 동료들이 이루어낸 연구를 보면 이것이 전부가 아님을 알 수 있다. 그들이 발견한 바로는 세균 역시 건물이나 기념물을 부식시키는 데 깊숙이 연루되어 있다. 이것은 전혀 예상하지 못했던 현상으로서, 미생물 또한 치명적인 해를 일으키는 장본인이었던 것이다. 그것도 이전에는 흙과 물 속에만 존재하면서 질소를 고정하는 것으로 알려졌던 세균이 말이다. 실제로 질소 고정균은 지구의 생명을 유지하는 데 매우 중요하다. 비록 화학 공장에서 화학 비료를 생산하는 것이 토양의 비옥도를 유지하거나 높이는 데 도움을 주긴 하지만, 질소 순환 과정에서 가장 중요한 역할을 하는 것은 흙이나 물 속에 살고 있는 세균들이다(다른 물질의 순환에서도 마찬가지다).

보크의 연구에 의하면 흙을 기름지게 하여 사람들에게는 물론 생태계 전체의 안녕을 책임 지고 있는 이 미생물이 사실상 〈이중생활〉을 한 셈이다. 이들은 농업에는 큰 이익을 주지만 아름다운 건물이나 기념물에는 부식으로 인한 피해를 준다.

생각지도 않았던 이러한 부식에 대한 첫 실마리는 보크가 전자현미경으로 콘크리트 사암(砂岩)의 내부를 관찰하면서 풀리기 시작했다. 다른 미생물학자들은 이에 대해서 회의적이었지만 보크는 이 세균이 (치아에 붙어 산을 생성하는 세균처럼) 건물을 부식시킨다고 믿었다. 그의 발견은 정확했다. 그 안에는 상당한 수의 세균이 있었으며 자세한 조사를 통해 그것이 질소 고정균이라는 사실을 밝혀냈다. 보크의 최근 조사에 의하면 쾰른과 레겐스부르크의 대성당은 물론이고 뮌헨과 가인하우젠의 또다른 옛 건물에서도 니트로소모나스(*Nitrosomonas*)나 니트로박테르(*Nitrobacter*) 등의 세균이 파괴 활동을 계속하고 있다고 한다. 이들은 암모니아를 아질산 nitrous acid으로 바꾸는 종류와 아질산을 질산 nitric acid으로 바꾸는 종류로 나뉘며, 바위의 알칼리 결합 물질을 녹여 버린다.

이러한 부식 과정이 오래전에 발견되지 않은 이유 가운데 하나는 이 미생물의 작용이 물질의 내부에서 일어나기 때문이다. 이들은 비가 내리거나 폭풍이 치기 전에 먼지와 함께 표면에 붙는다. 햇빛에 민감하기 때문에 물기를 타고 표면 바로 아래에 이르러야 비로소 왕성하게 자라기 시작한다. 쾰른과 레겐스부르크 대성당의 사암은 5밀리미터의 깊이까지 질소 고정균으로 심각하게 오염되어 있다.

이 미생물이 보여주는 놀라운 능력은 함부르크 연구자들이 쾰른 근처의 발전소 냉각탑에서 분리한 니트로박테르와 니트로소모나스를 각각 60cm×11cm×7cm 크기의 콘크리트 덩이에 접종한 실험에서 잘 드러났다. 이 세균들은 일년 동안 각 콘크리트 덩이에서 원래의 표면을 깡그리 부식시켰으며 14밀리리터의 질산(무려 65퍼센트의 고농도)을 만들어냈다. 이 질산은 콘크리트의 성분과 결합하여 질산칼슘을 만들었다. 이 세균은 질산에 대해 저항력이 있었다. 보크는 자연 사암에서도 이와 같은 과정이 일어나고 있을 것이라 판단했다.

세균이 지구의 표면에서 자연 사암을 깨뜨린다면 땅 속 바위에 대해서는 어떤 영향을 미칠까? 이것은 텍사스 대학교의 프란츠 히베르트Franz Hiebert와 필립 베닛Philip Bennett이 행한 실험을 통해 밝혀졌다. 몇 년 전 다른 연구자들이 버지니아의 지하 3천 미터 탐사공 바닥에서 산을 만드는 살아 있는 세균을 발견했다. 이 세균은 정말 그곳에서 바위를 부순 것일까? 그리고 원유를 쉽게 추출할 수 있도록 유전(油田)의 밑바닥 바위에서부터 작은 구멍들을 연결해 주었던 것일까?

1979년 미네소타에서 송유관이 폭파했을 때 히베르트와 베닛은 석유로 오염된 대수층(지하수가 있는 다공질의 삼투성 지층)에서 실험을 해보기로 했다. 물론 정상적인 환경은 아니었지만, 세균들이 자연스럽게 모여 들어 기름을 먹고 사는 곳이었기에 조사하기가 적합했다. 그들은 장석과 수정 조각이 들어 있고 작은 구멍이 송송 뚫려 있는 플라스틱 관을 대수층에 있는 정(井)까지 내려 보냈다. 14개월이 지난 후에 시료를 회수하여 조사해 보니, 장석은 상당히 패여 있었고 수정에도 실금이 나 있었다. 물론 시료에는 세균 덩이가 있었고 표면이 가장 많이 부식되었다.

그렇다고 이러한 실험 결과가 미생물이 땅 속 세계의 변화에 관여한다는 증거는 아니다. 하지만 땅 속 수천 미터에서 이와 비슷한 미생물이 검출된 것은 분명 그런 미생물 활동이 있음을 의미한다. 미생물이 자연 속에서 굉장히 단단한 물질도 부식시킨다는 필립 베닛의 발견으로 〈미생물이 우리가 본 비생물학적이고 매우 느리게 일어나는 지질학적 과정에도 관여한다는 사실〉을 조금씩 이해하게 되었다. 의심스럽기는 하지만 그래도 사실은 사실이다.

22 미용실의 위험
——브루첼라 멜리텐시스(*Brucella melitensis*)

브루셀라증brucellosis은 디프테리아나 소아마비처럼 옛날에 많이 나타난 병이다. 따라서 지금처럼 발전된 시대에 산다는 것은 매우 다행스러운 일이다. 예전에는 대부분이 감염을 일으키는 세균을 지닌 소나 양의 젖을 먹고 이 병에 걸렸다. 그러나 이러한 보균 동물들은 점차 사라졌다. 물론 그 동물들의 새끼들에게 백신을 접종하고 감염이 예상되는 동물들을 도살하는 등의 정책이 큰 도움이 되었다. 저온살균법도 이 세균을 없애는 데 중요한 역할을 했다. 이제 이 병은 살균하지 않은 우유로만 전염된다.

세 종류의 세균이 브루셀라증(이 병의 특징은 고열이 주기적으로 되풀이되는 것으로 이전에는 파상열이라고 불렸다)을 옮긴다. 우선 양에서 찾아낸 것은 브루첼라 멜리텐시스이고, 소에서 주로 발견된 것은 브루첼라 아보르투스(*Brucella abortus*), 그리고 돼지에서는 브루첼라 수이스(*Brucella suis*)가 검출되었다. 종류가 뭐든 간에 이 세균에 감염되면 혈관은 물론이고 온몸에 이 세균이 가득하게 된다. 또한 세포에 침입하여 자그마한 혹을 무수히 많이 만들고 이병(罹病) 조직에서도 종기를 만든다. 감염자는 주기적으로 고열에 시달리고 많은 땀을 흘리며 피로감과 두통 및 불쾌감을 느낀다. 그 밖에도 식욕이 떨어지고 관절과 근육에 통증을 느낀다.

우리는 달갑지 않은 이러한 감염과 원인균을 비교적 수월하게 처리할 수 있다(브루셀라증이란 병명은 1887년에 감염균의 한 종류를 찾아낸 영국의 열대병 전문가 데이비드 부르스David Bruce 경의 이름을 딴 것이다). 브루셀라증은 스트렙토마이신과 테트라사이클린을 복합 처방함으로써 치료될 수는 있지만 치료가 빠르다거나 확실하지는 않다. 그 이유는 이 세균이 세포 내부에 살아서(다른 대부분의 세균들은 세포와 세포 사이 또는 장 같은 몸의 빈 공간에서 산다) 항생제의 영향을 덜 받기 때문이다. 따라서 이 병을 성공적으로 퇴치하려면 몇 주 이상 지속적으로 여러 번 치료를 받아야 한다.

천연두 바이러스처럼 매우 독특한 예외가 있기는 하지만 병원균인 미생물을 완전히 박멸시킬 수는 없다. 예를 들어 사람들의 행동 양식이 바뀌거나 농업에서 새로운 기술을 채택하는 등의 변화가 있을 때면, 미생물들은 그것을 기회로 잡아 심술을 부리듯이 다시 한번 〈일〉을 저지른다. 브루첼라 멜리텐시스도 비교적 근래에 전혀 예상하지 못한 상황에서 활동을 했었다.

이 사건은 네덜란드 남쪽 림부르크Limburg 지방의 한 미용실에서 발생했다. 이 미용실에서는 1981년 10월부터 1982년 3월 사이에 15명이 찾아와 얼굴 피부 미용 마사지를 받았다. 한때 돌팔이 의사가 돈 많은 환자에게 장수하도록 해주겠다고 바람을 넣어 원숭이 내분비선 치료를 유행시켰듯이, 소에서 나온 태반과 태아 세포의 얼린 현탁액으로 향유를 만들어 마사지를 시술했다. 이러한 약물의 정확한 유래는 알 수 없었지만, 뒤이어 벌어진 사건을 보면 문제의 현탁액에 소의 이 세균이 포함돼 있었음을 알 수 있다.

1982년 3월 미용실의 첫번째 혐의가 드러났다. 이 지역의 개업의사는 원인 모를 열병을 앓고 있는 57세 노인을 림부르크 뢰몬드에 있는 세인트 로렌티우스 병원으로 보내 검사받도록 하였고, 전문의는 이 노인의 병을 브루셀라증으로 진단을 내렸다. 병원 의료진은 환자의 혈액에서 브루첼라 멜리텐시스에 대한 항체와 함께 이 균을 검출해냄으로써 진단을 확정했다. 그리고 이 병균이 어디에서 온 것인지에 대한 역학 조사를 시작했다. 그런데 그가 이 균을 얻었을 만한 모든 경로를 추적해 보았지만 병균의 근원을 확인할 길이 없었다. 이 환자는 가축과 접촉하지도 않았고 이 균을 포함했을 법한 고기를 먹지도 않았기 때문이다.

그런데 그는 미용실에서 미용 관리를 받은 적이 있었다. 조사자들을 미용실로 갔고, 그곳에서 환자에게 발랐던 현탁액을 찾았다. 이 현탁액에는 문제의 소 세포가 들어 있었다. 관련 기록을 조사한 결과 적어도 6개월 전에 또다른 14명이 동일한 치료를 받았음을 알아냈다. 집중적인 조사를 벌이기에는 너무 늦은 감이 있었지만 그래도 14명 가운데 3명이 병을 앓았다는 사실을 확인했다. 한 사람은 독감을 앓았고, 다른 두 사람은 고열, 근육통, 두통, 무기력증, 심한 발한으로 오랫동안 고생하였다. 당시에는 아무도 정확한 진단을 내리지 못했지만 분명히 이들 모두 소에서 감염된 브루셀라증을 앓았다는 사실을 확인할 수 있었다.

15명 중 13명을 조사한 결과 확실한 결론을 얻었다. 조사자들은 미용실 고객의 혈액에서 보렐리아 멜리텐시스에 대한 항체를 찾기 위해 나이와 성 및 거주지가 비슷한 13명의 〈대조군〉 사람들과 비교하였다. 대조군 사람들의 혈액에서는 보렐리아 멜리텐시스에 대한 항체를 찾을 수 없었지만, 13명의 미용실 고객 가운데 6명의 혈액에서는 항체를 발견했다. 다시 말해 현탁액 마사지를 받은 고객의 절반 정도가 감염되었고, 그 가운데 일부가 병을 앓았던 것이다.

이 이야기를 통해, 동물에서 얻은 물질을 피부에 위험할 만큼 발랐다는 꺼림칙함은 둘째 치고라도 어떤 균이 사라졌다고 판정된 오랜 후에도 그 균에 대한 경계를 쉽게 풀어서는 안 된다는 교훈을 얻을 수 있다.

브루셀라증은 또다른 방법으로도 유명해졌다. 가축에서 전염성 유산을 일으키는 대표적 세균으로 알려졌고, 이것은 다시 과학자들에게 왜 어떤 미생물이 특정 동물이나 식물 심지어 특별한 조직만 감염을 일으키는지에 대한 의문을 품게 했다. 디스템퍼(주로 강아지의 급성 전염병——옮긴이) 바이러스는 어째서 개만 감염시키고 침팬지에게는 해가 없는 것일까? 어째서 B형 간염 바이러스는 사람의 간에서만 병을 일으키고 콩팥에서는 병을 일으키지 않는가? 연구자들은 병의 진행 과정을 이해함으로써 적당한 치료법을 찾아내려는 희망으로 이러한 의문점을 풀어나가고 있다. 전염성 유산의 경우, 영국의 미생물학자 해리 스미스Harry Smith와 그 동료들은 왜 브루셀라 아보르투스는 소와 양 및 염소만을 주로 공격하는지 밝혀냈다. 설명하자면 이렇다. 이들의 조직에는 에리스리톨erythritol이라는 세균 증식에 유용한 물질이 아주 많이 들어 있다. 그러나 사람의 경우에는 이 물질이 어느 한 곳에만 집중적으로 들어 있지 않다. 그래서 브루셀라증을 일으키는 세균이 어느 특정한 조직을 찾아가지 않고 온몸에 고루 퍼지는 것이다.

23 먹성 좋은 미생물
——PCB 분해자

허드슨 강은 아디론댁Adirondack 산에서 시작하여 번잡한 뉴욕 항구까지 흘러내리는 물줄기로 세계에서도 중요한 하천에 속한다. 이 강은 모호크 강의 계곡과 더불어, 캐나다와 국경을 마주한 오대호와 대서양 연안의 빅애플Big Apple을 이어주는 고속도로를 안고 있다. 500킬로미터에 달하는 이곳은 교역과 운동 및 여가 장소로 유명할 뿐 아니라 수력 발전의 요지이자 훌륭한 풍광을 갖춘 명소로도 중요하다.

이것뿐이 아니다. 허드슨 강은 이제 상당한 과학적 흥미로움과 숨겨진 가치를 지닌 채 놀랍고도 예상치 못했던 모습을 드러내고 있다. 매우 북적거리는 이 수로의 바닥에는 PCB(polychlorinated biphenyl)를 분해하는 미생물들이 있다. 일찍이 산업에서 이용되어 온 화학 물질인 PCB는 분해와 가공이 어렵고 위험한 물질이다.

1970년대에 사용이 금지될 때까지 PCB는 경화제, 가소제, 열 전도체 등 여러 용도로 널리 쓰였다. 또한 이것의 독특한 성질을 이용하여 탄소 없는 제1세대 복사지를 제조하기도 했다. 그러나 이러한 이점에도 불구하고 몇 년간의 관심과 논쟁을 통해 PCB가 생물권에서 동물을 비롯한 다른 생명체에게 미칠 잠재적 유해성에 대한 우려가 점점 고조되었고, 결국 산업적인 사용이 금지되었다.

PCB에 대한 걱정거리는 무엇보다도 분해의 어려움에 있다. 이것은 환경 속에 그대로 남아서 오랫동안 동식물에게 독성을 나타낸다. 실제로 사용이 금지된 지 몇 년이 지났는데도 PCB는 여전히 우리 주변의 바다와 흙 속에 잔존하고 있다. 그래서 이 물질은 1988년 바다표범을 죽게 만든 전염병의 발생 원인 혐의를 벗지 못하고 있다. 이 일은 북부 유럽 바다에서 18,000마리의 바다표범이 모빌리 바이러스morbillivirus라 불리는 미생물에 감염되어 죽은 것을 말한다.

이 죽음이 PCB와 직접적으로 관련되어 있다고 증명되지는 않았지만, PCB가 먹이와 함께 바다표범의 몸 속에 들어가 지방에 축적되었다가 다시 혈액으로 방출되어 동물의 면역 능력을 떨어뜨렸을 것이라는 추리는 일리가 있다. 이렇게 바다표범은 바이러스에 민감해졌고 결국에는 북해와 그 근처에서 엄청나게 희생되었다. 안타깝지만 이와 같은 유해성은 분명히 지속될 것이며 이러한 집단 폐사가 반복될지도 모른다.

PCB가 완전히 영구적인 물질이라는 것——다른 것들은 단기간에 분해되거나 아니면 수시로 수없이 많은 물질로 분해되어 환경 속에 확산된다——게다가 허드슨 강에서 발견되었다는 것은 그야말로 특별한 의미를 가진다. 환경학자와 분자생물학자들은 PCB가 근본적으로 세균이나 곰팡이 같은 미생물들에 의해 분해되지 않는다는 데 대체로 동의한다. (다른 물질들은 미생물에 의해 분해되거나 그 독성을 잃어 자연적 또는 〈비자연적〉 방법을 통해 생물권으로 환원된다.) 따라서 이스트 랜싱 소재 미시간 대학교 작물 및 식물과학과의 존 퀸슨John Quensen과 그 동료들이 PCB를 공격하는 세균을 발견했다는 연구 결과를 발표한 뒤에 생물학자들은 놀라움을 금치 못했다. 이 발견이 오염된 물에서 PCB를 제거하는 데 사용할 새로운 개체의 개발을 의미했기 때문이다.

사실 역설적이게도 이 곳이 허드슨 강이었기 때문에 이 미생물이 발견될 수 있었다. 허드슨 강에서 이 미생물이 발견되었다는 것은 이 강 역시 개발 지역의 다른 주요 수로들과 마찬가지로 산업 공해로 오염되었음을 의미했다. 강에 사는 수많은 종류의 미생물들은 이미 수년 전부터 각종 유해 물질을 분해해 왔다. 그러나 PCB는 적은 양이나마 계속 남아 있었고 이것이 〈선택 압력selection pressure〉으로 작용하여 미생물로 하여금 이 물질을 안전한 물질로 바꾸는 능력을 개발하도록 했다.

어느 시점엔가 독특한 변이가 일어나 PCB를 분해할 수 있는 능력을 가진 세균이 나타났고, 이 세균이 경쟁적인 이점을 확보했을 것이다. 이 미생물은 다른 계통의 자리를 점유했고 드디어는 PCB를 분해하는 1조 마리의 군집을 이루게 되었다. 미생물이 이렇게 집단 변화를 이루는 과정을 〈수평 진화horizontal evolution〉라고 부른다. 이것은 한 세균이 다른 세균에게 플라스미드plasmid(DNA의 작은 조각)를 전해준다는 것을 의미하며, 이를 통해 항생 물질에 대한 저항성과 같은 새로운 능력도 전달한다.

그러나 PCB를 분해하는 미생물에게서 이러한 변화가 일어났다는 증거는 아직까지 확인하지 못했다.

허드슨 강 이야기의 핵심은 PCB의 염소 원자를 제거하는 미생물의 출현이다. 이 능력을 가진 세균은 혐기성을 띠어 산소가 없는 곳에서 생활한다. 그러나 이들도 PCB를 완전히 분해하지는 못한다. 이들이 할 수 있는 역할은 고작 PCB에서 염소를 떼어내 다른 분자로 바꾸는 것뿐이다. 그러나 이것만으로도 원래의 PCB가 가진 독성을 현격하게 줄일 수 있으며, 이어서 호기성 세균이 이것을 더 작게 쪼갠다. 달리 말하면 혐기성과 호기성 미생물이 연속적으로 짝을 이루어 허드슨 강 바닥의 PCB를 분해하여 안전한 물질로 바꾼다. 그렇지 않으면 PCB는 대단히 저항력이 큰 화학물질로 계속 남게 된다. 하수 처리 공정이나 다른 인공적인 상태에서도 둘을 짝지어 놓는다면 오염된 물에서 PCB를 제거하는 그 기본 성질을 유지할 수 있을 것이다.

전혀 기대하지 않았던 미생물 탐식자 집단이 허드슨 강에서 변이에 의해 나타났다는 사실은 매우 고무적이다. 하지만 동시에 이와 같은 일이 쉽게 일어나지 않는다는 점도 알아두어야 한다. 이러한 변이가 수시로 일어났다면 PCB는 환경 오염 문제로 대두되지도 않았을 것이다. 또한 퀸슨의 발견이 〈생물권에 포함된 생명은 이처럼 다양하고 풍부하기 때문에 우리가 산업화를 추구하면서 선택한 어떤 화학적 손상이라도 극복해낼 수 있을 것이다〉라는 주장을 뒷받침해 주지도 않았을 것이다. 그렇지만 이 사례는 미생물 세계가 지닌 엄청난 대사 융통성의 또다른 예를 보여주었다.

24 예측 불가능한 공포의 업습

——돼지 독감 바이러스

1976년 여름, 미국은 두려움으로 한바탕 술렁거렸다. 이른바 돼지 독감이라는 지독한 독감이 또다시 나타났던 것이다. 이 병은 전세계적으로 많은 피해자를 남겼고 미국에서만 수백만 시민의 생명을 위협했다. 이 바이러스가 처음으로 출현한 2월과 전례 없이 국가적인 예방 접종 운동을 벌인 10월, 그리고 그 한가운데인 6월은 그야말로 정신없었다. 도대체 100만분의 1미터의 수천분의 1밖에 안 되는 이 작은 미생물이 어떻게 국가 전체를 공포로 몰아넣을 수 있었을까?

그런데 그 공포는 정치적 스캔들로 선회했다. 1976년 6월 8일 자 《뉴욕타임스》는 〈연방 정부가 돼지 독감의 예방 접종 계획에 매일 1억 3,500만 달러를 긴급 자금으로 지원하는 것은 꼭 필요한 일도 아니고 더구나 현명하지도 않다〉라는 사설을 내보냈다. 2월 이후로 몇 개월 동안 병이 나타나지 않았고, 〈포드 대통령이 의회의 암묵적인 동의 아래 선포한 비상 계엄을 정당화할 만큼 치명적인 전염병은 그 징후도 나타나지 않았다〉. 다른 나라에서도 〈이것은 가끔씩 정치적으로 나타나는 이해하기 어려운 미국 식의 돌출 행동이거나 과잉 반응의 하나일 뿐이며 상황은 종결되었다〉라고 논평했다.

위기에 빠진 이 사건은 분명히 긴급 상황이었다. 1975-76년 겨울, 미국에 반세기 동안 세번째 독감이 찾아왔고 2만 명 이상이 호흡기 질환으로 죽었다. 뉴저지 포트딕스의 병영에서도 이 병이 발생했다. 이곳의 희생자는 데이비드 루이스David Lewis라는 젊은 병사였다. 그는 여자친구에게 〈트럭에 치인〉 것처럼 아프다는 편지를 썼다. 2월 4일 루이스는 아프긴 했지만 명령대로 눈 속에서 8킬로미터의 행군을 마쳤다. 막사로 돌아왔을 때 그는 가쁜 숨을 몰아쉬었고 거의 녹초가 되었으며, 결국 병원으로 후송되기도 전에 숨을 거두었다.

다음날 시체를 부검한 결과 루이스의 폐는 거품과 피가 섞여 뒤범벅이 되어 있었다. 그것은 1918-19년에 2천만 명의 인명을 앗아가며 전세계를 휩쓴 독감 희생자의 상태와 흡사했다. 루이스의 기도에서 분리한 바이러스는 겨울 동안 유행한 다른 어떤 균주의 독감 바이러스도 아니었으며, 오히려 1918-19년에 유행한 돼지 독감 바이러스와 비슷했다. 의혹이 더욱 커졌다. 뒤이어 또다른 4명의 신병으로부터 같은 바이러스를 분리하였고, 혈액 검사로 또다른 273명에서도 항체를 발견함으로써 이들 역시 모두 감염되었음이 확인되었다.

과학자들과 정치가들은 어떤 대책이 필요한지에 대한 논의를 시작했다. 몇 가지 의문점 가운데 하나는 포트딕스에서 분리한 돼지 독감 바이러스가 제1차 세계대전의 희생자보다도 더 많은 사람들을 죽게 한 바이러스와 같은 것인가 여부였다. 사실 1918-19년의 독감이 돼지 독감 바이러스에 의한 것이었다는 추정은 정황 증거에 따른 것이었다. 그 당시에 매우 독성이 강한 병이 수백만 마리의 돼지를 습격하였고, 그 연관성은 분명했다. 그러나 그때는 사람이나 돼지에서 어떤 바이러스도 분리해내지 못했다. 돼지 독감 바이러스의 특성을 처음으로 찾아낸 것은 10여 년이 지나서였고, 사람 독감 바이러스와의 관계도 미결로 남아 있었다.

한편으론 아무 조치도 취하지 않는 것이 어쩌면 더 나을 수도 있었다. 특히 1976년 당시 포드 대통령은 다음 선거에서의 재선을 노렸다. 질병 통제 센터 소장은 정부와 산업체가 협력하여 국가적인 예방 접종 계획을 세우는 것이 〈미합중국 탄생 200주년을 기념하는 이상적인 방안〉이라고 주장했다. 에드워드 케네디 Edward Kennedy 역시 이 생각을 공공연하게 지지하자 사람들은 놀라지 않을 수 없었다. 3월 24일 대통령은 소아마비 백신을 공동 개발한 앨버트 세이빈 Albert Sabin과 조너스 소크 Jonas Salk의 자문을 얻어 자신의 결정을 발표하였고, 의회에는 모든 미국인이 돼지 독감 예방 접종을 받을 수 있도록 기금을 조성하라고 요청하였다.

결과적으로 이 대대적인 예방 운동은 실패했다. 지금에 와서 생각해 보건대 과학과 정치의 복잡한 요구 속에서 돼지 독감 사건이 실패한 원인에는 네 가지가 있다. 우선 1979년의 바이러스는 미국 내 또는 세계 다른 어느 곳으로도 전파되지 않았고, 처음에 예상했던 독성이 나타나지도 않았다. 1918-19년의 망령은 물러갔던 것이다. 둘째, 처음에 서둘러 생산한 백신은 그 효능이 일정하지 않았을 뿐더러 부작용도 보였다. 셋째, 제조사 근로자들의 파업으로 백신 관련 질병에 대한 특별법을 제정한 여름까지 백신 생산이 중단됐다. 넷째, 예방 운동은 그 해가 끝나갈 즈음에 이루어졌고 그나마 12월에는 중단되었다. 게다가 그 백신은 길랑바레 Guillain-Barre 증후군이라는 마비 증상의 원인으로 지목되었고, 환자 가운데 몇 사람은 생명을 잃었다.

그때까지 거의 4천만 명이 예방 접종을 받았다. 비록 불필요한 일이었다는 결론으로 막을 내렸지만, 이 운동은 공중 보건의 증진에 있어 괄목할 만한 업적을 이뤄내기도 했다. 그럼에도 불구하고 2년 후에 리처드 뉴스태트Richard Neustadt와 하비 파인버그Harvey Fineberg는 카터 대통령의 보건 담당 보좌관 조셉 칼리파노Joseph Califano가 의뢰한 보고서에서 이 사건을 다르게 적었다. 그들은 이 보고서에서 이 운동의 주요 특징 중 하나로 〈전문가들이 빈약한 증거를 가지고 이론적으로 장황하게 이야기한 것을 너무 믿었다〉라는 점을 강조했고, 또한 〈재선을 준비하는 과정에서 불확실성을 만회해 보려던 시도의 실패〉라고 덧붙였다. 성공과 실패 여부는 차치하고, 포트딕스의 돼지 독감 바이러스에 대해 이렇게 엄청난 규모로 움직였다는 것은 대단한 발전이다.

〈일〉은 언제든지 일어날 수 있다. 미생물학자들에게 자주 나타나는 유령들 중 하나는 바로 1918-19년에 나타난 것 같은 강독성 독감 바이러스다. 물론 이런 재앙이 일어난 후로 수십 년 동안 항생제가 발달하여 전염병을 막을 수 있었다. 그렇지만 항생제는 바이러스가 아니라 세균에만 사용할 수 있다. 지금은 1918-19년에 많은 희생자를 낸 감염에 대응할 만한 개선된 무기를 갖추었지만, 대부분의 바이러스에 대항할 만한 무기는 여전히 갖추지 못했다. 독감 바이러스처럼 수시로 변하여 이제까지 만들어진 항체에 영향을 받지 않는 바이러스에 대해서는 예방 접종도 역시 적용하기가 곤란하다. 후천성 면역 결핍증(AIDS)의 출현에서 확인할 수 있듯이 인간은 아직까지 갑작스레 나타나는 바이러스에 대해 적절하게 대응하지 못하고 있다.

25 입맛 까다로운 책 곰팡이
── 책벌레 미생물

경기 침체기나 물가 상승률이 높을 때, 고서나 귀중한 잡지의 전질을 수집하는 것은 투자자들에게 매우 매력적인 일이다. 그렇지만 신중해야 할 부분도 있다. 왜냐하면 고서나 예전의 정기 간행물들이 보이지 않는 미생물에 의해 그 가치가 떨어졌거나, 수집가가 병에 걸릴 수도 있기 때문이다.

책에 관한 미생물 이야기는 1970년대에서 시작한다. 당시에 영국의 켄트 대학교 미생물학과 교수로 있었던 가이 메이넬Guy Meynell은 고서나 잡지에 매우 흔하게 나타나는 갈색 흠을 요모조모로 살피던 중 무엇인가를 찾아냈다. 흔히 갈변foxing이라고 알려진 이 색깔 변화는 고서의 가치를 높여주기 때문에 서적상에게는 상당히 매력적이었다. 고서적상에게 〈표지의 연한 갈변〉이나 〈마지막 쪽의 퇴색〉이 매우 중요하다. 그러나 다른 종류의 골동품에서는 이러한 고색이 흠집으로 간주되어 오히려 가치를 떨어뜨리는 요인이 된다. 그렇다면 갈변이라는 것은 무엇일까? 그는 이것에 대해 알아보기 시작했다.

그는 여러 해 동안 관련 전문가와 서적상들을 만나보았다. 만나는 사람마다 〈아, 갈변이요!〉라고 확실하게 말했다. 그렇지만 이것이 무엇인지 정확히 알고 있는 사람은 없었고, 이러한 얼룩이 어떤 것인지 관심을 갖는 사람조차 드물었다. 이것에 대해 언급한 책도 없었다. 어떤 이는 이 갈색 흔적이 종이의 불순물이라고 하였고 어떤 이는 염화철이나 습기 때문에 나타난다고도 하였다.

메이넬은 미생물학자로서 그 비밀을 밝혀보기로 했다. 이것은 그리 어려운 일은 아니었다. 우선 그는 서너 종류의 전자현미경을 이용하여 1842년부터 1919년 사이에 발간된 11권의 책에서 갈변을 살펴보았고, 이것이 곰팡이에 의해 감염된 것임을 알았다. 그는 자신이 발견한 사실을 〈갈변은 종이의 곰팡이 감염〉이라는 제목으로 1978년 8월 《네이처》에 발표했다. 〈종이가 습기를 충분히 머금으면 곰팡이 포자가 싹을 틔우고 자라나 실 같은 균사를 뻗는다. 곰팡이에게 필요한 양분이 있는 곳——예를 들면 책의 네 귀퉁이는 독자들의 손을 타서 영양 물질이 풍부하다——에서는 이런 현상이 특별히 잘 일어난다.〉 그렇다고 해도 이 모든 과정은 매우 천천히 일어난다. 그 이유는 온도가 낮기 때문이거나 영양분이 그리 풍부하지 않기 때문이다. 게다가 책이 따뜻한 방에서 펼쳐져 있기라도 하면 금세 말라버리기 때문에 더욱 느리게 일어나게 된다.

더 자세한 내용은 다음해에 밝혀졌다. 네이탈 대학교의 테일러 D.A.H. Taylor가 《화학회 저널》의 자매지인 《영국 화학》에 다음과 같은 글을 썼다.

> 열대와 아열대 지역에서 몇 년간 지내면서 내가 생각한 바를 조사해 보았다. 그런데 매우 흥미로운 것을 발견했다. 곰팡이나 벌레 등은 《스위스 화학 회보》에는 덤비지 않았고 《미국 화학회 저널》에는 드물게 덤볐는데, 《화학회 저널》에는 게걸스럽게 달려들었다. 이것을 두고 《화학회 저널》이 그들에게 맛있는 음식이거나 곰팡이 투성이인 옛 잡지라고 생각할 수도 있다. 이것은 분명히 불쾌한 일이다. 곰팡이가 처음 나타나는 부분은 항상 잡지의 등쪽인데 이것은 아마도 종이를 붙이는 접착제 때문인 것 같다.

곧 왕립 화학회의 출판 담당자와 로담스테드Rothamsted 시험장의 전문가를 포함한 여러 관계 기관이 적극적인 반응을 보였다. 그러나 곰팡이가 어째서 책들을 〈차별〉하는지에 대한 정확한 원인을 밝혀내지는 못했다. 그때까지 어느 누구도 〈열대〉라는 특별한 환경에서 발행한 잡지에 곰팡이가 핀다는 사실에는 의문을 제기하지 않았다. 시간이 지나면서 다른 정기 간행물들 역시 곰팡이가 핀다는 항의 편지를 받았다. 사서들은 대부분 그 원인을 습기 탓으로 돌리지만, 이것은 잘못된 생각이다. 나는 마이애미 해변에서 열린 미국 미생물 학회장에서 과월호 잡지를 파는 사람을 만난 적이 있는데, 그는 냉방 장치가 가동되는 회의장으로부터 회전문을 통해 몇 초마다 한 번씩 불어오는 습한 바람 때문에 책을 펼치려 하지 않았다. 그는 그 이유를 〈자신이 파는 잡지로 포자가 날아들까봐 걱정이 돼서〉라고 하였다.

어쩌면 그가 옳을지도 모른다. 암스테르담에서 댐 광장 북쪽으로 수백 야드 떨어진 운하 위에는 습한 공기를 맞으며 서 있는 네덜란드/영국 고서점이 있다. 이 서점의 매력은 문을 열고 들어서자마자 느껴지는 곰팡이 냄새다. 과연 이것은 우리의 할아버지들이 어린아이였을 때에 피해다녔던 하수 냄새처럼 건강에 해로운 것일까?

얼핏 보면 그럴 것 같지 않다. 메이넬이나 다른 생물학자들이 고서나 옛날 잡지의 변색된 종이를 조사했을 때에는 병을 일으키는 미생물이 발견되지 않았다. 하지만 발병의 원인이 된 예외적인 사례도 있었다. 이것은 스웨덴 우메아Umea의 국립 직업 안전 건강원에서 브리기타 콜모딘헤드만Birgitta Kolmodin-Hedman과 그 동료들이 《국제 직업 환경 보건》(57권, 321쪽, 1986년)에 발표한 내용이었다. 일년 동안 한 여성에게 주기적으로 기침과 열, 오한과 구역질 등의 쇠약 증세가 나타났다. 이러한 증상은 언제나 하루 작업이 끝날 때쯤에 나타났고, 집에서 사흘 정도 쉬고 나면 사라졌으며 휴일에는 절대로 나타나지 않았다.

조사에 의하면 이 여성은 곰팡내 나는 고서가 잔뜩 쌓인 박물관 지하의 통풍도 제대로 안 되는 방에서 하루 종일 일했다. 그녀에게 증상이 나타나는 것은 언제나 책을 옮길 때였다. 공기 필터를 조사해 보니 아스페르질루스 베시콜로르(*Aspergillus vesicolor*)나 페니칠륨 베루코숨(*Penicillium verrucosum*)과 같은 곰팡이들이 상당히 많이 발견되었다. 콜모딘헤드만은 환자가 이 미생물들을 흡입하여 병을 얻은 것이라고 주장했다.

메이넬의 곰팡이는 종이 시료 틈새 속에 있으면서도 사람들의 일상 생활을 방해하지 않았다. 이와는 달리 스웨덴의 사서가 다룬 책에는 곰팡이가 너무나 두껍게 쌓여서 그녀가 몇 년 전 이 일을 그만두어야 했다. 그리고 《화학회 저널》 구독자들은 책장을 자주 펄럭거리지 말라는 경고를 받았지만 큰 위험을 느끼지 않고 잡지를 읽을 수 있었다. 그러나 역시 적당히 조심하는 게 상책이다.

26 실험실 안전의 교훈

——살모넬라 티피무륨(*Salmonella typhimurium*)

미생물학 실험 시간에 초보자들을 위한 안전 예방 조치는 무척 짜증나는 일이며, 어떤 경우에는 거의 참을 수 없을 정도이다. 학생들은 자신의 건강하고 깨끗한 피부에서 얻은 세균을 배양할 때조차 멸균된 용기에 매우 조심스럽게 담아두어야 한다는 사실에 기겁을 한다. 멸균된 토양 시료를 담았던 용기는 나중에 마개로 돌려 막아 고압살균기로 열처리를 해야 한다. 우유처럼 미생물이 많은 시료를 현미경으로 관찰하고자 슬라이드 글라스로 옮길 때는 백금이를 사용한다. 이때 백금이(白金耳)는 남아 있는 미생물을 없애기 위해 불꽃으로 소독한다.

이론적으로 무해한 미생물이라고 하더라도 ——물론 여러 차례에 걸친 실험 결과에 따른 것이겠지만——전혀 위험이 없다고 생각하면 안 된다. 정말 중요한 것은 이러한 경고를 뒷받침하는 예가 19세기의 끝을 바라보던 시절 파스퇴르나 코흐를 비롯한 미생물 사냥꾼들이 실험을 시작한 이래, 현재까지도 계속 나오고 있다는 사실이다. 그래도 최근에는 미생물 실험이 꽤나 엄격해졌는데, 이러한 변화는 영국 리즈 대학교의 사이먼 범버그Simon Baumberg와 로저 프리먼Roger Freeman이 《일반 미생물학 저널》에 발표한 논문에서 시작되었다. 제목은 〈살모넬라 티피무륨 LT-2 균주는 여전히 사람에게 병원성이 있다〉였다. 논문은 이제까지 무해하다고 믿어 왔기에 실험 재료로까지 사용해온 한 세균의 이면을 들추어낸 것이었다.

물론 살모넬라라는 이름에는 어느 정도 사람에게 해롭다는 의미가 들어 있다. 이 속(屬)의 세균은 식중독의 원인균이며, 심하면 죽음에까지 이르게 하는 장티푸스도 일으킨다. 그러나 못난 선조에서 훌륭한 후예가 나올 수도 있듯이 LT-2 균주는 사람에게 어떤 위험도 주지 않는 것으로 알려져 있었다. 아마 인공 배지에서 수많은 세대가 배양되었기 때문에 (파스퇴르가 백신을 만드는데 이용한 〈약독화된〉 세균처럼) 병을 일으키는 능력이 사라진 것 같다. 클로스R.C. Clowes와 헤이스W. Hayes는 1968년에 펴낸 『미생물 유전학 실험』이라는 교재에 〈이 균주는 오랫동안 실험실에서 실험 재료로 사용되었으며 대체로 해가 없다고 인정되었다. 따라서 이제는 배양액을 분주할 때 대부분 마개 없는 피펫을 쓰고 있으며, 이것 역시 위험하지 않다고 여겨진다〉라고 적어 놓았다.

그래서 범버그와 프리먼은 다음 사건이 일어나자 곧바로 보고서를 썼다. 금요일 오후, 리즈 대학교 유전학과 학생들이 LT-2 균주를 변환시키려는 실험——즉 바이러스에 감염된 상태로 새로운 유전 물질을 이식하는 실험——을 준비했다. 이 실험 과정은 자연 상태에서도 쉽게 일어나며, 그 중심 내용은 최근에 개발된 유전공학 기술과 비슷하다. 실험에서 한 학생이 피펫을 서툴게 다루어 작은 잘못을 저질렀다. 실험에 쓰인 액체에는 LT-2 균주가 들어 있었고 끈끈한 상태였다. 게다가 피펫은 솜마개가 없었다. 원래 솜마개는 피펫의 한쪽 끝을 입 안에 넣고 빨아들일 때 생기는 흡입물 오염을 막기 위해 사용하였다.

학생은 그야말로 우연히 매우 적은 양의 액체를 삼켜버렸다. 이 속에는 2억 마리나 되는 세균이 들어 있었다. 그렇지만 실험 지도 강사는 이 상황에 대해 전혀 우려하지 않았다. 그러나 이것이 잘못이었다. 주말이 지나자 이 학생은 앓기 시작했고 가벼운 위염 증상이 나타났다. 화요일에는 좀 나아진 듯했지만 수요일에는 다시 악화되었다. 설사와 두통, 불안 등의 증상은 더욱 악화되었고 밤새 몇 번씩 토하기도 했다. 그후에는 좀 나았다. 24시간이 지나자 훨씬 좋아졌으며 3일 후에는 완전히 회복되었다.

리즈 대학교와 런던 콜린데일의 중앙 공중 보건 연구소에서 동시에 이 학생의 가검물을 조사했다. 그 결과 이 학생이 6일 동안 고통을 겪은 원인은 LT-2 균주 때문이었음이 밝혀졌다. 범버그와 프리먼은 다음과 같은 결론을 내렸다. 〈이 사건으로 실험실 배지에서만 배양된 이래, 형질 도입 능력이 발견되고 19년 만에 이 미생물의 가볍지만 달갑지 않은 병원성을 알게 되었다. 따라서 솜마개를 한 피펫을 사용하는 등의 부가적인 예방 조치가 반드시 필요하다.〉

1973년 3월과 4월에 런던의 위생 및 열대 의학교에서 이미 박멸된 천연두가 발생하는 등의 몇몇 사건을 겪으면서 실험실에서 미생물을 다룰 때의 예방 조치는 더욱 엄격해졌다. 리즈 사건이 일어난 지 3년 만에 런던의 실험실에서 천연두가 발생했다. 한 관계자는 이 실험실에 대해 〈구시대적이고 허술한 기구들로 가득 찼으며 …… 안전 기준에 미치지 못한다〉라고 보고했다. 또 이 보고서는 실험자들이 실험실에서의 준비나 가운 착용 및 소독에 대해 충분한 주의를 기울이지 않았고 설비도 불충분했으며, 직원들이 천연두 예방 접종을 받았는지 정기적으로 확인하지도 않았다고 보고했다.

물론 런던 사건이 리즈 사건보다 훨씬 심각했다. 천연두 바이러스는 치명적이었고 실제로 몇 사람이 죽었다. 그러나 리즈 실험실에서 일어난 사건은 오랫동안 인공 배양한 것으로서 해가 없다고 믿었던 미생물에 의한 사건이었기 때문에 사람들을 더욱 불안하게 만들었다. 어떤 종류의 미생물이든 살아 있는 세균을 배양할 때는 주의를 기울여 신중해야 한다. 이 사건은 병원성 미생물을 다루는 까다로운 조작법에 대해 훈련되지 않은 신세대 분자생물학 연구자들에게 이러한 점을 되돌아보게 했다는 면에서 시기적절했다. 때때로 이 까다로운 조치들이 어리석어 보이기도 하지만, 세균을 비롯한 미생물의 유전자 구성을 바꾸는 기술이 고도로 발달한 현대에는 더욱더 중요하다. 오늘날의 미생물학자와 유전공학자 들은 견습생이든 연구자든 모두 살모넬라 티피무륨 LT-2 균주에게 고마워해야 할 것이다.

27 광천수의 유행
——스타필로코쿠스(*Staphylococcus*)

최근 나타난 사회적·상업적 기현상 가운데 하나는 물병에 담긴 광천수(우리나라에서는 〈먹는 샘물〉——옮긴이)의 유행이다. 경기 침체기에 처음으로 영국에서는 〈고지 샘물〉이 선을 보였다. 실제로 주머니 사정이 다달이 나빠지던 물가 상승기에도, 이 가망없어 보이던 상품은 대호황을 누렸다. 페리에 사는 몇몇 현란한 상품들을 출시하기도 했지만 역시 사람들이 좋아하는 초록색 병의 광천수가 더 많이 팔렸다. 이 회사의 광천수는 20년 동안 시장에서 성공을 거두었다.

사람들을 열광케 한 요인 중 하나는 물에 다양한 성분을 첨가한 기존 기업체들과는 반대로 순수함을 강조한 데 있었다. 이 상품 생산 관계자들의 자랑거리는 〈무염분〉이다. 그리고 바로 이 점 때문에 사람들이 이 제품을 선택했다. 황화마그네슘은 엡섬이라는 마을을 유명하게 만들었다. 그리고 최근 미국에서는 미량 원소가 유행했다(〈셀레늄이나 아연을 먹어 볼까?〉 이것은 주기율표의 원소를 하나씩 섭렵해나간 필라델피아의 중년 부인들이 무심코 내뱉은 말이다). 그러나 이와는 반대로 오늘날의 광천수 산업 관계자들은 염소와 불소는 물론이고 과학적으로 알려진 모든 원소와 화합물을 극히 미량만 함유하는 것이 가치가 있다고 강조한다.

그렇다면 사회적으로 인기를 누리고 있는 이 물은 얼마나 순수할까? 1980년대 중반에 카디프 웨일스 대학병원 부속 공중 보건 연구실에서 근무하던 두 미생물학자는 이것을 알아보기로 했다. 파울 헌터Paul Hunter와 수잔 버지Susan Burge는 이 지역의 환경 보건 관리를 통해 조사에 필요한 58종의 물 시료를 구했다. 절반은 물 그대로였고 다른 절반은 탄산수(반은 천연 탄산수였고 반은 인공 탄산수)였다. 그 가운데 31종이 영국산이었고, 나머지는 유럽의 다른 나라들에서 생산된 것들이었다.

이들의 공신력 있는 조사 결과는 〈세균학적 관점에서 본 샘물의 품질〉이라는 제목으로 1987년 《전염병학과 감염》에 실렸다. 우선 모든 시료에서 분변성 오염이 의심되는 세균이 단 하나도 발견되지 않았고, 또한 모두가 음용수의 안전을 위한 정기 검사의 기준 항목에도 어긋나지 않았으므로 걱정할 필요가 없었다. 영국산 물과 수입한 물에서 분리한 균의 수도 큰 차이가 없었다.

헌터와 버지가 기록한 미생물의 숫자는 매우 많았다. 예를 들어 22°C에서 72시간 동안 처리한 광천수의 70퍼센트 정도에서 1밀리리터당 100마리 이상의 세균이 검출되었다. 이 숫자는 유럽공동체(EC)에서 권장한 음용수 기준을 훨씬 초과한 것이다. EC가 광천수보다는 탄산 광천수가 덜 오염됐다고 발표하기는 했지만(이산화탄소는 물에서 항균성을 나타낸다), 오염의 수준은 분명 광천수 대유행과 거리가 있다.

게다가 헌터와 버지가 시료에서 특정 미생물들을 배양하여 동정한 결과는 좀더 불안했다. 11개의 물 시료에서 양성 구균으로 알려진 17개의 균주가 분리된 것이다. 이 가운데 2종은 미크로코쿠스(*Micrococcus*)였으며 7종은 스타필로코쿠스 익실로수스(*Staphylococcus xylosus*)였다. 후자는 사람을 숙주로 하는 미생물은 아니다(적어도 영국에 살고 있는 사람들에 대한 연구에서는 그렇다). 그러나 물에서 발견된 스타필로코쿠스 에피데르미디스(*Staphylococcus epidermidis*)와 스타필로코쿠스 호미니스(*Staphylococcus hominis*)는 사람의 피부를 감염시킨다.

헌터와 버지는 스타필로코쿠스 에피데르미디스나 호미니스가 들어 있는 물은 병에 담기 전에 사람의 피부로부터 오염된 것이라고 단정하고, 〈적어도 몇몇 경우는 위생 기준에서 벗어나지 않을 수 있었다〉라는 의견을 덧붙였다. 물 시료 가운데 11퍼센트 이상이 원천수에는 없던 세균으로 오염되었으므로, 이들은 법적 기준을 통과하지 못했어야 했다. 그들은 광천수가 제조자들이 1982년 소비자 협회지 《휘치 *Which*》에 보도한 만큼 〈순수〉하지 못하다면, 이것을 유아에게 대체 음료로 주어서는 안 된다는 이전 조사자들의 주장을 지지했다.

사람들은 환경 속의 미생물에 관한 조사 결과를 보면 쉽게 흥분한다. 그러나 양변기, 우유, 딸기 광주리 안에 숨은 미생물도 무수히 많다. 1960년대로 돌아가서 마이클 윈스탠리 Michael Winstanley 박사(남작이 되었다)는 《맨체스터 가디언》 독자들에게 공공 건물의 유리 제품에는 때때로 세균들이 집단을 이루고 있다고 경고했다. 20년 후에 《선데이 미러》도 비슷한 폭로 기사를 다루었다. 1978년에 《선데이 포스트》는 공중전화를 사용하는 것이 무시무시하게 위험하다고 발표하기도 했다. 1986년 8월에 한 미생물학자가 미식가의 식사에서 미생물 분포를 조사하기 위해 《일러스트레이티드 런던 뉴스》에 고용되었다. 조사 결과 런던의 유명한 음식점 코너트Connaught의 파테 pâté(잘게 썬 고기를 양념하여 질그릇에 끓여서 그대로 식혀 먹는 요리) 1그램에서 무려 3,400만 마리의 세균이 발견됐다.

미생물은 우리가 사는 환경 어느 곳에나 존재하며, 이만큼의 미생물이 실제로 건강을 위협하지는 않는다. 1980년에 EC 위원회가 모든 야채 상점에서 파는 감자 내의 세균 수를 제한하자는 멍청한 제안을 했던 일이 생각난다. 헌터와 버지의 발견은 정말로 가치가 있지만 동시에 걱정도 유발한다. 판매용 물과 이것의 비싼 가격에 대한 정당성은 자연 그대로의 순수함을 간직하는 데에서 얻을 수 있다. 그런데 이런 물이 EC에서 제시한 음용수 기준을 넘는 미생물을 포함하고 있다는 사실만 보더라도 걱정스럽다. 게다가 세균이 묻은 피부에서 떨어진 부스러기까지 들어 있다는 점에서 더더욱 그렇다.

28 자연발생은 가능한가
——트리코데르마(*Trichoderma*)

생물이 무생물로부터 유래한다는 자연발생설 spontaneous generation은 두 차례나 사라질 뻔했다. 그러나 그때마다 그럴듯한 이유로 되살아나곤 했다. 이탈리아의 물리학자 프란체스코 레디Francesco Redi는 1688년 탈지면으로 덮어 놓은 상한 고기에는 파리가 날아들지 못해 구더기가 생기지 않는다는 것을 밝혀냈다. 거의 두 세기 후에 프랑스의 화학자 루이 파스퇴르도 〈극미동물

animalcule〉——지금의 미생물 microbe——역시 살균 후 공기 오염을 막은 영양 배지에서는 구더기가 나타나지 않는다고 밝혀냈다.

우선 파스퇴르는 공기 속에 미생물이 들어 있음을 보여주었다. 그는 솜화약(정제한 솜이나 기타 섬유소를 황산과 질산의 혼합액에 담가서 만든 화약) 필터를 통해 공기를 흘려보낸 다음 현미경으로 관찰했다. 끓인 배지(살균 상태)나 열처리한 공기(역시 살균 상태)를 넣어줄 때는 미생물이 저절로 자라지 않았다. 그러나 미생물이 들어 있는 솜화약을 넣어주면 곧바로 미생물이 증식했다.

이 프랑스 화학자의 실험에서 가장 멋진 것은 아마 미생물이 영양 배지에 이르지 못하도록 고안한 플라스크일 것이다. 그것은 이른바 백조목 swan-necked 플라스크인데, 긴 주둥이가 아래로 휘어서 공기 중의 미생물이 유리 안에서 확산되더라도 올라가지 못하며, 따라서 배지 안쪽으로 내려가지도 못한다. 파스퇴르가 영양 배지를 이 그릇 안쪽에 넣고 살균하면, 유리관 한쪽이 바깥 공기와 맞닿아 있더라도 멸균 상태는 끝까지 유지된다. 그렇지만 플라스크의 주둥이를 깨거나 살균한 액체를 바깥 부분으로 흘려보냈다가 안으로 되담으면 미생물들은 금세 배지 안에서 자라기 시작한다.

1860년대에 사람들에게 이러한 극적인 실험을 보인 후, 과학은 (소수는 여전히 의심했지만) 결국 자연발생설이 잘못된 주장임을 인정했다. 아리스토텔레스와 성경의 권위로 지켜져 왔던 생각이 뒤집힌 것이다. 20세기가 시작되면서 지구 생명의 기원에 흥미를 가진 사색가들이 원시 수프 상태에서 무기 물질이 원시 유기체로 변화하는 조건을 조사하기 시작했다. 오늘날의 생물학자들은 살아 있는 세포가 생명이 없는 화학 물질에서 임의로 나타난다고 생각하지 않는다. 그러나 아주 먼 옛날 그런 일이 한 차례 있었다고 말한다.

개구리가 연못에 온 적이 전혀 없는데 갑자기 개구리 알이 생겨난 것을 본 사람들 중에는 이것을 자연발생설의 증거로 보는 사람들이 있다. 이와 비슷하게 실험실에서 일하는 사람들은 때때로 오염을 막고자 목화솜으로 마개를 하고 잘 보관한 살균 배지에서 뭔가가 자라는 것을 본다. 하룻밤도 지나지 않아 이 살균한 액체에는 마치 개구리가 알을 낳은 것처럼 세균이나 곰팡이가 수없이 자라 있는 것이다. 더욱 황당한 것은 멸균한 증류수 이외에는 미생물들이 먹을 만한 것이 전혀 없다는 점이다. 〈도대체 이런 미생물들은 어디에서 온 것일까?──이에 대한 답은 우연한 오염일 것이다──그리고 미생물은 무엇을 먹고 살까?〉

영국 셰필드 대학교의 밀턴 웨인라이트Milton Wainwright는 1988년에 《영국 균류학 회보》(21권, 182쪽)에 미세 균류가 탄소──모든 유기 물질과 생명체의 기본을 이루는 원소──없이도 증식한다는 실험 결과를 발표했다. 한 예로 트리코데르마(*Trichoderma*) 종은 탄소 화합물이 전혀 없는 배양액에 접종해도 가느다란 실로 된 망상 구조──웨인라이트는 이것을 거미집gossamer이라 불렀다──를 만들며 떠다닌다는 것이다.

이것에 대해 트리코데르마가 유리 제품과 물에서 탄소 화합물을 찾아 섭취했다는 주장도 있었지만 이것 역시 아니었다. 유리를 산으로 씻고 배양액을 재차 증류하고 미세한 양의 유기 탄소를 제거한 후에도 트리코데르마는 여전히 잘 살았으며 증식하기까지 했다. 이것은 이 미생물이 생존과 증식을 위한 에너지나 새로운 세포를 구성하는 데 필요한 물질을 얻는 알려지지 않은 근원이 있음을 의미한다. 이 미생물이 어디에선가 에너지와 물질을 얻고 있다는 것은 분명하다.

이 대단한 미생물은 어떻게 생물학적인 기본 법칙을 무시하면서 생명을 유지하고 번성하는 것일까? 자연발생은 아닐 것이다. 이에 대한 과학적인 설명은 두 가지가 있다. 하나는 미생물이 실험실의 먼지에 들어 있는 적은 양의 유기물로도 생명을 유지할 수 있는 것처럼 트리코데르마도 이미 존재하는 유기 화합물을 이용하며 산다는 것이고, 다른 하나는 곰팡이가 독립 영양 기능을 가지고 마치 녹색 식물처럼 공기 중의 이산화탄소를 탄소원으로 삼아 유기 화합물을 만든다는 것이다.

이 곰팡이들은 햇빛을 이용하여 광합성을 하는 식물과는 달리 간단한 화학 반응을 통해 에너지를 만든다. 예를 들면 체팔로스포륨(*Cephalosporium*, 페니실린과도 연관된 세팔로스포린이라는 항생 물질을 생산하는 종류)과 푸사륨(*Fusarium*)의 어떤 종은 물을 만들기 위한 수소의 산화 작용, 소위 〈크날가스(knallgas, 수소와 산소를 2:1로 혼합한 가스——옮긴이) 반응〉을 통해 필요한 에너지를 만든다. 어떤 미세 균류는 이산화탄소를 고정하기 위한 에너지를 얻기 위해 질소나 황을 산화시킨다. 이것은 지극히 간단한 생명 현상이지만, 에너지 면에서는 충분히 성공적이며 효과적이다.

다이달러스Daedalus(크레타 섬의 미로를 만든 아테네의 장인——옮긴이)를 닮은 독창적인 화학자 데이비드 존스David Jones가 매주 《네이처》에 실은 탁월한 창조적 기사들과 무한 운동에 대한 가장 인상적이고 정교한 증명들조차도 항상 자연 속에서 설명된다. 이런 면에서 웨인라이트의 증거는 때때로 생명체가 실험실의 유리 제품 안에서 순수하게 〈새로〉 나타난다는 부적절한 생각을 하도록 만든다. 요즘 생물학자들은 자연발생이 아주 오랜 과거에만 있었고, 본질적으로 거의 없는 일이라고 말한다. 그러나 우리는 과연 이러한 일이 오늘날 다시는 일어나지 않을 것이라 확신할 수 있을까?

29 어둠 속의 기회주의자
——레지오넬라 프네우모필라(*Legionella pneumophila*)

1976년 7월 필라델피아의 벨뷰스트래퍼드 호텔. 미국 재향군인회 펜실베이니아 지부 회원들이 58회 대회를 위해 모였다. 거의 4,400명의 회원과 그 가족 및 친지 들이 모여 행진을 했고, 각종 행사가 나흘이나 이어졌다. 참가자들은 연대감과 즐거움을 느꼈고, 연례 행사의 모든 일들은 질서정연하게 진행됐다. 그러나 이 대회는 의학사의 비극으로 남게 되었다.

대회가 시작된 7월 22일의 다음날부터 일부 재향군인들이 고열, 기침, 폐렴으로 쓰러지기 시작했다. 그날부터 8월 3일 사이에는 대회에 참석한 후 집으로 돌아간 대원 149명의 몸에도 이상이 생겼다. 결국 이들 가운데 29명이 확인되지 않은 이런 저런 병으로 목숨을 잃었다. 그러나 재향군인들은 미국 전역으로 되돌아갔기 때문에, 펜실베이니아 보건국 직원은 8월 2일이 되어서야 대회에 참석했던 사람들에게서 병증을 확인했다.

조사가 시작되면서 곧 상황이 이전에 공중 보건 당국에서 발표한 것보다 훨씬 심각하고 복잡하다는 것이 밝혀졌다. 조사자들은

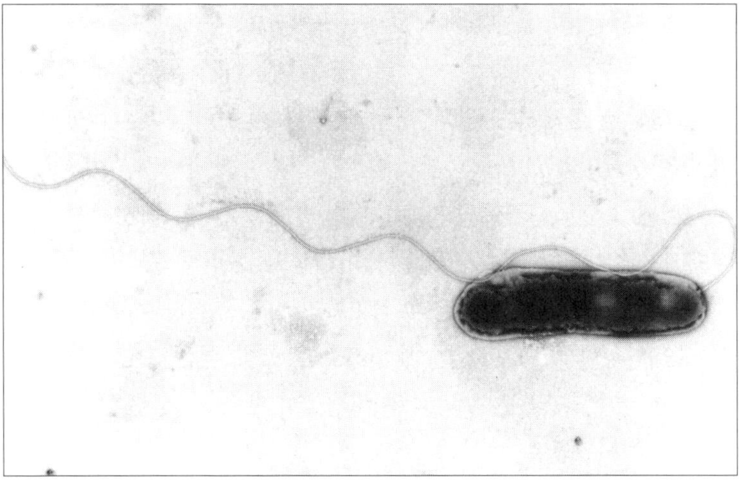

그림 6 레지오넬라 프네우모필라(*Legionella pneumophila*). 기회 감염 세균으로 숨어 있다가 나타나 폐렴 증세를 일으킨다. 현재 이 병은 레지오넬라병(재향군인병)으로 알려져 있다(배율: ×21,500).

몇 개월이 지나도록 폐렴 증상이 미생물에 의한 것인지 아니면 벨뷰스트래퍼드 호텔의 음식이나 물에 들어 있던 독물에 의한 것인지 갈피를 잡지 못했다. 결국에는 배양이나 연구가 까다롭고 생소한 세균이 원인이었음을 알아냈다. 이 세균의 배양액 라벨에는 〈재향군인병〉이라고 표시되었다. 조사자들은 드디어 이 이름 없는 세균이 레지오넬라 프네우모필라(그림 6)임을 밝혀냈다. 그리고 이 세균이 비교적 흔한 종류이고 항생 물질로 물리칠 수 있으며, 확인되기 이전에도 많은 질병을 발생시켰다는 사실도 알아냈다.

수수께끼 같았던 이 병의 원인이 밝혀지기 시작했다. 그 실마리는 대회에 참석하지 않은 72명의 회원에서도 같은 증상이 나타났다는 사실이었다. 이들은 호텔은 물론 그 근처에도 가지 않았다. 그래서 조사자들은 음식과 물을 전염의 원인에서 제외했고, 221명의 환자와 34명의 희생자를 낸 이 병의 원인이 공기 전염성 미생물이라고 확신하게 되었다.

그러나 1977년 1월에야 비로소 이 병으로 죽은 희생자의 폐 조직에서 병의 원인일지도 모르는 미생물을 분리할 수 있었다. 이제 세균일 가능성은 배제하고 대신 리케차를 찾기 시작했다. 리케차는 영양분이 풍부한 영양 배지보다 살아 있는 세포를 선호하는, 바이러스를 닮은 매우 작은 미생물이다.

우선 조사자들은 환자의 부검에서 얻은 물질을 기니피그(모르모트)에 접종했다. 실험동물은 열이 났고 비장에서 막대 모양의 미생물이 자라났다. 다음에는 이 동물의 비장 추출물을 달걀에 접종하여 난황에서 같은 미생물이 수없이 많이 자라는 것을 확인했다. 재향군인병 희생자의 혈액 내에 이 미생물에 대한 항체가 많은 것이 확인되자 확신은 더 커졌다. 그리고 마침내 병이 진행되는 동안 항체 수준도 증가한다는 사실을 증명할 수 있었다. 이러한 발견을 할 때마다 특정 질병은 특정 미생물에 의해 일어난다는 강력한 증거들이 확인되었다.

곧 레지오넬라 프네우모필라는 리케차가 아니라 무척이나 괴팍스러운 세균이라는 것과, 이것이 철분과 아미노산의 일종인 시스테인이 풍부한 배지에서 잘 자란다는 것을 확인했다. 이 세균은 폐나 다른 조직에 들어 있는 일반 세균을 염색할 때 사용하는 보통 염색법으로 염색하면 현미경으로 관찰할 수 없었다. 따라서 흔하기는 하지만 특이한 이 미생물이 이전에 알려지지 않았다는 것이 그리 놀라운 일은 아니었다.

그렇다면 필라델피아에서 발생한 이 병의 근원은 무엇일까? 그리고 어째서 이렇게 심각한 상태로까지 이어진 것일까? 이러한 질문에 대해 이전에 원인이 밝혀지지 않았던, 레지오넬라가 일으킨 호흡기 질병을 생각해 볼 수 있을 것이다. 1968년에 한 건물에서 일하던 사람 100명 가운데 95명이 〈폰티악열 Pontiac fever〉에 걸린 적이 있었다. 이 병의 특징은 고열과 설사 및 구토와 흉부통증(폐렴은 아니다)이며, 병의 이름은 이 병이 발생한 미시간 주의 도시 이름에서 땄다. 무사한 사람은 공기 조절 장치를 가동하지 않은 건물 안에 있었던 사람들이었다.

공기 조절 장치를 자세히 조사해 보니 통풍관의 결함으로 미세한 안개가 끼어 응결도 나타나 있었다. 이 공기에 노출시킨 모르모트에게 폐렴이 나타나자, 병을 일으키는 미생물이 안개 속에 존재할 가능성이 커졌다. 그 당시에는 병의 원인을 밝히지 못했지만, 1977년에는 필라델피아 조사자들이 9년 전 폰티악열로 희생된 사람들의 혈액을 조사할 수 있었다. 대부분의 환자에서 레지오넬라에 대한 항체가 많았으며, 이것으로 모든 것이 더욱 분명해졌다.

레지오넬라는 서로 다르기는 하지만 관계 있는 두 증상을 나타낸다. 우선 재향군인병은 성인에게 주로 나타나며 불안과 두통 및 근육통을 일으킨다. 뒤이어 열이 오르고 이러한 증상이 지속되면 기침이 나고 가슴과 배에 통증을 느끼게 되며 숨이 차고 설사도 한다. 항생제 투여를 비롯한 치료를 하지 않으면 감염자의 20퍼센트 정도가 폐렴으로 죽기까지 한다. 나머지 80퍼센트 정도는 회복되긴 하지만 심하게 아프거나 신장 치료를 받아야 한다. 반면에 폰티악열은 이만큼 심하지는 않아서 폐렴이나 신장 장애까지 일으키지는 않으며 죽는 경우도 거의 없다.

레지오넬라가 야기하는 두 병이 어째서 이렇게 다른지에 대해서는 아직까지 확실히 밝혀지지 않았다. 하지만 세균의 균주에 따라 생산되는 효소가 다르기 때문이라 추정되고 있으며, 그 가운데 어떤 것은 폐 조직에 심각한 손상을 준다. 이 뛰어난 기회주의자는 냉각탑이나 가습기 또는 샤워기 등 눈에 잘 띄지 않는 곳에 살다가 안개의 형태로 공기 중에 나와 심각한 병을 일으키는 것이다. 한편 예방법은 의외로 간단하다. 소독을 하고 고인 물이나, 이 해로운 미생물이 좋아하는 온도(20－46°C)를 피하는 것이다. 그렇지만 이 병은 수시로 발생한다. 그 이유는 사람들이 안전수칙을 쉽게 잊어버리기 때문이다.

30 빌딩증후군과 재향군인병
——레지오넬라 프네우모필라

영국의 신경학자 헨리 밀러Henry Miller는 〈성실한 연구자가 필기판을 끼고 서성이면서 상태가 어떠냐고 물어본다면, 그들 대부분은 목이 붓고 머리가 아프며 피곤하고 몸이 약간 불편하다고 말할 것이다. 그들은 누군가에게 이런 증상을 이야기한다는 데 대해 꽤나 흥분한다. 이것은 상대방이 전문가인 경우에, 특히 자신의 말을 받아 적기라도 하면 더더욱 심해진다〉라고 말했다.

최근 일반 주택에 사는 젊은 주부들 사이에서 확인된 〈교외 노이로제suburban neurosis〉에 대한 이야기다. 밀러의 이야기는 때때로 언론에서 머릿기사로 떠오르는 몇 가지 다른 질병이나 증후군에 (적어도 연구자들에게는 방법론적인 경고로서) 적용할 수 있다.

신문이나 과학 문헌에서 빌딩증후군sick building syndrome에 대한 문구를 읽을 때면 밀러의 말이 생각난다. 우리 대부분은 〈겨울 감기〉와 〈여름 무기력증〉을 야기하는 건물에서 적어도 한번은 일한 적이 있을 것이다. 그러나 이 병은 다른 일반적인 원인들로도 얼마든지 설명할 수 있다. 따라서 1984년 마이클 피네건 Michael Finnegan과 그 동료들이 12월 8일자 《영국 의학 저널》에 이 새로운 질병의 특징을 설명한 논문을 실었을 때 독자들이 〈못 믿겠다〉는 반응을 보인 게 당연한 것인지도 모른다. 게다가 이때부터는 오히려 회의론이 우세해졌다. 모든 것을 빌딩증후군의 탓으로 돌리는 보고들이――예를 들면 벽에서 스며나오는 라돈 가스부터 VDU(브라운관 디스플레이 장치)의 전자파에 이르기까지, 엉터리로 터놓은 사무실 인테리어 때문에 나타나는 두뇌 활동 저하부터 고층 건물이 바람에 흔들리면서 발생하는 초저주파에 이르기까지, 송풍관의 곰팡이 포자부터 중앙 난방기의 세균에 이르기까지――끊이질 않았던 것이다.

하지만 최근 이 병의 조건을 확인하고 본성을 파악하는 등의 뚜렷한 진전이 이루어졌다. 런던 콜린데일의 공중 보건 시험 안내소 내 전염병 감시 센터에서 근무하는 메리 오마호니Mary O'Mahony와 동료들이 영국에서 발생한 병에 대한 보고서를 발표한 것이다. 이 보고서에는 재향군인병이 빌딩증후군과 매우 비슷한 병증을 나타낸다는 내용이 들어 있었다.

첫번째 증례는 41세의 경찰이 1976년 필라델피아에서 일어난 것과 똑같은 조건에서 재향군인병에 감염된 사건이다. 그는 경찰청의 통신 비행단 상황실에서 근무했는데, 이곳은 몇 년 전에 지은

3층 건물 안에서 유일하게 냉방 장치가 가동되는 곳이었다. 4개월 전에 근무한 사람을 포함하여 경찰청에서 근무하는 273명을 조사한 결과, 6명이 재향군인병에 걸렸음을 알아냈다. 네 사람은 통신 비행단에 근무했거나 방문한 적이 있는 참모였으며, 두 사람은 지역 공동체의 일원들이었다. 오마호니와 동료들은 꼼꼼히 조사했다. 바로 상황실이 감염과 연루되어 있었다.

미생물 검사를 한 결과 냉각탑의 물과 연못 바닥의 침전물에 레지오넬라 프네우모필라가 들어 있었다. 그러나 건물 안의 수도나 샤워기에는 없었다. 이어서 공기를 조사했다. 냉각탑의 위쪽에서 배출되는 공기와 아래쪽의 응축물은 모두 중앙 공기 조절 장치로 들어가 통신 비행단 안에서 순환되었다. 병에 걸린 지역 공동체의 두 사람은——한 사람은 냉각탑 아래에서 개를 데리고 규칙적으로 걸어다녔고, 다른 한 사람은 겨우 400미터 떨어진 곳에 살았다——아마도 바람에 실려간 가스에 감염된 것으로 보인다. 냉각탑(2년 동안 물을 단 한번도 빼지 않았다!)을 깨끗이 청소하고 소독한 후에는 더 이상 이 병이 발생하지 않았다.

그러나 이것이 전부는 아니었다. 처음에 조종사들이 이야기한 것에 따르면, 오래전부터 통신 비행단의 직원들이 두통이나 눈의 피로를 호소했었다. 이 비행단에서 일하는 사람들은 독감 비슷한 병으로 가슴이 답답해지는 것을 자주 느꼈고, 다른 부서에 근무하는 사람들보다 병가를 더 자주 내기도 했다. 마른기침과 눈의 피로는 확실히 통신 비행단에서 근무한다는 것과 관계가 있었다. 이곳에서 일하는 사람들의 목은 자주 부었고, 이 가운데 3분의 1 이상은 아침에 일을 시작하자마자 이것을 느꼈다. 일하던 사람들이 느꼈던 이러한 증상은 주말이나 휴일에 경찰청을 떠나면

씻은 듯이 가라앉았다.

조사자들은 통신 비행단에서의 발병이 화장실 사용이나 물 사용과는 무관하다는 것도 알아냈다. 〈불량 건물〉로 인한 눈의 피로나 기침 같은 증상과, 일하는 사람들의 혈액 속에 레지오넬라 항체가 존재하는 것 사이에는 아무런 연관이 없었던 것이다. 따라서 이들 증상은 재향군인병의 발생과는 직접적인 관계가 없는 것 같았다.

오마호니와 그녀의 동료들은 냉각탑이나 냉방 장치가 깨끗하게 손질되지 않아 그 안에서 증식한 미생물들이 빌딩증후군을 일으켰을 거라 믿었다. 조사자 중 한 사람은 레지오넬라의 감염원으로 냉각탑을 지목하면서 배출 공기에 가까이 앉은 사람들이 눈이 따가워지는 것을 훨씬 더 심하게 느낀다는 내용을 덧붙이기도 했다. 그러나 이러한 증례들은 자세히 연구되지 않았고 과학 논문으로 보고되지도 않았다.

이러한 두 가지 사례만으로 종잡을 수 없는 빌딩증후군의 실상이나 진실을 확증하기는 어렵다. 실제로 레지오넬라가 재향군인병이나 폰티악열뿐만 아니라 빌딩증후군까지 일으킨다는 것을 증명하려면 더 많은 수수께끼를 풀어야 할 것이다. 그래도 이들은 〈행동〉했고 더 많은 조사의 길을 개척하였으며, 적어도 가까운 주위 환경을 둘러보면서 이미 지나갔거나 앞으로 일어날 수 있는 재향군인병을 좀더 깊이 조사할 수 있는 길을 열어 놓았다.

3부

위협적인 파괴자

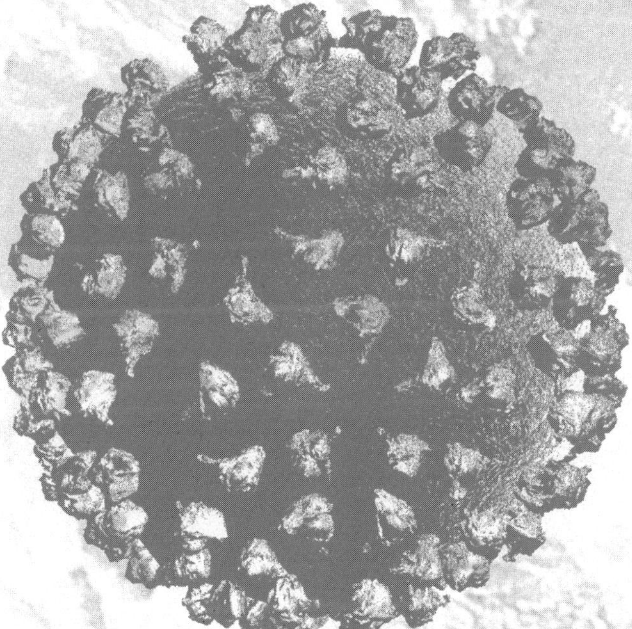

〈인간은 여전히 진화하고 있는가.〉

이 문제는 유전학자들 사이에서 논쟁거리다. 우리가 물리적인 위험에서 벗어나 근대 산업 사회에서 사는 것은 무척이나 다행스러운 일이다. 건물과 자동차와 비행기는 우리를 안전하고 따뜻하게 지켜준다. 냉·난방 장치는 이 세상 어디서든 안락하게 살 수 있게 해주며, 또한 어디든지 편안하게 여행할 수 있게 해준다. 또 좋은 음식과 수준 높은 공중위생, 현대적 외과 의술(루틴한 것이든 최첨단이든)은 우리의 건강을 보호해 준다. 커다란 맹수도 문제를 일으키지 못한다. 그러나 이러한 조건을 갖추었음에도 한 가지 어려움이 남아 있다. 미생물은 여전히 우리의 안전을 위협할 수 있으며 수십 세기가 넘도록 공포를 불러일으켜 왔다. 이러한 위협은 무시할 수 없으며, 안타깝게도 어디서든 나타날 수 있다.

31 국경 없는 죽음의 공포
——비브리오 콜레레(*Vibrio cholerae*)

> 전염병 가운데서도 콜레라는 커다란 공포의 대상이다. 이 병은 너무나 빨리 전파되어 낮에는 건강했던 사람이 해 떨어지기 전에 죽어 땅에 묻힐 정도다.

위의 내용은 헤럴드 스콧Harold Scott이 1939년에 발간한 『열대 의학의 역사*A History of Tropical Medicine*』라는 고전 의학서에서 발췌한 내용이다. 〈비브리오 콜레레〉에 의해 일어나는 콜레라는 그만큼 공포의 대상으로 여겨져 왔다. 이것은 이 병이 대단히 무서운 세계적인 유행병으로, 두 세기가 넘도록 연속적으로 나타났기 때문이다. 오랫동안 인도의 전염병이라 알려져 온 이 병은 1817년과 1823년 사이에 아시아의 다른 지역을 침범하였다. 두번째의 세계적인 전염은 바로 3년 후에 일어나 더 넓은 지역으로 퍼졌고, 콜레라균은 이제껏 본 적이 없는 무시무시한 인류의 적이라고 보도되었다.

두번째 전염 역시 인도에서 시작되었으며 1829년에는 러시아에 이르렀고 다시 폴란드와 독일, 오스트리아와 영국에까지 건너갔다. 순식간에 유럽 전역이 고통으로 신음하게 되었고, 파리와 런던에서만 각각 7천 명과 4천 명이 죽었다. 아일랜드의 이민자들은 고향을 떠나 이 병을 캐나다와 미국으로 전파시켰고, 쿠바로 건너간 콜레라균은 인구의 10분의 1을 죽였다. 나중에도 이와 비슷한 일이 일어났고 어떤 경우에는 피해가 더욱 컸다. 1846-62년의 세번째 만연 때에는 이탈리아에서 14만 명, 프랑스에서 2만 4천 명, 영국에서 2만 명이 죽었다. 전례가 없던 이 두번째 전염은 사람들의 잠자고 있던 공포심을 깨웠다.

1831년, 크리스마스가 막 지난 때였다. 스코틀랜드 에든버러의 많은 사람들은 이미 몇 주 전 영국을 휩쓴 콜레라가 집 현관 앞까지 와 있음을 알았다. 무서운 파괴력으로 인류를 공포에 떨게 한 무시무시한 아시아 병이 로디언 동쪽 해딩턴이라는 작은 마을에까지 와 있었던 것이다. 《에든버러 커런트 *Edinburgh Current*》는 〈희생자는 평소처럼 전날 밤에 만취해서 옷을 벗어 던진 채 헤매고 다녀 완전히 진이 빠져버린 남자였다〉라고 보도했다.

사람들을 안심시키려는 어떤 제안도 먹혀들지 않았다. 국경을 넘어버린 콜레라는 영국 북부의 선더랜드 항구까지만이라도 막으려 했던 노력도 무산시키며 언제 끝날지 모르는 행군을 계속했다. 이제는 이 무서운 전염이 시작되었음을 알릴 뿐이었다. 독일의 세균학자 로베르트 코흐 Robert Koch가 공포와 불행의 대명사인 이 세균을 발견하기까지는 반세기나 기다려야 했다. 그의 획기적인 발견은 1884년 7월 베를린에서 열린 학회에서 발표되었다.

영국에서는 콜레라균에 의한 파괴를 막고자 공중 보건을 개선하고 가난한 사람들의 생활 수준을 향상시키려는 상당한 노력이 처음으로 시작되었다.

쉽게 말해서 콜레라만큼 철저하게 불쾌한 감염은 없다. 음식——특히 영양이 풍부하고 맛이 좋은 것들——을 먹거나 물을 마실 때 콜레라균은 위액 때문에 죽는다. 그러나 어쩌다가 살아남은 미생물은 장으로 들어가서 천문학적인 숫자로 증가하여 심한 설사와 구토와 발열 및 사망까지 일으키는데, 어떤 때는 맨 처음 병증이 나타난 지 몇 시간 만에 목숨을 앗아가기도 한다. 콜레라 환자들이 쏟아내는 〈쌀뜨물 같은 변〉의 양은 엄청나다——24시간 동안 몸무게 절반에 해당하는 양을 쏟아낸다! 심한 탈수 현상으로 고통받는 사람들은 풍자 만화 속의 인물처럼 눈은 움푹 들어가고 피부는 핏줄이 터져 새카맣고 쭈글쭈글하게 변해버린다. 이것이 그치지 않고 계속되면서 마지막에는 의식조차 가물가물해진다.

비록 추한 질병이기는 하지만, 콜레라는 사실상 우리가 쉽게 피할 수 있는 질병 중 하나이다. 앞에서 마취사 존 스노John Snow가 1855년에 극적으로 보여준 것처럼 우선 사람의 배설물로 오염된 음식과 물을 피해야 한다. 스노는 먼저 잘 정리된 수인성 전염병의 발병 기록을 조사하였는데, 어느 것은 런던 골든 광장의 브로드 거리에 있는 펌프와 관계가 있는 것처럼 보였다. 그는 집집마다 찾아다니며 물어보고는 그 펌프에서 물을 길어온 사람들이 콜레라에 감염되었음을 알았다. 펌프의 손잡이를 없애고 나니 전염병 발생이 급감했다. 스노는 콜레라 발생을 설명할 수 있는 근거 자료를 꼼꼼히 모아 발표했는데, 그것은 런던 남부에서

물을 공급해주던 몇몇 회사와 관계가 있었다. 이 자료는 콜레라가 오염된 물을 통해 전파된다는 결론을 이끌어내는 데 결정적인 역할을 했다. 스노가 더 알아낸 바에 따르면, 파리와 더러운 아마포도 감염을 일으켰으며, 따라서 물을 저장하고 침전시키면 이 병의 위험을 줄일 수 있었다.

영국 사람들이 처음 콜레라에 대해 들은 것은 1817년이었다. 그때는 해스팅 Hasting 후작의 군대가 벵골에서 위력을 발휘하던 전염병의 공격을 받은 때였다. 이 병이 어째서 원래의 소굴을 벗어나 바깥 세계로 움직이기 시작했는지, 어째서 1829년에 러시아에 이르러 다시 서쪽으로 향했는지는 아무도 알지 못했다. 그러나 무서운 전파력을 가진 이 전염병이 생명을 앗아갈 수 있다는 사실이 알려지고부터는, 1831년 말의 사건을 거치면서 공포심이 더욱 커졌다.

1831년 10월 말에 선더랜드의 뱃사람 윌리엄 스프롯 William Sproat은 영국에서 맨 처음 아시아형 콜레라 이병 환자가 되었다. 발생을 억제하려던 모든 노력이 실패로 돌아갔다. 무역에 방해가 된다는 이유로 업주와 노동자 들이 한통속으로 검역과 기타 예방법을 가로막은 것도 일부 원인이었다. 스코틀랜드에서는 병이 발견되자마자 국가 전체가 공포에 휩싸였고 시급한 대책이 요구되었다. 해안과 섬 사이를 배로 여행하다가 병에 걸린 사람들은 가끔 해안가에 버려진 채 죽어가기도 했다. 어떤 가난한 두 여자는 병의 상태가 절망적인데도 에든버러 근처의 임시 숙소에서 내쫓겨 길가에 버려질 정도였다.

전염병의 피해는 남쪽으로 내려갔다. 리버풀에서는 1,500명이, 리즈와 맨체스터에서는 각각 700명이 죽었다. 콜레라를 지옥의 불이라고 생각했던 어떤 복음주의자들은 이 병을, 사소한 싸움부터 가톨릭 해방을 위한 종교 전쟁에 이르는 모든 것에 대한 신의 징벌이라고 여겼다. 찰스 거들스톤Charles Girdlestone이라는 한 성직자는 생활 환경 개선을 주지시키는 일에 주력하였고, 그 결과 영국에서 콜레라를 뿌리뽑았다. 1842년에 에드윈 채드윅Edwin Chadwick 경이 펴낸 『영국 노동자들의 위생 상태에 관한 보고』에 기록된 찰스 거들스톤과 여러 공로자들은 주로 1831-32년의 전염병과 관련되어 있다. 콜레라균의 피해가 없었다면, 영국인은 더럽고 게으른 지역에서 병이 발생한다는 확실한 증거가 발표될 때까지 오랫동안 공중 보건 개선과 사회 개혁을 기다려야만 했을 것이다.

32 끝없는 콜레라의 창궐
——비브리오 콜레레

모든 전염병 환자들의 모습 가운데 가장 참혹한 것 중 하나는 하루에 물을 20리터나 쏟아내어 초췌해진 희생자들의 몰골일 것이다. 이러한 증상을 보이는 콜레라는 전세계를 휩쓸며 1826-37년과 1846-62년의 제2, 제3의 유행 이후, 잠시 간격을 두면서 파도처럼 주기적으로 끊임없이 전파되었다. 제대로 치료받지 못하면 환자의 60퍼센트가 죽을 정도로 심각한 이 병은 〈비브리오 콜레레〉가 일으키는 것으로 아시아, 아프리카, 유럽에까지 전파되었으며, 1864-75년에는 아메리카 대륙까지 광범위하게 퍼졌다. 제5의 세계적인 전염은 주로 1883년과 1896년 사이에 이집트, 소아시아, 러시아, 그리고 유럽의 몇몇 항구 도시에서 발생하였다. 1899년부터 1923년까지 계속된 제6의 창궐 기간 동안에도 콜레라는 주로 아시아, 이집트, 유럽 남부과 러시아 서부에서 발생하였다.

그후 몇 년 동안 잠잠했던 이 병은 대체로 인도를 비롯한 동방 국가에서만 발생하였는데, 1940년과 1946년에 중국에서 발생한 경우처럼 가끔씩 엉뚱한 지역에서 나타나기도 했다. 그러다가 1961년에는 셀레베스Celebes(현재 인도네시아 술라웨시) 섬에서 발생하였는데, 이것은 엘토르El Tor(처음 발견된 시나이 반도의 이집트 검역소 이름)라고 알려진 콜레라 균주에 의한 것이었다. 이웃 나라에서 드문드문 발생하다가 곧 자바, 필리핀, 인도, 중동, 아프리카에까지 전파되기 시작했다. 이러한 전염의 물결은 최근까지 이어져 제7의 세계적 유행이 있었는데, 1993년 중반 세계 보건 기구는 전세계적으로 300만 명 이상이 감염되어 그 가운데 수만 명이 숨졌다고 발표했다.

요즈음에는 콜레라를 효과적으로 치료할 수 있다. 즉 항생제인 테트라사이클린을 일정량 투여하면서 즉시 탈수 현상을 보정해 주어야 한다. 그러나 이것으로 모든 곳에서 치료가 가능한 것은 아니다. 이 병은 여전히 파괴력을 지니고 있다. 1991년 1월, 20세기에 접어들어 처음으로 아메리카 대륙에서 또다시 콜레라가 유행했다. 페루에서 맨 처음 확인되었는데, 이곳에서는 2월 중순까지 1만 명 이상의 환자가 발생했다. 그후 콜롬비아, 에콰도르 등 남아메리카의 여러 나라에 퍼졌다. 콜레라는 1992년 중반까지 과테말라, 온두라스, 파나마, 베네수엘라, 볼리비아, 칠레, 니카라과, 엘살바도르, 브라질에서도 발생하였고 총 1,500건이 보고됐다.

그런데 콜레라균이 남아메리카에서 또다시 기반을 마련한 데에는 인간의 잘못도 있었다. 《네이처》에 보고된 바에 따르면, 일상적으로 하는 물의 염소 소독을 게을리 하여 심각한 현상을 초래했다. 불소 소독 때처럼 염소 소독을 공중 보건에 처음 도입했을 때에도 반대가 있었다. 물론 염소 소독은 콜레라균이나 장티푸스균을 죽이는 강력한 무기다. 이것은 이 균들은 물론 다른 소화기 병원균들에 대해서도 매우 효과적인 처리 방법이다.

그러나 지난 10여 년이 흐르는 동안 두 가지 연구 경향이 의혹을 제기했다. 바로 이러한 소독 방법이 발암 물질의 형성을 유도한다는 것이다. 몇몇 실험실에서 연구한 결과 염소와 〈부식 물질〉 사이에서 이루어지는 화학 반응이 밝혀졌다. 부식 물질은 원래 토양 속에 있지만 아주 적은 양이 음용수에 들어갈 수도 있다. 이 가운데 어떤 것은 염소와 반응하여 살아 있는 세포에 변이를 일으켜 결과적으로 발암 물질을 형성하게 되는 것이다. 미국 환경 보호청도 염소와 물 속에 들어 있는 유기 부식 물질 사이에서 일어나는 반응으로 형성된 트리할로메탄trihalomethane이 발암 물질로 작용할 수 있음을 확인했다.

그러나 이러한 논쟁은 여전히 불확실하다. 현재의 여론은 염소 소독이 사람들의 건강에 미치는 위험성은 지극히 낮다는 쪽이다. 콜레라균 같은 미생물이 염소 소독이 되지 않은 물과 함께 확산되는 것은 분명히 더 위험했다. 그러나 이것으로 새로운 증거를 확보하려는 환경 당국의 열성적인 노력을 막을 수는 없었다. 미국 환경 보호청은 당시의 파괴적인 전염병과 미래의 암을 비교하면서 소독의 여부를 놓고 진퇴양난에 빠졌다. 그러는 동안 페루 리마의 직원들은 몇몇 도시의 우물에 대한 염소 소독을 멈추기로 하였다. 그리고 이러한 결정은 1991년 이 도시에서 콜레라균이 빠르게 퍼질 수 있는 계기를 제공했다.

물론 염소 소독의 중단이 직접적으로 콜레라균을 끌어들인 것은 아니다. 범 아메리카 보건 기구 직원들은 중국산 곡물을 실은 배가 리마에서 짐을 내린 후 선원 몇몇이 콜레라에 감염되어 항구로 되돌아온 바로 그때에 미생물이 이곳에 상륙한 것이라 믿었다. 선장은 항만 관계자에게 콜레라 백신을 요청하였고(완전한 백신은 아니지만 어느 정도의 효과를 보였다), 선원들이 건강을 회복하자 며칠 후 그 배가 항구를 떠났다. 감염자들 가운데 아무도 죽지는 않았지만 혈청 검사 결과 콜레라균 엘토르에 대한 항체가 매우 높게 나타났다. 그리하여 콜레라 감염을 확인했다.

정박하는 동안에 그 배에서는 배 밑에 괸 물을 항구에 버렸을 것이다. 그래서 세균은 갑각류로 옮겨갈 수 있었고, 아마도 첫번째 피해자는 세르비케 cerviche(날로 먹는 해산물 요리)를 먹고 감염되었을 것이다. 염소 소독이 재개되었지만, 이 병에 걸린 몇몇 피해자들은 모두가 콜레라균을 환경 속으로 유출시켰고, 병균이 이 정도로 전염된 후에는 방역한다는 것이 대단히 어려웠다.

이러한 일이 유럽에서는 없었을까? 현대적인 위생 시설을 갖추고 사는 요즘, 북반구에서는 콜레라가 거의 발생하지 않는다. 여행자들이 산발적으로 유럽 도시까지 끌어들이기는 하지만 콜레라균이 전파될 기회는 거의 없다. 그러나 유럽에서도 지난 1973년 여름에 나폴리에 나타난 콜레라로 적지 않은 고생을 했다. 그 원인은 하수 관리의 소홀이었다. 즉 처리하지 않은 하수와 함께 콜레라균이 나폴리 만으로 흘러나갔는데, 그곳에서는 어부들이 유명한 네오폴리탄 조개를 양식하고 있었다!

한편 1973년 이탈리아 의사들이 맨 처음 콜레라를 조사할 때는 콜레라에 대해 거의 알지 못했기 때문에 예전부터 존재해 온 세균보다는 지금까지 알려지지 않은 바이러스에 초점을 맞추기도 했다.

지금(1995년)은 엘토르 콜레라가 제7의 세계적인 유행을 시작했고, 인도 대륙에서는 새로운 콜레라 균주가 심각한 병을 일으키고 있다. 콜레라에 대한 감시를 눈곱만큼이라도 게을리해서는 안 될 것이다.

33 칼로 보습을 만들다

——코리네박테륨 디프테리에(*Corynebacterium diphtheriae*)

신문 머릿기사에 〈제왕 콜레라〉라는 표제를 달며 줄기차게 콜레라가 두려움을 전파하는 사이에, 역시 공포스러웠던 또다른 역사적 전염병이 쉽게 잊혀지고 있다. 지금은 디프테리아가 위협적이지 않다. 하지만 언제 어디서건 간에 어린이들이 예방 주사를 맞지 않는다면 분명히 위험하다! 요즘에도 문자 그대로 〈숨이 막혀〉 죽게 하는 무섭고 고약한 병이 러시아와 우크라이나 공화국에서 퍼지고 있다. 이유인 즉은, 소독하지 않은 바늘을 통해 에이즈와 B형 간염이 전염된다는 사실이 알려진 후로 부모들이 예방 접종을 거부했기 때문이다. 스웨덴과 같은 복지 국가에서도 1984-86년 사이에 17건이나 발생했고, 그 가운데 6명이 마비를 일으켰으며 3명은 끝내 사망하였다.

디프테리아의 예방은 의학계에서 큰 성공을 거둔 사례 중 하나로 꼽힌다. 이 이야기는 1891년의 크리스마스로 거슬러 올라간다. 베를린의 베르그만 병원에서 하인리히 가이슬러 Heinrich Geissler 박사가 병으로 고통받는 소녀에게 임상 실험 중인 약을 주사하였다. 그러자 소녀는 며칠 만에 기운을 회복했다. 이러한 극적인 회복은 기적에 가까운 것으로 전염병을 극복한 역사적인 사실로 기록되었다.

이 극적인 성공을 이끈 사건은 이미 1883-84년에 시작되었다. 취리히와 베를린의 뛰어난 세균학자인 테오도르 클렙스 Theodor Klebs와 프리드리히 뢰플러 Friedrich Loeffler는 제각기, 현재 코리네박테륨 디프테리아로 알려진 디프테리아균을 발견하였다. 뢰플러는 이 미생물이 피해자의 목에서 자랄 뿐 아니라, 이 균이 만드는 수용성 독소가 혈관을 따라 돈다고 예측하였다. 디프테리아의 국부적인 증상은 분명했다. 비인강(鼻咽腔)과 후두(喉頭) 및 기관(氣管)에 나타나는 〈숨을 막는〉 층은 세균과 죽은 세포들이 모여 만들어진 악취생 〈의사막〉으로, 검고 단단하게 붙어 있다. 감염자는 삼키기나 호흡이 점점 곤란해지다가 질식하여 콧구멍으로 피고름이 나와 죽기까지 한다.

이 병원균이 심장이나 신장, 신경계에서는 증식하지 않지만 (나중에 입천장, 눈 근육, 목과 호흡 기관의 마비를 가져와) 몸의 여러 기관에 해를 끼친다는 증거도 있다. 그래서 뢰플러는 디프테리아균이 전신에 퍼질 수 있는 물질을 분비할 것이라고 생각했다.

물론 그의 생각이 옳았다. 디프테리아 독소는 두 종류의 피해를 주며, 독소의 존재를 밝힌 연구자는 루이 파스퇴르의 동료였던 에밀 록스 Emile Roux였다. 그는 이것을 그의 젊은 스위스인 조수인 알렉상드르 예르생Alexandre Yersin과 함께 찾아냈다. 이들은 1880년대 후반 파리에 새로 건립한 파스퇴르 연구소에서 디프테리아균을 배양한 후에 필터로 간균을 걸렀고, 필터를 통과한 여과액이 살아 있는 간균처럼 실험 동물을 죽인다는 것을 알아냈다.

그런데 디프테리아 감염자가 때때로 회복되는 것은 어떻게 설명할까? 이 의문에 대한 답은 〈독소를 중화시키는 항체가 몸에서 생기기 때문〉이다. 이것은 베를린 전염병 연구소의 에밀 폰 베링 Emil von Behring과 기타사토 시바사부로〔北里三郎〕의 연구로부터 나왔다. 그들은 동물에 거의 치사량에 가까운 디프테리아 독소를 주사하였고, 〈항독소〉라고 불리는 항체를 찾아냈다. 항독소는 특별히 독소를 중화하는 능력을 갖춘 항체로서, 동물의 혈액속에 들어 있다. 그래서 이 동물의 혈액을 뽑아내 혈청을 분리한 후 다른 동물에 주사하면 대개 디프테리아를 막을 수 있다. 그들은 바로 이 방법을 질병을 다루는 데 이용할 수 있었다.

곧 이 베를린 연구자들은 디프테리아 항독소를 준비하여 양에게 임상 실험을 하였다. 그리고 1891년 12월 24일에는 처음으로 환자들에게 조심스럽게 실험하였다. 때때로 동물이나 환자가 죽기도 하였지만, 그것은 독소와 항독소의 양을 표준화시키는 방법이 불완전했기 때문이고, 결국에는 극적인 성공을 거뒀다. 3년 동안 독일에서만 2만 명의 어린이들이 마이스터, 루시우스, 브뤼닝 등의 화학 회사에서 양과 염소의 혈액으로 만든 항독소 주사를 맞았다.

디프테리아에 대항해 싸우는 방법(이른바 항독소에 의한 수동면역)이 매우 효과적이기는 하였지만, 나중에는 오늘날과 같은 능동 면역으로 바뀌었다. 능동 면역은 사람의 몸이 스스로 항독소를 만들어내도록 유도하는 개량된 독소를 사용한다. 이것은 기술의 개발로 가능했으며, 실험실에서는 이를 이용하여 독소와 항독소의 1회분 역가를 간단하고 편리하게 측정하는 중화 방법을 찾아낼 수 있었다. 이것은 동물에서 항체 효과를 측정하는 것보다 훨씬 간편하다. 이것은 동물 실험을 대체하는 값싸고 간단한 방법으로 오래전에 개발된 방법 가운데 하나다.

요즘에는 디프테리아 항독소를 어린이의 파상풍이나 소아마비 또는 백일해를 예방하기 위한 복합 예방 주사로 이용하고 있다. 한편 이 병이 종종 발생하는 데에는 부모들이 아이들에게 예방주사를 맞히지 않으려고 하는 것도 한몫 한다. 최근 스웨덴의 경우가 그랬다. 러시아와 우크라이나의 경우 또한 편재하는 위협의 또다른 면을 보여준다.

디프테리아 면역의 성공만큼이나 기억해야 할 것은 한 세기 후 디프테리아균이 의약품으로서 해낸 역할이다. 1891년 크리스마스에 베를린에서 어린이를 구한 1회분 백신이야말로 현대 백신의 선조였다. 이 백신은 사람을 매우 비참한 상태로 만들고 때로는 사망에까지 이르게 하는 독소에 대한 항체였다. 그러나 이처럼 치명적인 독은 현재 몸 안에서 백혈병 세포를 파괴하는 실험 미사일――이른바 〈마법의 탄환〉――로 개발되고 있다.

최근에 유전공학자들은 디프테리아균의 독소를 이러한 목적의 미사일로 개조하고 있다. 텍사스 대학교 등지의 찰스 르메이스트리 Charles LeMaistre와 동료들은 독소 분자와 결합하는 표적 세포를 백혈병 세포로 대체시켰다. 이렇게 개량된 독소는 일반 치료법으로 치료가 불가능한 급성 백혈병을 앓는 60세 노인에게 투여

되었다. 곧 백혈구의 수는 급격하게 감소했고 부풀었던 비장과 분비선도 다시 줄어들었다.

이러한 실험적 치료법이 확립되기에는 아직 이른감이 있지만, 그래도 〈칼로 보습을 대신하는〉 두드러진 발전 중 이만한 것이 있을까?

34 독감 주범의 누명을 벗다

——헤모필루스 인플루엔제(*Haemophilus influenzae*)

〈드디어 사라지기 시작한 것인가?〉

1993년 1월 13일 《미국 의학 협회 저널》의 논설위원이 던진 질문이다. 그는 잡지에서 세 편의 주목할 만한 논문을 언급하였는데, 이들 각각은 미국에서 일어나는 병을 감소시킨 놀랄 만한 성공 사례들을 보고하였다. 이 병은 상당히 위험하고 비교적 잘 알려지지 않은 헤모필루스 인플루엔제 B형(Hib, 그림 7)에 의한 것이었다.

〈Hib〉는 몇 가지 병을 일으키지만, 특히 뇌막염의 원인으로서 공포의 대상이다. 이 병은 단독 감염으로 세계 수만 명의 어린이를 죽음에 이르게 하거나 평생 뇌 장애로 고생하게 만든다. 《미국 의학 협회 저널》에 보고된 세 경우와 같이 1987년 미국에서 처음으로 소개된 백신은 이제 이 세균에 대한 강력한 무기로 등장하였다. 우선 첫번째 보고에 의하면 1989년과 1991년 사이에 미국의 5세 미만 어린이들에게서 Hib에 의한 병이 71퍼센트가 감소했고, 1985년과 1991년 사이에 Hib 뇌막염이 82퍼센트나 줄어들었다.

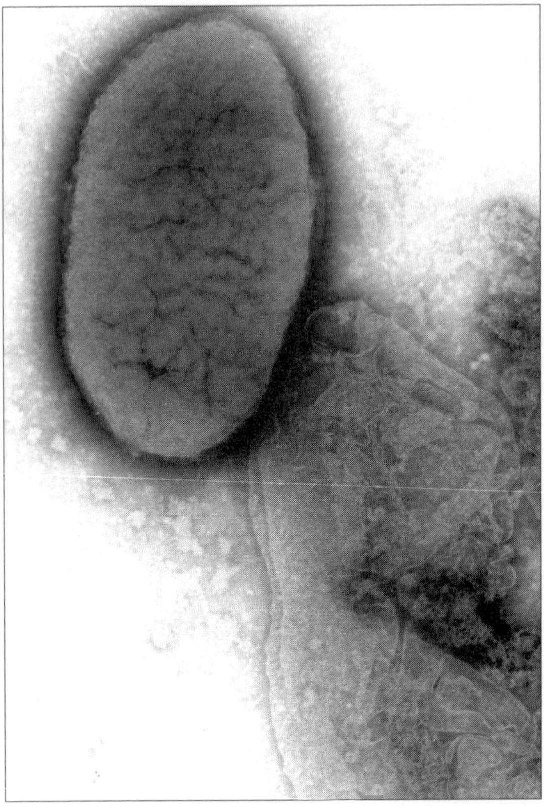

그림 7
헤모필루스 인플루엔제(*Haemophilus influenzae*). 독감을 일으키지는 않지만 뇌막염의 원인이 된다. 오른쪽 아래에 보이는 것은 파괴된 세포벽이다(배율: ×85,800).

두번째 보고에서는 미네소타의 어린이들에게서 Hib 병이 85퍼센트가 감소하였고, 1983년과 1991년 사이에 댈러스에서는 92퍼센트나 줄어들었다. 미 육군 병사들의 자녀들을 조사한 세번째 보고에서도 역시 뇌막염뿐 아니라 폐렴 등의 다른 증상에 대해서 괄목할 만한 감소를 보였다.

사람들은 Hib 백신의 가치에 대해 더 이상의 증거를 바라지 않을 정도였고, 1992년 10월에는 영국에서도 처음으로 이 백신이 사용되었다. 《영국 의학 저널》에 언급된 것처럼 영국의 부모들은 이제 Hib 병이 빨리 현저하게 줄어들 것이라 기대하고 있으며, 이것은 다른 나라 역시 바라는 바이다. 그렇지만 이러한 일은 부모들이 무척이나 위험한 병원균에 대항해서 그들의 자녀들을 면역시켰을 때에만 가능하다. 요즘에도 영국에서 매년 1,500건의 감염 사례가 있으며, 그 가운데 절반 이상이 뇌막염이다. 항생제로 이 병을 치료하기는 하지만, 매년 65명 정도가 뇌막염으로 사망하고 150명 정도는 평생 동안 뇌 장애로 고생한다.

그런데 어째서 이렇게 고약한 병원균으로부터 어린이들을 보호하는 백신의 개발이 이토록 늦어진 것일까? 중요한 이유는 바로 가장 강력한 병원성을 가진 이 인플루엔자 균주가 다당류로 구성된 두꺼운 협막에 둘러싸여 있기 때문이다. 누군가 감염되면 다당류는 몸에서 항체를 만들도록 자극한다. 그렇지만 이 면역은 뒤를 잇는 다른 감염이 나타나기 전에 효력이 다하여 실효성이 낮다. 이것은 백신을 개발하는 데 오랫동안 어려움을 주었다. 이 어려움은 다당류를 단백질과 결합시켜 면역력을 오랫동안 일정하게 유지하는 백신을 생산함으로써 해결되었다.

그런데 어째서 비교적 최근까지도 Hib에 대해서 자주 들어보지 못했을까? 이것은 자주 듣는 질문으로, 사실 독일의 유명한 세균학자인 리차드 파이퍼 Richard Pfeiffer는 이미 오래전인 1892년에 이 미생물에 대해 설명하였다. 그는 이것을 1889-90년에 세계를 무대로 유행한 독감 환자의 목에서 찾아내어 그 병의 원인이라고 믿었다. 이 미생물은 확실히 독감 감염자의 기관에서 널리 발견되며, 다른 병과는 관련이 없다. 독감 간균 또는 (1917년부터는) 헤모필루스 인플루엔제라고 불리는 파이퍼의 간균은 여러 성질이 알려졌고, 독감의 원인으로 널리 받아들여졌다.

그러나 슬며시 의심이 들었다. 다른 연구자들이 독감 환자들에게서 파이퍼 간균을 찾지 못하는 경우가 생겼고, 그래서 이것은 1차 감염균이 아니라 오히려 2차 감염균이 아닐까 하는 의혹이 일었던 것이다. 1920년대 후반까지 많은 미생물학자들은 이 균을, 진짜 범인이 이미 침입한 호흡기를 공격하는 〈기회주의자〉로 믿게 되었다. 그렇다면 세균보다 훨씬 작은 바이러스가 독감의 진범이 아닐까?

이러한 생각은 1933년 런던에서 일어난 우연한 사건을 통해 증명되었다. 당시 런던의 웰컴 사 실험실의 과학자들은 흰족제비로 개의 급성 전염병의 원인을 찾던 중이었다. 그들은 사람들 사이에 독감이 한창 유행하던 어느 날, 흰족제비 몇 마리가 독감에 걸린 것을 발견했다. 그들은 런던 북쪽에 위치한 국립 의학 연구소에서 일하던 크리스토퍼 앤드루스Christopher Andrews, 윌슨 스미스Wilson Smith, 패트릭 레이들로Patrick Laidlaw가 독감을 보다 철저히 연구하여 백신이나 치료제를 찾기 위해 여러 종류의 실험 동물을 독감에 감염시키고자 했던(그렇지만 실패했던) 사실을 알고 있었다.

얄궂게도 앤드루스가 그들로부터 이 소식을 들었을 때에는 자신이 전염병의 감염자가 되어 있었다. 〈나는 아프기 시작했고, 열이 올랐다. 독감에 걸렸다고 생각했다. 스미스가 나에게 세척액으로 양치를 하게 했고, 나는 집에 가서 드러누웠다.〉 앤드루스가 땀을 내고 있는 동안에 그의 동료들은 앤드루스가 사용한 세척액의 일부를 건강한 흰족제비에게 투여했다. 그리하여 역사적인 사건이 일어났다. 앤드루스는 다음과 같이 적고 있다. 〈내가 열흘쯤 후에 직장으로 돌아와 보니, 스미스는 첫번째 흰족제비가 코가 막혀 재채기하는 등 앓는 모습을 관찰하고 있었다.〉

앤드루스와 동료들은 세척액 실험을 통해 독감의 원인이 분명히 바이러스임을 밝혔고, 이 바이러스는 세균이 통과하기에 너무나 미세한 필터조차 통과할 수 있다는 것도 알아냈다. 이러한 사실에 기반하여 몇 년 후에는 독감 바이러스에 세 가지 다른 유형이 있음을 밝혔다——A, B, C형은 중요도 순서이다. 아직까지 독감에 대한 우리의 방어력은 여전히 부족하지만, 그래도 이러한 발견이 있었기에 방역 계획을 위한 백신과 실험실 기술의 개발을 촉진할 수 있었다.

한편 독감 바이러스가 밝혀지고 나자 헤모필루스 인플루엔제는 의학 교과서의 부록에서 설명하는 정도로 격하되었고, 독감하고 전혀 관계 없는 미생물로 등한시되기도 했다. 하지만 미국과 영국에서 몇몇 미생물학자들이 노력한 결과, 이 미생물은 실제로 생명에 치명적일 뿐더러, 특히 B형이 강독성임을 밝혀냈다. 그렇지만 옥스퍼드의 존 래드클리프 병원의 리처드 목슨Richard Moxon과 그 동료들이 이루어낸 헤모필루스 인플루엔제의 병원성에 관한 분자 수준의 연구 결과와 면역을 위한 적절한 전략, 머크 샤프 앤드 돔Merck Sharp & Dohme 사 등에서 개발한 Hib 백신들(이들은 면역을 유발하며 각기 다른 운반단백질을 이용한다)이 있으므로, 이제 이것은 더 이상 두려움의 대상이 아니다.

35 고열과 오한의 악몽
——플라스모듐(*Plasmodium*, 말라리아 원충)

1966년 프랑스의 유명한 바이러스 학자인 앙드레 르워프André Lwoff가 모스크바에서 개최된 국제 미생물 학회에서 〈몸의 열은 대부분 이로운 것으로 의사가 치료할 필요가 없다〉라고 발표했다. 참가자들은 깜짝 놀랐다. 그는 〈항체 숭배〉——면역 반응이란 몸이 감염에 대항해 싸우는 중요한 작용이라는 생각——를 주장하면서 미생물 침입자들이 살아가기 어렵게 하는 고열 등의 비특이적 요인들이 중요하다고 지적했다.

르워프 교수의 관점에서 본다면 의사들은 불필요하게 해열제를 처방하는데, 이것은 환자들이 며칠 동안 이불 속에 누워 땀을 내며 미생물 침입자들을 물리치는 데에 오히려 해롭기까지 하다. 그는 식물병리학자들이 오래전부터 병을 발견하고 나서 바이러스에 감염된 식물을 열처리하여 회복시킨다는 사실을 예로 들었다. 사람이라고 다를 이유가 있는가?

이때부터 열에 대한 긍정적인 평가가——바이러스 감염에서는 물론이고 몇몇 세균에 의한 병에서까지——널리 인식되기 시작했다. 그러나 말라리아의 경우는 어떤가? 말라리아의 특징이자 말라리아 원충이 피 속으로 방출되면서 나타나는 반복적인 고열이 과연 확실한 이점이 있는 것일까? 이 같은 주장을 인정하는 사람들은 1924년 앤드루 밸푸어Andrew Balfour와 헨리 헤럴드 스콧Henry Harold Scott이 펴낸 『대영 보건 문제*Health Problems in Empire*』에 언급된 무적의 말라리아에 대한 설명을 인용한다.

환자는 자신이 학질에 걸린 것을 갑자기 느끼게 되는데, 심한 오한으로 몸이 떨리고 이빨이 캐스터네츠처럼 달그락거릴 정도로 추위가 엄습한다. 그는 여러 벌이나 껴입고 침대로 기어들어가지만 그래도 뼛속까지 추위를 느낀다. 그리고 열이 오른다. 한 시간쯤 지나면 더워진다. …… 피부는 마르고 뜨거워지며 나중에는 머리가 아프고 자주 구토가 난다. 그의 고통은 대단히 크고 체온계는 거의 105°F(약 40.6°C)를 가리킨다. 그는 이제 이불을 옆으로 차버리며 의식을 잃기까지 한다. …… 또다시 땀이 비오듯 쏟아지고 정말로 주위의 모든 것들이 말 그대로 푹 젖는다.

감비아 반줄Banjul 근처의 의학 연구 협회 실험실 소장인 브라이언 그린우드Brian Greenwood 박사와 그의 동료 도미니크 키아트코프스키Dominic Kwiatkowski 박사는 이러한 상태가 감염자에게 이득을 준다고 믿는 현대의 말라리아 전문가다. 그러나 이들은 말라리아 원충인 플라스모듐도 이 발열 과정으로부터 이익을 얻는다고 단언한다. 이들의 이론은 말라리아의 또다른 특성과 미확인된 형질——말라리아 원충들이 적혈구 안에서 그들의 생활 주기를 서로 하나로 일치하여 동조시키는 것——을 이해하려는 노력에서 비롯되었다.

실제로 두 가지 현상은 밀접하게 연관되어 있다. 열이 삼일열 말라리아(팔치파룸[*P. falciparum*, 열대열 원충], 비박스[*P. vivax*, 삼일열 원충]와 오발레[*P. ovale*, 난형열 원충]에 의해서 발생)에서는 2일마다 나타나고, 사일열 말라리아(말라리에[*P. malariae*, 사일열 원충]에 의해서 발생한다)에서는 3일마다 나타나는 이유는 말라리아 원충이 적혈구 안에서 각각 48시간과 72시간을 주기로 자라기 때문이다. 많은 기생 원충이 한꺼번에 적혈구를 용해하는 동조 과정이 진행되면서 〈스키존트 schizont(열충)〉로 성숙하는 것이다. 가장 그럴듯한 설명은 플라스모듐(말라리아 원충)의 자손들이 모기가 문 시점부터 서로 보조를 맞추어 증식한다는 것이다. 그러나 이러한 생각은 이치에 맞지 않는다. 왜냐하면 기생 원충은 몸 밖의 적혈구에서는 동조를 이루지 않기 때문이다. 또한 말라리아의 열이 그 특징적인 주기를 보이기 전이나 두세 번 증식을 반복한 후부터 변덕을 부리는 것을 보아도 알 수 있다.

동조 과정은 분명히 기생 원충과 숙주의 상호 작용과 관계가 있다. 하나의 가능성은 기생 원충이 자기의 성숙 과정을 인체의 일상 리듬과 맞추기 위해 규칙성을 갖는다는 것이다. 그 결과 모기는 하루 중 특정한 시간에 식사로 피를 즐긴다. 그린우드와 키아트코프스키는 이러한 내부의 리듬이 동조를 증가시킬 때 열이 발생한다고 주장한다. 많은 수의 기생 원충이 동시에 적혈구를 용해시킬 때 열이 나는 것은 분열하여 증식하는 용해자들에게 피해를 주기 위해서라는 것이다. 이러한 발열 과정은 일시적이나마 계속되는 증식을 억제하는 효과가 있다. 그러나 새로 태어난 자손들은 열을 견뎌내고, 이들 기생 원충의 자손들은 또다시 알맞는 조건을 찾아 집단을 이루어 동조함으로써 열의 원인——새로운 기생 원충——을 만들어낸다. 이틀이나 사흘 후에 (종에 따라 시간이 다르지만) 이 자손들에 의해 만들어진 용해자들은 다시 열을 내도록 하고 따라서 동조 과정은 또다시 억제된다.

그린우드와 키아트코프스키가 옳다면 말라리아 원충인 플라스모듐과 인간은 이런 식으로 서로의 이익을 위해 열을 이용해 왔다. 이들의 이론에 의하면 말라리아 원충이 감염 초기에 자유롭게 자랄 수 있다면 양자에게 모두 치명적이다. 그 이유는 기생 원충은 성숙하는 데 시간이 걸리기 때문이다. 그렇기에 기생 원충과 숙주는 모두 생장을 억제하기 위해 이전에 생성된 항체와 다른 무엇인가에 의존하게 된다. 한 가지 분명한 후보는 열이고, 다른 후보는 이와 관련된 숙주의 비특이적인 방어 메커니즘이다.

이러한 메커니즘은 이상적이게도 기생 원충의 밀도가 일정 수준 이하로 떨어지면 멈춰버린다. 더군다나 이 메커니즘에는 숙주의 반응이 강력할 때 그것으로부터 살아남을 수 있는 무기도 있다. 그리고 동조 과정이 열을 피할 수 있도록 해준다. 따라서 주기적인 발열은 숙주를 돕기도 하는 반면, 기생 원충이 살아남을 수 있도록 돕기도 한다.

두 가지 결정적인 관찰이 이 가설을 뒷받침해 준다. 우선 말라리아로 나타나는 고열은 때때로 혈액에서 말라리아 원충의 수가 급격히 줄어들 때 나타난다. 둘째, 피 속에 기생 원충의 수가 적을 때 열을 발생시키는 비박스는 혈액 속의 기생 원충을 낮은 수준으로 유지시키는 경향이 있다. 셋째, 팔치파룸은 혈액에서 기생 원충이 높은 수준에 이르기 전까지는 열을 발생하지 않지만, 사람을 감염시키는 다른 기생 원충들보다 더 적게 동조하는 경향이 있다는 것이다.

클로로퀸 chloroquine(말라리아 치료제 ── 옮긴이)이 듣지 않거나 저항성을 가진 기생 원충에 감염된 후에 말라리아로 인한 땀 때문에 고통받는 불행한 사람들은 그린우드와 키아트코프스키의 과감한 가설로부터 지적인 위안이라도 얻을 수 있을 것이다.

36 쇠를 먹는 미생물

——데술포비브리오(*Desulfovibrio*), 호르모코니스(*Hormoconis*)

내 서재의 의자에 앉아서 대단히 작은 미생물이 가진 그 큰 힘을 끊임없이 생각하고 있을 때, 문득 몇 년 전까지만 해도 현관 아래 묻혀 있던 철제 가스관이 떠올랐다. 그 가스관에 실금이 가서 파내고 훨씬 신형인 플라스틱 관으로 바꿔 묻어야 했다. 실금이 파이프 연결 부위에 세 군데나 커다란 구멍을 낸 것이었다. 우리는 실제로 이러한 사실을 확인할 수 있다. 이를테면 데술포비브리오(그림 8)가 두꺼운 철관에 구멍을 낸 것은 마치 스트렙토코쿠스 무탄스(*Streptococcus mutans*)가 상아질을 부식시켜, 검진을 받지 않으면 어느새 이에 구멍을 뚫어놓는 것과도 같다.

흙에 단단히 파묻힌 쇠는 공기가 없으므로 내구성이 좋으리라 생각하기 쉽다. 학창 시절에 실험해 보았듯이 물 속에 잠긴 못은 공기가 없고 밀폐되어 있다면 녹슬지 않는다. 그렇다면 땅 속에 묻혀 있던 쇠파이프는 산소가 희박한 상태에서 어떻게 부식될 수 있을까. 그런 곳이라면 지표면의 미생물들이 산소를 소비하여 혐기적 상태가 되었을 것인데도 말이다.

그 답을 데술포비브리오와 기초적인 화학 지식으로 찾을 수 있다. 녹이 슨다는 것은 철과 물이 결합하여 수소와 산화제2철을 만드는 것이다. 산소가 없는 상태에서는 수소가 금속 주위에 보이지 않는 덮개를 만들어 더 이상의 반응을 막기 때문에 진행 과정이 멈춰버린다. 그러나 산소가 있으면 이것은 수소와 결합하여 물을 만든다. 그 결과 곧 녹이 슬기 시작하여 철이 완전히 부식될 때까지 이 반응이 이어진다.

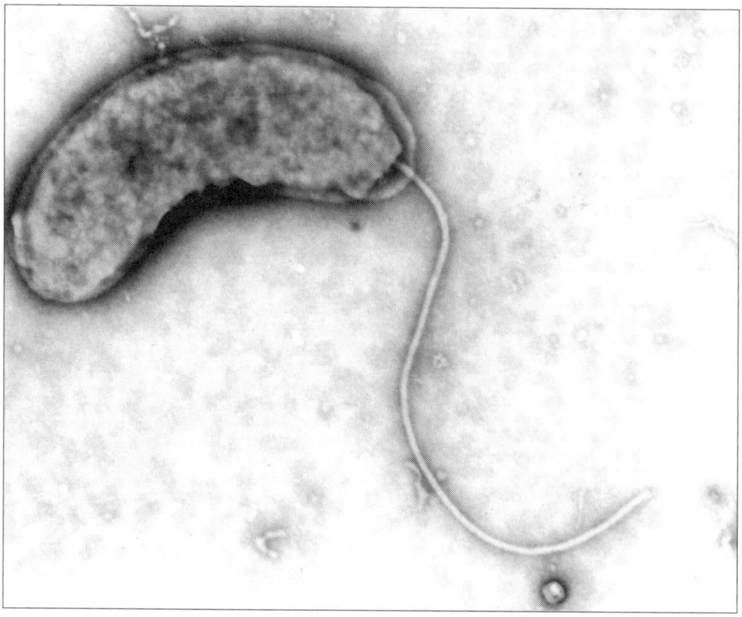

그림 8 데술포비브리오(*Desulfovibrio*). 자연의 훼방꾼 중 하나. 지극히 작은 미생물이지만 가스관에 구멍을 내는 강력한 능력을 가지고 있다(배율: ×23,400).

이제 앞서 언급한 가스관을 살펴보자면, 이것은 지난 10여 년 동안 수소 층으로 보호되어 온 단단한 관으로서 석탄 가스를 공급하여 난방과 온수 사용을 가능하게 해주었다. 그런데 수소는 바로 데술포비브리오가 황산염을 황화물로 환원시켜 에너지원을 마련하는 데 쓰이는 원료이다. 따라서 이와 관련된 세균들은 수소가 만들어지는 족족 소모한다. 바로 이 점 때문에 차례로 가스관이 녹슬게 된 것이다. 어떤 부분에서는 미생물이 다른 부분에서보다도 맹렬하게 활동했고, 결과적으로 가스가 새어나갈 구멍이 만들어졌다.

미생물 부식은 놀랍기는 하지만 많은 피해를 유발한다. 미생물은 가스관과 상·하수도관 그리고 바다(바닷물에 저항성이 있는 세균)의 가스와 석유 시설 및 선체에 피해를 주기도 한다. 가정에서 온수 공급과 중앙 난방 시스템을 위해 사용하는 동관도 이들의 공격을 피할 수는 없다. 또 라디에이터에서 가스가 새거나 황산화물의 달걀 썩는 냄새가 날지 모르니 조심하라!

병을 일으키는 세균이나 바이러스는 물론이고, 다른 해로운 미생물들도 대부분은 아주 오랫동안 유해한 활동을 통해 알려져 왔다. 그러나 1922년 《국제 생물 변질 및 생물 분해 *International Biodeterioration & Biodegradation*》에 발표된 논문에서는 이들이 아주 극적인 영향을 줄 수도 있다고 하였다. 이 논문은 캐나다 노보 스코셔 Novo Scotia의 국방 연구 체제에 관한 것으로 캐나다 해군을 아주 난처하게 만든 미생물 이야기이다.

가스로 동력을 얻는 배가 동쪽 해안에서 서쪽 해안을 향해 출항하여 열대 지방을 지나면서 도중에 연료를 보충하기도 했다. 그런데 여정을 마치고 얼마 되지 않아 몇 개의 터빈이 심하게 손상되어 엔진에 이상이 나타났고 수리를 위해 많은 돈을 들여야 했다. 그래서 증기 엔진에는 익숙하지만 가스 터빈에 대해서는 익숙하지 않았던 승무원들이 문책을 당했다. 이 배의 새로운 기항지에서도 이러한 엔진을 다룰 수 있는 전문 기술자가 부족한 건 마찬가지였다.

그러나 사실 범인은 사람이 아니라 미생물이었다. 엔진을 분해하여 조사해 보니 호르모코니스 레시네(*Hormoconis resinae*)라는 곰팡이가 배의 연료 시스템을 온통 뒤덮고 있었던 것이다. 이것이 바로 엔진 효율을 급격히 떨어뜨려 배가 삐걱거리며 멈추게 하였다. 호르모코니스 레시네는 매우 작음에도 불구하고 적당한 조건에서는 무더기로 자라나 두꺼운 매트나 점액을 만들어낸다. 다른 미생물들과 달리 축축한 석유가 들어 있는 물에서도 잘 자라며, 심지어 다른 영양 성분이나 산소가 전혀 없는 환경에서도 증식한다. 그렇기에 이것은 수시로 연료 필터를 막고 가스 터빈과 연료 저장 시스템의 거의 모든 부분에서 문제를 일으킨다. 최근 10여 년 동안 이 균은 선박 엔진의 강력하고도 변화무쌍한 적이었다.

그렇지만 이 경우에 오염의 정도는 조사자들을 기겁하게 만드는 데 충분했다. 이 미생물들은 우선 연료 정화기가 제대로 작동하지 않게 만들었고, 이어서 시스템 안에 물이 넘치게 했다. 연료 조절 장치, 연료 펌프, 연료 탱크, 합체 요소, 연료 필터 등 모든 것이 소금과 소금물로 범벅이 되었으며 보이는 모든 부분이 미생물로 덮였다. 특히 연료 탱크와 연결부는 2센티미터 두께의 점액으로 두껍게 덮여 있었다. 점액으로 뒤덮인 파이프와 다른 부분들은 미생물의 증식으로 부식이 시작되고 있었다. 연료 분사구 역시 피해를 입어서 연료가 분사되는 방식이 바뀌어 버렸고, 결국 엔진은 멈추고 말았다.

연구실에서 시스템의 여러 부분에서 얻은 샘플들을 조사해 본 결과, 몇 가지 미생물들이 이 거대한 세포 덩어리를 만들어 배의 터빈이 작동하지 못하게 된 것이었다. 여기에는 여러 종류의 세균과 효모, 페니실륨, 칸디다를 비롯한 각종 곰팡이가 포함되어 있었다. 미생물 집단에서 중심을 이루는 종류는 열대 지방에서 합류한 것으로 보이는 호르모코니스 레시네였다. 이 균은 축축한 석유 연료 안에서도 증식할 수 있고, 이전부터 개스킷(실린더나 파이프 결합부를 메우는 고무판——옮긴이)과 도료를 부식시키는 균이라고 알려져 있긴 했지만, 캐나다에서 일어난 이 사건은 전례가 없는 규모였다.

캐나다 해군에서는 이 문제를 가장 기본적인 방법으로 해결했다. 연료 분사 장치를 분해하여 깨끗이 청소한 후 살균 처리하여 더 이상 이런 일이 되풀이되지 않도록 한 것이다. 그러나 실제로 연료 탱크와 배관을 비워 보푸라기 없는 천 조각으로 닦아내 말리고, 연료 시스템의 모든 부분을 분해·소제한 다음 재조립하는 것은 엄청난 수고와 비용과 시간을 들여야 하는 일이었다. 없어야 할 곳에 미생물이 있는 것, 게다가 지나치게 많은 것은 정말로 난처한 일이 아닐 수 없다.

37 장티푸스와의 전쟁

——살모넬라 티피(*Salmonella typhi*)

전쟁이 일어나거나 피난민들이 이동할 때면 종종 장티푸스가 나타난다. 따라서 1992년 11월, 유고슬라비아에 전염병이 나타났다는 세계 보건 기구의 보고는 그리 놀라운 일은 아니었다. 보스니아에서 깨끗한 물을 공급할 수 없었기에 사람들이 오염된 물을 이용한 것이 발병의 원인이었다.

지금까지 장티푸스는 주로 불결한 장소에서 나타났다. 하지만 이 병이 1861년에 특권 계층이 사는 윈저성에서 앨버트 왕자를 죽이고, 1983년에는 건강과 요양을 위한 휴양지로 알려진 에게 해의 코스 섬에서도 발생한 것을 보면, 때와 장소를 가리지 않고 나타났었다. 매년 전세계에서 3,300만 건이 발생하는 장티푸스는 주로 저개발 국가에서 나타난다. 서구의 경우는 대부분이 외국 여행과 관계가 있다. 이것은 외국 여행 중 살모넬라 티피에 감염된 환자나 〈보균자〉로부터 비롯된다.

다른 가능성은 오염된 식품을 수입하는 경우이다. 1964년 스코틀랜드의 애버딘Aberdeen에서의 발생은 아르헨티나 공장에서 생산한 소금절이 쇠고기 통조림에서 비롯되었다. 이 통조림들은 완전히 봉해지지 않은 채 냉각수에 담겼다. 우연히 그 물은 장티수프균에 노출되어 있었고, 통조림의 온도가 내려갈 때 통조림 안으로 빨려 들어간 것이다.

어떤 경로를 통해서든 일단 한 공동체에 장티푸스균이 침입하면, 이 균은 물이나 음식을 통해 빠르게 퍼진다. 그러나 현대적 살균 처리와 분산법을 이용함에 따라 물에 의한 전파는 빈도가 낮아졌고 오히려 고기나 다른 음식에 의한 경우가 더 많아졌다.

티푸스열은 장티푸스균이 장벽을 통해 혈관으로 들어가는 시점에 나타나는데, 열이 오르고 머리가 아프며 심한 불안 증세를 동반한다. 둘째 주에는 심한 설사와 붉은 피부 발진이 나타나는데, 이 시기는 세균이 몸 안의 특정 부위에 집중된다. 특정 부위란 파열되거나 출혈이 있는 담낭과 신장 및 장의 세포들로, 적절하게 처리하지 않으면 죽음을 초래할 수도 있다. 요즈음에는 보통 항생 물질로 이 병을 치료할 수 있지만, 나이 든 사람을 비롯한 몇몇 사람들에게는 여전히 생명의 위협으로 남아 있다. 이들은 다른 만성병으로 고통을 받거나 운이 나쁘게도 저항성 계통의 장티푸스균에 감염된 사람들이다. 여러모로 볼 때 면역은 여행자들에게나 제3세계 시민들에게 우선적으로 취해야 할 예방법이다.

백신은 전염병을 막기 위한 의약품으로 병을 일으키는 세균과 바이러스를 기반으로 만든다. 어떤 것은 죽은 미생물의 일부분 또는 변형된 독소로 만들어진다. 또 어떤 것들은 생백신이나 약독화된 미생물로 만든다. 이러한 모든 경우에서 백신은 이 균으로부터 보호할 수 있는 항체를 만들도록 하여 더 이상 병을 일으키지 않게 해준다.

이미 1896년에 영국의 병리학자인 알름로스 라이트 Almroth Wright(버나드 쇼의 『의사의 딜레마』에서 콜렌소 리전 Colenso Rigeon 경으로 풍자되었다)는 면역성을 높이기 위하여 두 사람에게 죽은 장티푸스균을 주사했다고 보고하였다. 왕립 육군 의료 지원단과 인도 의료 봉사단에서 자원자들을 대상으로 더 자세하게 연구한 결과, 라이트의 시도가 옳다는 것이 입증되었다. 이 연구를 좀더 개선하여 개발한 기술은 오늘날까지 이용되고 있는 기술과 기본적으로 같다.

즉 불활화 백신으로부터 얻는 일시적 면역은 불완전하기 때문에 개선되어야 할 여지가 있었다. 10년이 넘도록 몇몇 연구자들이 대체 전략을 찾아보았다. 이들은 세균도 장티푸스 병원균처럼 장까지 갈 것이라는 희망으로 생백신을 입에 넣어 항체를 생산하려고 했다. 이론적으로는 그럴듯해 보였지만 이러한 실험들은 1970년대 중반까지도 갖가지 우울한 결과만 가져다주었다.

그러다가 스위스 베른의 혈청 및 백신 연구소에서 〈Ty21a〉라는 장티푸스 균주를 만들어냈다. 이것은 완전한 병원성을 갖춘 것처럼 장벽을 감염시켰다. 그러나 며칠뿐이었고, 이 〈유전적 장애자〉는 스스로 파괴되었다. 베른의 연구자들은 세균을 변형시켜 세균이 갈락토오스를 소화하는 데 필요한 연쇄 반응을 촉진하는 특정 효소의 양을 줄였다. 결과적으로 연쇄 반응의 반응 초기 물질이 부족해 세균이 죽게 되고, 그럼으로써 방어 능력을 갖춘 항체의 형성을 조절하는 항원(특정 단백질)이 배출된다.

1992년이 저물어 갈 무렵, 장티푸스에 대한 면역을 얻기 위해 기존 백신을 사용한 결과 두통과 불안 증세로 고통을 겪은 여행자들에게 반가운 소식이 들렸다. 에반스 메디컬 Evans Medical 사가 연구를 진전시켜 Ty21a 균주를 백신으로 개발하여 비보티프 Vivotif라는 새로운 상품으로 내놓은 것이다. 이것은 스위스뿐 아니라 장티푸스가 발생한 칠레와 이집트에서도 집중적으로 검토하였으며, 이 새로운 백신은 이제까지의 백신과 마찬가지로 70퍼센트의 성공률을 보였다. 또한 이것은 주사하지 않고 입으로 삼키는 것이기에 고통이 없고 편리하다는 점에서 그 의의가 더욱 컸다. 게다가 면역력도 거의 3년 동안이나 지속되었다. 기존 백신은 첫번째 주사를 맞고 4 내지 6주 후에 잊지 않고——사람들은 대개 잘 잊어버린다——두번째 주사를 맞아야 면역력이 생긴다.

비보티프는 불활화 백신과 비교할 때 또다른 이점이 있다. 두 가지의 부수적인 면역력을 갖게 해준다. 우선 첫번째로 혈관 내에서 순환하는 항체를 만든다. 더군다나 비보티프는 살아 있는 세포로 구성되어 세포성 면역의 기반도 마련한다. 이른바 T 림프구로 알려진 백혈구는 몸에 침입한 세균을 공격하여 파괴한다. 두번째 이것은 〈체액성 면역〉을 촉진한다. 한때 이러한 면역을 혈관에서 장의 내층과 같은 세포막으로 빠져 나온 항체에 의한 것이라고 생각하였지만, 이제는 그러한 막에서 서로 다른 항체를 만들어내는 미생물의 독립적인 작용에 의한 것임이 밝혀졌다.

새로운 백신의 결점이라고 할 수 있는 것은 실제로 가격이 비쌀 뿐더러 백신을 인계받은 후 5일 동안 냉장 보관해야 한다는 점이다. 그래서 제3세계에서 사용하기가 어렵다. 하지만 많은 여행자들은 기존 백신에 비해 고통과 불편이 적은 이 백신을 확실히 저렴하다고 생각하며 찾는다.

38 보균자 메리는 살아 있다
——살모넬라 티피

장티푸스의 특징은 이 병에 걸렸다가 회복한 사람이라 하더라도 때로는 몇 년 동안 담낭이나 신장에 병원균이 살아남을 수 있다는 점이다. 이런 사람들은 그후에도 몇 년 동안이나 미생물을 흘리고 다닌다. 이러한 희극적인 가능성은 페더스필J.F. Federspiel이 유명한 보균자 이야기를 쓰도록 자극했다. 1984년 『장티푸스 보균자 메리 이야기 *The Ballad of Typhoid Mary*』가 발표되었는데, 이 이야기는 거의 40년 동안이나 뉴욕 시의 가정과 호텔에서 요리사로 일하며 장티푸스균을 전파시키고 다닌 한 여성에 대한 이야기다. 1938년에 그녀가 죽을 때까지 장티푸스 보균자 메리에 의한 감염이라고 알려진 것만도 10건이며, 아마 실제로는 이보다 더 많았을 것이다.

장티푸스균은 페더스필의 손에서 문학의 소재로 거듭 태어난 것이다. 이 책의 앞부분 약 40쪽에는 자살 기도, 배설물과 시체로 뒤범벅된 이민선의 참상, 두 사람의 극적인 죽음, 성교 장면, 과수원 주인이 사과 운반 차량에 머리를 다쳐 식물인간이 되어 죽어가는 모습 등이 묘사되어 있다. 페더스필은 1868년 1월에

메리가 미국에 도착하고부터 나중에 비밀 폭력 혁명가가 된 동료와 교제를 시작하기까지의 과정을, 실제로 기록하지 않아도 되는 것까지 자세하게 나열해 놓았다. 메리가 일찍부터 할 줄 알았던 영어 가운데 하나인 〈요리할 수 있어요〉라는 말은 독자들에게 절박한 비극을 나타내기 위해 반복하여 나왔기 때문에 오히려 진부해졌다. 그렇지만 사실적인 소재들과 대담하고 예측 불가능한 전개로 이야기를 흥미롭게 끌고 간다.

그러나 엉뚱한 상상의 중심에 문제가 있다. 1906년에 롱아일랜드 저택의 지주는 조지 소퍼George Soper 박사에게 그의 가족 11명 가운데 6명이 걸렸던 장티푸스에 대해 조사해 달라고 부탁했다. 소퍼 박사는 꼼꼼히 조사한 후에, 그 집에서 잠시 요리를 했던 적이 있고 그때에는 완전히 자취를 감춘 요리사에게 병의 원인이 있다고 추정하였다. 결국 그 여자를 추적할 수 있었다. 메리는 자신이 위험한 병균을 옮긴다는 혐의를 받고 있는 것에 대해 굉장히 화를 냈지만, 이미 1902년에도 그녀가 일했던 집에서 병이 발생했다는 사실이 확인된 터였다.

뉴욕 시 보건국의 기록에 의하면 당국은 1907년 그녀를 병원에 격리시켰고, 그후 노스브라더 섬의 리버사이드 병원으로 이송시켜 작은 주택에 가뒀다. 그리고 퇴원시키기 전에 음식 만드는 일을 하지 않겠다는 약속을 받아냈다. 그러나 결국 메리는 약속을 어기고 산부인과 의원에서 일했으며, 그곳에서도 장티푸스를 퍼뜨렸다. 그리고 또다시 작은 집에 격리되었다.

이러한 연속적인 실제 사건을 허구적인 이야기와 비교하려는 시도는 상관성과 불확실성의 교착을 드러낸다. 페더스필은 그날그날 살아가는 세세한 일상을 묘사했다. 이들 가운데 어떤 것은 문학적인 각색으로 받아들여졌고, 어떤 것은 과학적으로나 역사적으로 특별하고 중요한 논쟁을 일으켰다. 한편 메리가 세인트 데니스 호텔의 퇴직금을 거부하고 다른 주방 직원보다도 세 배나 많은 보수와, 요리사로서의 일급 신용 평가를 요구했다는 사실도 재미있다. 게다가 나중에는 아주 훌륭한 추천장까지 써주기를 원했다. 그녀는 이 추천장을 지배인으로부터 정당하게 받아냈는데, 이 지배인은 너무나 둔해 메리가 전염병을 옮겼다는 사실을 기억하지 못했다!

이에 반해 메리를 어린 몽고증 환자의 간호사로 주선해 주려고 했던, 나폴레옹 모자를 쓴 어떤 사람은 다음과 같이 말했다. 〈우리는 당신을 오랫동안 보아 왔소. 물론 우리가 의학적인 내용에 대해 진단을 내릴 만한 자격이 있는 것은 아니오…… 하지만 당신은 파괴자요.〉 그는 그녀가 어린이들에게 치명적인 병을 옮기려는 것이 분명하다고 말했다. 1883년에 지어진 것 같은 이런 일이 정말 일어났을까? 이때는 로버트 코흐의 조수인 게오르그 가프키 Georg Gaffky가 장티푸스균을 발견하기 바로 전해였고, 소퍼 박사가 조사하기 한참 전이었다. 채찍을 들고 나폴레옹 모자를 쓴 이 불길한 사람같이 예리한 관찰자에게는 메리의 보균 상태가 드러났던 것일까?

소퍼 박사가 메리를 만나 그녀의 혈액과 대소변 표본을 요청할 때는 극적인 장면들도 볼 수 있다. 이 이야기는 60번 가와 파크 거리 모퉁이에 있는 집의 부엌에서 시작된다. 그녀는 커다란 포크를 집어들고는 호의적인 의사를 해치려고 날뛰었다. 그 다음은 방에서였다. 옆에는 동거하는 폭력 혁명가가 서 있었고 그녀는 푸줏간의 칼을 무기 삼아 집어들었다. 잠시 후 그녀는 자신을 체포하려는 무장 경찰 앞에서 〈날카로운 비명을 지르고 저주를 퍼부으며 그들을 물어뜯고 눈을 할퀴었다. 그녀는 어떤 사람의 턱을 구두로 차고, 무릎으로 다른 사람의 앞니를 부러뜨렸으며, 한 경찰관의 귀에 상처를 냈다〉. 그러나 이날은 법이 승리했고, 메리는 병원에 감금되었다. 이곳에서 그녀는 가죽끈으로 묶인 채 나무의자에 앉혀졌다. 그리고 그녀의 발 아래에는 단지가 놓여졌다. 이틀 후 〈그녀는 고통스럽게 돌처럼 굳은 대변을 떨어뜨렸다〉.

이런 일들이 실제로 있었을까? 알 수 없다. 다만 소퍼 박사와 조세핀 베이커Josephine Baker 박사의 기록을 인용함으로써 사실성을 부여했다. 그러나 이들은 그 이상의 다양한 세부 사항들은 확증하지 못했다. 게다가 이것은 보균자 메리의 신원을 알고 있는 유일한 사람이라고 생각되는 노인의 이야기에 근거한 것이었다. 어쩌면 이 노인은 하워드 래지트Howard Rageet 박사처럼 허구의 인물이었는지도 모른다.

페더스필의 흥미진진한 이야기는 명확한 사실에 불확실한 소설적 요소가 불만스럽게 각색되어 어지럽게 혼합된 면이 있다. 그러나 그의 책이 역사적인 사실에 기초했다는 사실만으로 전염병을 다룬 소설에서 느끼는 것 이상의 불안을 느낄 수 있다. 그럼에도 불구하고 이것은 상상력의 산물일 뿐이다.

39 유제품의 식중독 위협

——살모넬라 티피무륨(*Salmonella typhimurium*)

1980년대 중반의 어느 날, 스위스의 보Vaud 주에서 5명의 군인이 구토와 설사 및 고열을 동반한 병에 걸렸다. 의무 장교는 그 식중독의 원인을 찾기 위해 그 전날 막사에서 무엇을 먹었는지 물었다. 그는 곧 이들이 인접 주에서 훈련하는 동안 사먹은 바슈랭 vacherin 크림 치즈를 의심했다. 그리고 뒤이은 탐문 조사에서 몇몇 마을 사람들도 지난 한 달 동안 이와 비슷한 병으로 고통받았음을 알아냈다. 한 가정에서 세 사람이나 심하게 앓아서 병원에서 산소 호흡기를 하고 항생제 치료를 받기도 했다.

실험실에서 가검물을 조사한 결과 5명의 점원과 주민들에게서도 모두 살모넬라 티피무륨(쥐티푸스균)의 똑같은 균주가 발견되었다. 그러나 결정적으로 이 균은 치즈에서 나온 것이 아니며, 조사에서는 아무것도 나오지 않았다. 바슈랭 공장 직원들에게서도 쥐티푸스균을 검사해 보았지만 역시 음성으로 나타났다. 하지만 이것은 치즈를 생산하고 소비하기까지 적어도 한 달은 걸렸을 것이므로 놀랄 일도 아니었다.

그러던 중 전혀 예기치 않았던 곳에서 실마리가 풀렸다. 항생제에 대한 이 세균의 감수성을 조사하는 과정에서, 이 균주가 돼지의 생장을 촉진하는 데 주로 사용되는 항생제에 특이적인 저항성을 보인다는 것을 알아냈다. 치즈 공장 주변에는 돼지우리가 몇 군데 있었다. 조사자들은 이 가운데 한 곳에서 식중독을 일으킨 것과 꼭 같은 균주를 찾을 수 있었다. 확실한 증명은 힘들었지만 병이 발생한 후에라도 돼지우리와 치즈 공장에서 일하는 사람들의 손이나 옷을 통해 이 미생물들이 옮겨질 수 있다는 결정적인 단서를 어느 정도는 얻을 수 있었다.

사실 이 이야기는 축산업자가 낙농 제품을 관리하는 데 소홀했다는 것 이상의 광범위한 메시지를 전하고 있다. 보 주에서 살모넬라 식중독을 일으킨 몽 도르Mont d'Or 바슈랭 치즈는 과학적인 위생 처리를 하지 않고 전통적인 기술에 따라 생산된 생우유로 만들어졌다는 것이다. 그러나 이러한 사건이 일어나자 곧바로 제조법을 바꾸었다. 모든 바슈랭 공장에서 생우유를 60-65°C에서 저온살균했고, 치즈의 제조 과정에서 병의 원인이 되는 세균을 막기 위해 유산균을 투여하여 산도를 높이는 이른바 〈시동 배양starter culture〉을 이용하였다.

이러한 변화가 순조롭게 이루어졌던 것은 아니다. 지역 주민과 도시의 식도락가는 한결같이 몽 도르 바슈랭 공장에 원래의 공정을 유지하라고 요구했다. 두말할 필요 없이 지금에 와서는 안전한 식품을 더 원하지만, 화학적으로 가공하거나 위생도를 높이는 것은 일부 고객의 눈으로 볼 때 본래의 맛을 떨어뜨리는 것이었다. 이것은 식품성 질병을 억제하려는 여러 가지 방법들이 본래의 음식과 합성하지 않은 성분을 원하는 소비자들의 요구와 상충되는 많은 경우 중 하나일 뿐이다.

식품 공급에 있어 시간에 쫓기고 위험한 공정을 없앰으로써 살모넬라균에 의한 식중독 발생률에 괄목할 만한 변화가 생겼다. 그 변화는 스코틀랜드에서 판매용 우유를 저온살균하라는 법률이 제정되어 실시된 후에 나타났다. 1970년대와 80년대 초반에 우유에서 비롯된 살모넬라성 식중독이 심각한 문제로 대두됐다. 3,500명의 주민 가운데 12명이 죽었다. 1983년 당국에서는 서둘러 우유를 의무적으로 저온살균하도록 하는 법을 마련하였다. 그렇다고 해도 염소젖과 양젖은 예외로 인정했다. 그리고 저온살균 장치가 부족한 곳에서는 여전히 저온살균되지 않은 우유가 생산되었고, 농부들은 이것을 일꾼들에게 거저 주거나 임금의 일부로 지급하였다.

그리고 8,000명의 목장 인부와 그 가족들은(모두 합치면 3만 명 가까이 된다) 생우유를 정기적으로 공급받았다. 미생물학자들은 이들이 제한된 공동체라는 점을 염두에 두고, 이곳에서 1983년도에 제정된 법률의 효과를 측정했다. 결과는 매우 성공적이었다. 저온살균이 의무화되기 이전의 3년 동안에는 농장 공동체에서 우유에 의한 살모넬라성 식중독이 7건이나 발생하였고(피해자 55명) 일반인 사이에서는 14건이 발생했다(피해자 1,091명). 그러나 법률을 제정한 후 3년 동안은 살모넬라성 식중독이 농장 공동체에서 거의 발생하지 않았고 일반인에게는 전혀 나타나지 않았다.

1992년에는 저온살균의 필요성이 가정에까지 파고들었는데, 이때 런던 중앙 공중 보건 실험실의 버나드 로Bernard Rowe와 그의 동료들이 영국 남동부에서 42명에게 발생한 식중독 사건을 보고하였다. 그것은 살모넬라 티피무륨에 의해서가 아니라 그와 비슷한 살모넬라 두블린(*S. dublin*)에 의해 일어난 것이었으며, 조사자에 따르면 저온살균하지 않은 아일랜드산 연치즈에서 비롯되었다. 소떼를 차례로 조사해 본 결과, 네 마리의 소가 그와 똑같은 미생물을 배설물과 우유를 통해 분비하고 있었다.

아일랜드의 살모넬라성 식중독은 1964년 애버딘Aberdeen 장티푸스처럼 체계적인 결함 때문에 일어난 것이 아니었다. 작은 가족이 운영하는 제조장에서 살모넬라 두블린을 살균하지 않은 치즈와 우유를 팔았다. 이들은 식품 안전에 대해 생각해온 수십 년 동안의 경험을 무시하고, 대신 자연적인 것이 최고라는 믿음으로 어리석은 행동을 하였던 것이다.

이들의 행동은 사람들에게 고통을 주었을 뿐 아니라 이 사건으로 인해 여러 가지 필요한 전문 기술과 막대한 자원이 낭비되었다. 즉 법을 위반한 음식의 유통이 금지되었고, 지역 보건 당국은 아일랜드 보건부에 그 제조장에 대한 작업 중지 여부를 의뢰했다. 또한 지역 보건 당국은 보건부에서 일반인에게 그 치즈를 먹지 말도록 경고를 보냈는가를 확인해야 했으며, 영국의 모든 환경보건과에 식품 위험 경고를 전달하고, 가게의 진열대에서 그 제품을 제거하라고 권고하는 등 여러 가지 일을 해야 했다.

지난 20년 동안 영국에서는 물론 다른 지역에서도 계속해서 모든 치즈를 저온살균하라고 요구해 왔다. 그렇지만 법률 제정은 여전히 미흡하다. 반면 미국의 몇몇 주에서는 저온살균하거나, 병원균이 모두 사라질 정도로 충분한 시간 동안 숙성시킬 것을 법으로 정하고 있다. 콜린데일 Colindale 팀이 보고한 사건에서 제조장 주인은 결국 저온살균 설비를 갖추는 것에 동의하였다. 그러나 본질적으로 중요한 식품 위생을 가볍게 생각하는 우유·크림·치즈 상인들은 여전히 문제다.

40 보건부 장관을 쫓아내다
——살모넬라 엔테리티디스(*Salmonella enteritidis*)

지극히 미세한 미생물에 관한 짧고 즉흥적인 몇 마디가 아주 오랫동안 커다란 파장을 일으킨 경우가 있었다. 1988년 크리스마스를 2주일 남겨놓고 영국의 보건부 장관 에드위나 커리 Edwina Currie는 텔레비전에서 〈안타깝게도 요즘 이 나라 달걀 제품 대부분이 살모넬라의 위협을 받고 있다〉라고 발표하였다. 커리의 이러한 발언은 국가 전체의 달걀 소비자를 공포로 몰아넣었고, 달걀 산업에 갑작스런 위기를 불러일으켰다. 며칠 만에 번화가 상점의 매출은 이전의 50퍼센트로 줄었고, 주말까지 3억 5천만 개의 달걀이 팔리지 않은 채 쌓여갔다. 영국의 5,000여 생산업자들은 금세 수입이 2,500만 파운드나 줄었다고 불평하였고, 날마다 수만 마리의 닭을 없애기 시작했다.

커리 장관의 경고가 있은 지 이틀도 지나지 않아 농수산 식품부 내 다른 부서에서 그녀의 주장을 반박하며 달걀을 먹어도 안전하다고 주장하였다. 또한 커리 장관의 사임을 요구했다. 정부는 달걀 생산업자들에게 1,000만 파운드의 보상 계획을 발표하였고, 국민들을 안심시키려는 홍보 운동을 벌이기 시작했다. 〈달걀, 그 진실〉이라는 전면 광고가 주요 신문에 등장하였고, 달걀을 날로 먹는 것이 약간 위험하기는 하지만 달걀이 〈균형 있는 식생활을 위한 귀중한 영양분〉이라고 선전하였다.

광고의 문구에서조차 두 부서 간의 신랄한 논쟁이 주제가 되었다. 정치적인 움직임이 더욱 거세졌고, 커리 장관은 자신의 주장을 철회하지 않았으며 전문가로서 매일 텔레비전과 신문에 전문적인 의견을 냈다. 결국 12월 16일에 커리 장관은 압력에 굴복하여 사임하였다. 그러나 이것으로 이야기가 끝난 것은 아니었다. 하원의 특별 위원회에서 이 사건을 조사하기 시작했다. 조사 목적의 하나는 공공의 이해 관계가 제대로 해결됐는지, 달걀에서 살모넬라균이 증식했는지를 알아보는 것이었다. 그 외에도 상업·농업적으로 로비가 있었는지를 따지고, 커리 장관과 보건부 의료 담당관의 표현이 과장된 것이었는지를 조사할 목적도 있었다.

위원회의 보고서가 나오자 모든 것이 분명해졌다. 잘못은 커리 장관에게 있었고, 그것은 새로이 알려진 식중독 감염원에 대한 우려 때문이라는 것도 밝혀졌다. 또 다른 유럽 국가에서와 마찬가지로 영국에서도 1970-80년대에 살모넬라의 다른 균주가 분리되는 경우가 점진적으로 증가했기 때문이었다. 그리고 이런 우려는 대개 살모넬라 엔테리티디스(그림 9)라는 특별한 종에 초점이 맞추어졌다. 1982과 1987년 사이에 잉글랜드와 웨일스에서 이 균에 의한 감염은 1,101건에서 6,858건으로 증가했다. 게다가 과거 대부분의 경우 살모넬라는 관광객과 휴가를 다녀온 귀향자들에 의한 것이었음에 비해 증가된 부분은 자국 내 발생이었다.

스페인과 미국 북동부에서 특별히 우려했던 것은 달걀은 물론

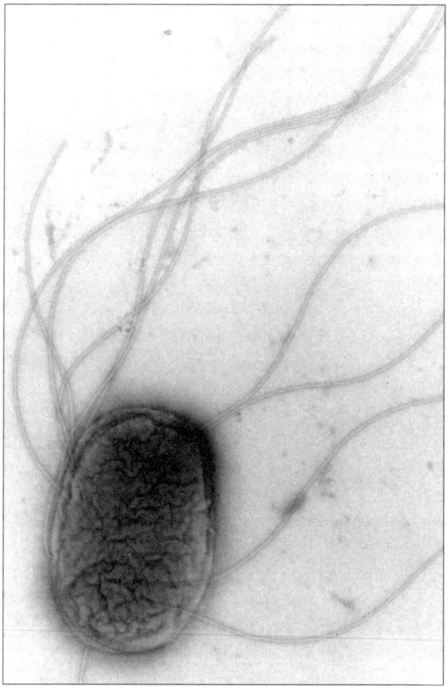

그림 9
살모넬라 엔테리티디스. 식중독균인 이 세균이 영국의 보건부 장관 에드위나 커리를 사임시킨 장본인이다(배율: ×52,200).

이고 마요네즈 같은 달걀 관련 제품이 살모넬라 엔테리티디스의 전염 경로가 되는 경우가 증가했다는 점이었다. 이 균은 가금(家禽)과 달걀 모두에서 자주 분리되었으며, 사람의 감염도 증가하였다. 따라서 커리 장관이 텔레비전을 통해 발표하기로 결정했던 것이다. 그러나 불행하게도 그녀의 말을 뒷받침해줄 만한 증거는 아무것도 없었다. 이 미생물은 그녀가 언급하기 전에 이미 2년간이나 전국적으로 퍼진 전염병의 원인이었고, 가금이 그 주요 전파 경로였다. 그러나 공중 보건 실험실에서는 달걀이 아주 드문 경우에만 해당하는 것으로 보았고, 당시에 정확한 통계는 알려지지 않았다. 이처럼 그 원인을 몰랐기에 생산자나 농장 조합원들은 직접 조사를 했다. 전국적으로 수천 개의 달걀을 모아 어떤 종류의 살모넬라균이라도 찾으려 했지만 실패를 거듭했다. 통계적으로는 의심해 봄직도 했지만, 산업을 고려할 때 이러한 조사 결과는 공표할 가치가 있었다.

좀더 세밀한 연구 끝에 달걀에 매우 낮지만 유의할 만한 수준의 살모넬라 엔테리티디스가 들어 있다는 것이 밝혀졌다. 1991년에 영국에서 조사한 결과 15개 표본집단 5,700개 이상의 달걀 가운데 이 균이 들어 있는 것은 단지 32개(0.6퍼센트)뿐이었다. 이 정도의 오염 수준이라도 공중 보건에 잠재적인 위협을 주기에는 충분했다. 다만 달걀을 충분히 가열하지 않았을 때의 일이지만 말이다.

커리 사건은, 식품 생산에서 세균 오염의 허용치를 결정할 필요가 있으며, 그 오염 속에서 안전하게 살아가려면 요리사이자 소비자인 우리가 어떻게 해야 하는지를 생각해 보게 하였다. 식품 상점의 냉동칸 앞에서 잠시 살펴본 후 구이용 닭을 살 수 있다는 것은 정말로 우리 선조들에 비해 더 많은 편이성과 장점을 가진 것일까? 그렇다면 우리는 앞을 내다보며 미래를 위해서라도 그 고기를 통해 살모넬라가 전파될 수 있다는 사실을(물론 요리 과정에서 파괴되지만) 받아들여야만 한다. 아니면 이러한 위험을 줄이기 위한 기술 개발에 드는 높은 비용을 감수할 수밖에 없다.

물론 살모넬라를 완전히 없애겠다는 생각도 좋다. 그러나 간단한 문제는 아니다. 세균은 자연 어디에나 존재하기에, 우리는 감염의 기회를 줄이도록 노력할 뿐이다. 위험을 완전히 없앨 수는 없다. 한편 이 사건을 집약적인 사육 환경 탓으로 돌리려고 하는 것도 잘못이다. 근래에 살모넬라 감염이 달걀에서 비롯되었다라는 사실과 함께, 감염 원인의 대부분이 기업화된 농장의 닭보다는 놓아기른 닭에서 비롯되었다는 것이 밝혀졌기 때문이다.

집약적인 사육 방식을 윤리적으로는 반대할지 모르겠지만, 이렇게 강력한 통제 속에 사육되는 동물들은 들판에 놓아기른 것들에 비해 감염이 훨씬 적게 나타난다. 〈자연적으로〉 다루어지는 것은──지역의 하수 체계를 포함해서──주변의 새나 다른 동물에 의한 장내 미생물 전파에 노출되어 있다. 자연이 항상 최상을 선사하는 것은 아니다.

41 부주의함이 식중독을 부른다

──살모넬라 아고나(*Salmonella agona*)

그 주방의 위생 상태는 소름이 끼칠 정도였다. 따뜻한 날씨와 살모넬라, 게다가 무역 총회에 참석한 2,000명 이상의 사람들, 이것이 이 재앙의 〈비결〉이었다. 식품성 질병은 일년 중 따뜻한 계절에 특히 경계해야 한다. 1993년 《전염병학과 감염》에 이러한 식품성 전염병 가운데 상상하기도 어려운 기사가 났다. 이것은 미국 남캐롤라이나에서 대규모로 발생한 살모넬라성 식중독 사건을 분석한 보고서였다. 실제로 800명 이상이 병을 앓았으며, 이제껏 기록된 이러한 종류의 사건 가운데 최악의 경우였다. 게다가 이 사건은 사전에 막을 수도 있었다.

사우스캐롤라이나 그린스빌 Greensville의 〈A 레스토랑〉이 문제였으며, 사건은 1990년 9월 초에 주 보건 당국이 심한 살모넬라성 식중독으로 병원에 입원한 두 사람에 관한 보고를 받은 때부터 시작되었다. 이들에게는 살모넬라에 의한 장 감염으로 설사, 열, 복통이 일어났다. 사소한 병이므로 대개 (몸이 쇠약해지기는 하지만) 며칠 지나면 나으리라고 생각하지만, 사실 이 살모넬라성 식중독은 장티푸스에 버금갈 정도로 심각한 병이다.

두 감염자는 철물 소매업자와 제조업자로서 전 주말에 총회에 참석했다. 이때 〈A 레스토랑〉은 총회에 필요한 식사를 준비했다. 사우스캐롤라이나 보건 당국에서는 즉시 그린스빌 주변의 철물점에 전화를 걸어, 이 행사 후 5일 내에 설사를 한 사람이 있었는지를 조사했다. 원인을 밝히는 데에는 전반적인 조사가 필요했기 때문이다.

조사자들은 총회 참석자 명단 중 6의 배수에 해당하는 순서의 사람들을 조사하기로 했다. 그들은 총 398명을 접촉하였고, 그 가운데 135명(34퍼센트)이 병을 앓았음을 밝혀냈다(실제 감염자는 800명 이상이었을 것으로 추정됨). 그리고 주말에 제공된 요리들 가운데 8월 26일 점심으로 제공된 칠면조 요리가 감염의 주원인이었다고 지목하였다. 어떤 칠면조가 원인이었는지를 알아내기에는 이미 너무 늦었지만 적은 수나마 피해자들의 가검물을 조사한 결과, 살모넬라 아고나가 원인임이 밝혀졌다.

어떤 점에서는 〈A 레스토랑〉에 그 혐의를 두는 것이 전혀 놀라운 일이 아니다. 이 식당은 이미 1990년 상반기 동안 23건에 이르는 보건 위생 기준 위반 전과가 있었기 때문이다. 위반 사항들은 (조리대 바로 옆에 쥐가 갉아먹은 음식 찌꺼기가 남아 있을 정도여서) 영업 취소를 계속 당할 정도로 심했고, 비록 일시적이기는 했지만 지속적인 개선을 통해서야 비로소 영업을 재개할 수 있었다.

조사자들이 이 사건의 배경을 조사하면서 레스토랑 직원들과 이야기한 결과, 그들은 믿기지 않을 정도의 무책임과 비위생에 대한 이야기를 털어놓았다. 냉장고와 오븐 등의 주방 기구들은 정상적인 영업을 할 경우, 하루에 이삼백 명분의 식사를 제공할 수 있는 수준이었다. 그러나 총회 당시에는 30시간 동안 7천 명분 이상의 식사를 만들어냈다. 이것부터가 문제였다.

두번째로는 고기에 남아 있는 세균이 실온에서 매우 빠르게 증식한다는 사실을 염두에 두지 않은 채 칠면조를 다루었던 것도 문제였다. 가금이 살모넬라에 오염되는 경우가 아주 보기 드문 일은 아니지만, 대개 요리나 냉장 보관 또는 주방 관리를 소홀히 하는 경우에 전염된다. 따라서 칠면조나 닭은 완전히 익혀야 한다. 생고기가 조리된 고기나 그릇을 오염시킬 여지를 주어서는 안 되며, 요리된 가금이 바로 제공되지 않을 경우에는 반드시 냉장 보관해야 한다.

8월 24일 금요일에 레스토랑으로 얼린 칠면조 가슴살 92조각이 배달되었다. 종업원은 일요일 아침 일곱시에 이 가운데 20조각 정도가 뼈째로 삶겨(냉장 보관되지 않고) 넓은 조리대 위에 있는 것을 보았다. 그런데다 한바탕 주방 일을 치르고 오후 다섯시에 식당을 떠날 때까지 여전히 고기를 그대로 방치해 두었다. 나머지 72조각은 냉장 시설도 없는 트럭으로 한 시간 거리에 있는 노스캐롤라이나의 체인점까지 운반했다. 그리고 토요일에 조리되고 남은 양이 일요일 아침에 같은 트럭에 다시 실렸다. 그러나 사우스캐롤라이나로 되돌아오는 도중에 펑크가 나서 길가에 멈추어 섰고, 한 시간 정도 지난 후에 냉장 시설이 없는 또다른 트럭에 옮겨져 〈A 레스토랑〉으로 돌아왔다. 당시 외부 온도는 27°C였다.

레스토랑 종업원은 총회 음식을 마련하고자 그 칠면조를 물에 담가 데쳤다. (원래 끓인 물을 가슴살에 붓는 게 정석이다.) 종업원들은 뷔페를 준비하며 칠면조에서 불쾌한 냄새가 나는 것을 느끼고 절반 이상을 주방으로 돌려보냈다. 그러나 가슴살은 더 이상 없었기에, 주방에서는 고약한 냄새가 나는 칠면조를 찬물에 헹군 다음 뜨거운 물에 데쳐 다시 총회장으로 보내서 점심으로 제공했다.

여러 번에 걸쳐 세균 오염과 증식 기회를 제공한 이 사건을 보고하면서, 조사자들은 위생 검열에 몇 번이나 불합격한 레스토랑 위생 업무를 개선하는 데 태만한 보건 당국의 처사에 놀라움을 금치 못했다. 이제까지 그들은 이 이야기에서처럼 위생을 소홀히 해 왔던 것이다. 참석자들에게 맛이나 향에 대해서 특별히 묻지는 않았지만, 213명 이상이 냄새 나는 맛없는 칠면조를 먹었다고 이야기했다. 도대체 어떻게 이런 믿기 어려운 일을 저지를 수 있을까!

살모넬라에 대한 이야기를 끝내기 전에 이 세균 속(屬)에 의해 나타나는 커다란 문제들을 생각해 보는 게 좋겠다. 전세계적으로

이 미생물에 의한 감염이 증가하는 것은 물론이고, 문자 그대로 수백 가지의 서로 다른 살모넬라 균주들이 존재하며, 이들 각각은 독특한 장염을 일으킨다. 세균학자들에게는 일종의 바이블처럼 알려진 『버지 매뉴얼 *Bergey's Manual of Determinative Bacteriology*』에는 1,300종을 훨씬 웃도는 많은 종들이 자세하게 소개되어 있다. 그리고 오늘날에도 새로운 종들이——특별한 종의 서로 다른 균주까지도——계속해서 동정되어 추가되고 있다. 많은 살모넬라 종들은 처음 밝혀진 장소나 특별한 발생 원인으로 지목된 곳의 지명에 따라 이름이 붙여진다.

그렇기에 살모넬라 속에는 *S. aba*와 *S. abadina*에서부터 *S. zuilen*과 *S. zwickau*, *S. adamstown*과 *S. birmingham* 등의 이름이 있다. 더 나아가 *S. cambridge*와 *S. denver*, *S. elisabethville*, *S. fremantle*도 있다. 나라를 기념하는 뜻에서 *S. gambia*, *S. india* 및 *S. kenya*라는 이름을 붙이기도 했고, 미국의 주 이름을 딴 *S. kentucky*, *S. tennessee*도 있다. 또 작은 지명도 이용되는데 *S. fischerstrasse*, *S. mishmar-haemek*, *S. onderstepoort* 및 *S. wilhelmsburg* 등이 있다. 이 외에도 *S. wedding*, *S. oysterbeds*, *S. infantis*, *S. banana*도 있다.

속명(屬名)은 미국의 수의병리학자인 다니엘 샐먼 Daniel Salmon의 이름을 딴 것이다. 그의 이름은 전세계를 화려하게 장식하고 있다! 그저 놀랍기만 하다.

42 화장실에서의 고통

——캄필로박테르 예유니(*Campylobacter jejuni*)

의학미생물학자들이 살모넬라를 비롯한 장염균에 대해 집중적으로 조사하기 시작한 지 한 세기가 지난 후, 여전히 널리 전파되고는 있지만 아직까지 정확히 밝혀지지 않은 식중독의 원인을 알아냈다는 주장에 대해 사람들은 의심쩍은 반응을 보였다. 《영국 의학 저널》의 독자들은 1977년 7월 2일에 발표된 다음과 같은 내용에 경악을 금치 못했다. 〈어쩌면 캄필로박테르 예유니와 캄필로박테르 콜리가 장염균의 목록에 추가되어야 할 것 같다. 실제로 우리 실험실에서 받아본 시료는 전국적으로 전형적인 결과를 보였다. 따라서 이 균들은 감염성 설사의 가장 흔한 원인으로 보인다.〉

워체스터 왕립 진료소 공중 보건 실험실의 마틴 스키로Martin Skirrow가 작성한 이 보고서는 영국과 세계의 여러 나라에서 충분히 옳다고 인정되었다. 영국 전염병 조사 센터의 공중 보건 실험실 자료에 따르면 캄필로박테르의 두 종은 1981년 이래 세균성 설사의 원인으로 자주 보고되었다. 그러나 이것이 과거에 이 감염이 훨씬 적었다는 것을 의미하지는 않으며, 어쩌면 캄필로박테르를 동정하는 방법이 널리 쓰이지 않았으므로 제대로 진단하지 못했다고도 볼 수 있다. 캄필로박테르에 의한 장염은 이제 영국은 물론이고 미국과 다른 나라에서도 살모넬라 감염만큼이나 널리 퍼져 있다. 10여 년 동안에 캄필로박테르의 이름은 널리 알려졌다. 전에는 주로 수의병리학자들에게 가축(소와 양)에서 유산을 일으키는 균으로 알려졌었고, 몇몇 가축에서는 장염의 원인이 되는 균으로도 알려졌으나, 이제는 전세계적으로 〈화장실에서의 고통〉을 일으키는 주범으로 변했다.

1960년대에는 실험실에서 급성 설사 환자의 가검물로부터 전체 설사 병원균 중 겨우 4분의 1 정도의 원인 미생물만을 분리하고 동정할 수 있었다. 요즈음에는 거의 65-85퍼센트 정도까지 밝혀낼 수 있다. 캄필로박테르 예유니의 존재가 이토록 오랫동안 알려지지 않았다는 것은 믿기 어렵지만, 이 균은 이제 중요한 미생물 중 하나이다. 이것을 밝혀낼 수 있었던 열쇠는 스키로가 개발한 실험실 기술로, 가검물에 들어 있는 일반 미생물의 증식을 억제하고 캄필로박테르 예유니만 자라게 하는 방법이었다. 이것을 〈선택 배양법〉이라고 부른다.

〈캄필로박테르는 비교적 잘 알려지지 않은 급성 장염의 원인이다.〉 그는 1977년의 논문에서 위와 같이 단언하고 〈그러나 이러한 발견은 이 균이 일반적인 병원균임을 의미한다〉라고 덧붙였다. 그가 옳았다. 목장에서 유산을 일으킨 이 세균은 사람에게 엄청난 설사를 일으킨다는 사실이 곧 밝혀졌고, 이것은 굉장한 관심을 끌었다. 1978년에 미국 버몬트 주에서 덜 익은 닭고기를 먹은 3천 명이 이 균에 감염되었다. 1981년에는 캄필로박테르 예유니에 오염된 물을 마신 스웨덴 중부의 2천 명이 고통을 겪었다. 한편 생우유나 제대로 살균되지 않은 우유는 또다른 위험을 지니고 있다. 1992년 《미국 의학 협회 저널》에는 수학여행이나 다른 청소년 활동 중에 발생한 캄필로박테르 장염에 관한 논문이 20편이나 실렸다.

여러 종류의 동물들이 캄필로박테르의 〈저장소〉로 작용하면서 그 위험은 점점 더 커졌다. 1982년에 덴버의 내과 의사는 특정 증상을 보인 한 환자의 병인(病因)이 건강한 고양이가 옮긴 미생물이라는 사실을 지적했다. 1983년에는 서식스의 헨필드 Henfield에서 수의사가 설사를 하는 고양이와 개에서 캄필로박테르를 발견하였고, 2년 후 캘커타의 한 세균학자는 애완견이 중요한 감염원임을 알아냈다. 그리고 조류 또한 감염의 원인이다. 1988년 워싱턴 시에서의 연구는 오리의 73퍼센트와 캐나다두루미 Sandhill Crane의 81퍼센트에 캄필로박테르가 숨어 있음을 보여주어 철새들도 위험하다고 보고하였다. 최근 영국에서는 새들이 문 앞에 놓인 우윳병의 은박지 뚜껑을 쪼아 구멍을 뚫어 놓는 것도 위험한 일이라고 생각하고 있다.

스키로의 활약은 다른 여러 분야에서의 과학적인 발견에도 여명을 비췄다. 필라델피아의 과학 정보 연구소가 조사한 바에 따르면, 그의 논문은 1945년과 1989년 사이에 가장 많이 인용된 《영국 의학 저널》의 논문이었다. 이러한 조사는 서로 다른 연구자나 연구소 혹은 다른 국가에서 진행한 연구 결과의 영향력을 비교하는데 자주 이용된다. 이것은 앞으로의 연구 지원에 영향을 주기도 한다. 하나의 논문이 다른 연구자에 의해 자주 인용되면 더 큰 영향력을 미치고, 따라서 적게 인용된 것보다 더 큰 가치를 지닌다는 간단한 원리이다(간단한 수치로 바꾼 것을 영향 계수 impact factor라고 한다——옮긴이). 《영국 의학 저널》의 조사에서는 스키로의 논문이 이제까지 발표된 모든 논문 가운데 두번째로 많이 인용되었다. 이 논문은 808번 인용되었으며, 820번으로 가장 많이 인용된 논문은 히스타민에 대한 반응으로 위에서 염산이 방출되는 것에 관한 논문이었다. 그러나 이 논문은 스키로의 논문보다 24년 전에 발표되어 그 동안에 더 많이 읽히고 인용된 것이었다.

〈인용 분석〉은 특정 논문이 지나친 주목을 받게 만든다는 비판을 받곤 한다. 즉 인용된 논문들은 상대성 이론처럼 대단한 상상력을 갖춘 비약적 발전을 수록했기 때문이 아니라 단순히 새로운 실험 방법을 제시했기 때문에 인용된 것이라고 말한다. 이러한 관점에 따른다면, 그러한 논문들은 분명히 역사적으로 지적인 진보를 가져온(예를 들면 노벨상을 받은) 것과 비교하더라도 실제 가치가 훨씬 적다. 조사자들은 이제까지 가장 많이 인용된 논문의 주요 저자인 로리 O.H. Lowry가 제시한 모호한 구별법보다 더 불합리한 것이 있는가라고 묻는다. 로리는 생화학자였으며, 1951년 수용성 단백질에 대해 독창적이고 빠르고 정확하게 분석한 세 사람 중 하나였다. 그러나 그는 노벨상을 타지는 못했는데, 그의 업적이 영감을 줄 만한 정도는 아니었기 때문이다.

그러나 과학에서는 아직도 〈방법〉이 중요하다. 이것은 전자현미경이나 최근 도입된 고도의 기술인 유전자 클로닝 같은 생물학적이고 의학적인 연구에서 만들어낸 혁명적 변화에서도 볼 수 있다. 로리의 단백질 조사법은 연구자들이 실험실 의자에 앉아 유전자를 잘라내는 노역으로부터 벗어나게 하였고, 작업의 속도와 정확도에 새로운 길을 열어주는 등 이루 헤아릴 수 없는 이익을 가져다 주었다.

그렇다면 과학에서 방법의 가치를 따질 때 스키로가 개발한 선택 배양법보다 나은 예가 과연 있을까?

43 포도주의 병을 고쳐라!

——페디오코쿠스 담노수스(*Pediococcus damnosus*)

루이 파스퇴르는 1964년 여름 휴가를 포도주의 병(病)을 연구하며 보냈다. 포도주의 〈증상〉은 향이 빠지거나 발효 과정에 문제가 생겨 결국 마실 수 없게 되는 것이었다. 그는 프랑스의 아르부아 교외의 빈 카페에 간단한 실험실을 마련하고, 그 지방의 주석 공예사와 대장장이에게 몇 가지 거칠지만 쓸 만한 기구를 부탁하였다. 파스퇴르는 어렸을 적 친구들의 저장고에서 포도주 재료를 하나하나 모아 현미경으로 살펴보았고 감정가들에게 시음하도록 했다.

오래지 않아 이 위대한 프랑스 화학자는 간단하지만 영향력 있는 발견을 해냈다. 그의 제자인 에밀 뒤클로Emile Duclaux는 다음과 같이 기록했다.

> 포도주 감식가가 그에게 포도주 향에 특별한 이상이 있다고 알려줄 때마다, 그는 통 바닥에서 효모와 뒤섞인 특별한 미생물을 찾아냈다. 그는 즉시 반대로도 조사했다. 즉 침전물에서 포도주의 향을 찾았다. 정상적인 포도주에는 효모만 있었다.

파스퇴르는 미생물과, 맥주 양조나 사람·동물의 감염 과정 사이의 상관 관계를 하나하나 찾아보았다. 우유가 상하고 버터에서 썩은 냄새가 나는 것도 포도주가 상하는 것처럼 특별한 미생물이 관계되어 나타나는 것이다. 어떤 특별한 미생물들은 파상풍이나 폐결핵 같은 상태에서만 나타난다. 이렇게 해서 특별한 병인학(病

因學)의 원리가 만들어졌다. 병인은 병의 원인을 뜻하며, 병인학의 원리에 따르면 각각의 미생물은 각기 다른 병을 일으킨다. 오늘날까지도 이것은 의학의 중심 축을 이루고 있다.

흥미롭게도 오늘날 프랑스 미생물학자들은 최신 유전공학 기술을 이용하여 파스퇴르가 1864년 휴가 때 시작한 일의 일부를 마무리하고 있다. 알린 론보퓌넬Aline Lonvaud-Funel과 그녀의 동료들은 탈렌스Talence의 드외놀로지 d'Oenologie 연구소에서 아주 꼼꼼하고 정확하게 파스퇴르의 〈포도주 병〉에 관여하는 미생물을 지적했다. 그뿐 아니라 〈지문법 fingerprinting〉을 개발하고 이른바 DNA 프로브probe(탐색을 위한 표지용 DNA 단편——옮긴이)를 이용하여 현미경으로 검색할 때보다 훨씬 정확하게 미생물을 동정하고 있다.

아르부아 시민들은 특별히 한 가지 포도주 병(때때로 술통 안에 든 적포도주와 백포도주를 망치는 산성화)을 크게 걱정했기 때문에 파스퇴르가 일하는 데 필요한 모든 편의를 제공했다. 특히 자신들이 만든 적포도주와 백포도주에 대한 긍지가 대단했다. 그렇지만 다른 상표들은 고유한 특징으로서의 향이 떨어졌다. 그런 포도주로는 적포도주인 투르뉴tourne와 아메르amer가 있었고, 보르고뉴 지방의 포도주에서는 때때로 쓴맛이 나기도 했다.

약간 다른 범주의 문제로, 포도주 제조자들이 주로 우려하는 점액graisse이 있다. 이것은 포도주의 맛을 변질시키지는 않지만, 끈끈한 점착성을 가지고 있어 정상적으로 흘러내리지 않게 만들기 때문에 미적으로 중대한 결점을 나타낸다. 자주는 아니지만 포도주의 점착성 문제는 양조 과정이나 병에 담은 후에 일어날 수도 있다. 이것은 파스퇴르가 일을 시작한 이후에도 수십 년 동안이나 양조 산업에 해를 끼쳐 왔다. 상품을 팔 수 없도록 만드는 이 점착성의 문제는 시간이 흐르면서 맥주와 사이다에서도 나타나고 있다.

론보퓌넬과 그녀의 동료들은 술 안에서 특별한 글루칸 glucan을 분비하여 점착성을 갖게 하는 원인균을 동정할 수 있었다. 글루칸은 다당류(전분처럼 여러 종류의 당 분자가 연결된 고분자 탄수화물)로 알려진 물질이다. 이 미생물은 실제로 페디오코쿠스 담노수스의 일종으로, 페디오코쿠스에 아주 가까운 종류이다. 페디오코쿠스는 사과산을 유산으로 발효시켜 포도주의 산도를 감소시키며, 고급 적포도주의 품질을 결정하는 데 중요하게 작용한다. 연구자들은 감염된 포도주에서 이 미생물을 계속 분리해낼 수 있었고, 살균한 포도주에 이 균을 감염시키면 같은 병을 일으킨다는 것을 확인할 수 있었다.

그렇지만 페디오코쿠스 담노수스의 특정 균주만이 이러한 감염을 일으킨다. 이 균주는 DNA 프로브가 같은 계통의 DNA하고만 교잡(상보성을 가진 염기가 서로 짝을 이루는 성질——옮긴이)한다는 사실을 이용하여 동정할 수 있다. 보통의 포도주 안에도 때때로 똑같은 세균의 다른 균주가 들어 있긴 하지만, 병을 일으키는 글루칸을 생산하지는 않는다. 점착성을 유발하는 페디오코쿠스 담노수스는 무해한 여타 유사 종류와는 분명히 다르다. 이 균은 포도주의 여러 가지 요소들에 대해 특징적인 저항성을 나타낸다. 특히 알코올 자체는 물론이고, 보존제로 혼합해서 사용하는 이산화황에 대해서도 저항성을 띤다.

한편 탈렌스에서 비슷한 문제를 해결하려고 스칸디나비아산 동정 발효유에 들어 있는 스트렙토코쿠스를 연구하던 다른 연구 그룹이 비약적인 발전을 이루어냈다. 이들의 조사는 이 다당류를 분비하는 미생물의 능력이 핵 안의 유전자에 의해 결정되는 것이 아니라, 세포 안에 들어 있는 플라스미드 plasmid라는 독립된 DNA 단위에 의해 결정된다는 사실을 보여주었다. 혹시 페디오코쿠스 담노수스와 끈끈한 글루칸에 대해서도 같지 않을까? 그래서 론보퀴넬과 그녀의 동료들은 글루칸을 생산하는 균주에 특이적으로 반응하는 DNA 프로브를 개발할 수 있었다. 그들은 사전에 비점착성인 페디오코쿠스 담노수스의 DNA로부터만 프로브를 제작하였다. 그리고 이것을 글루칸을 생산하거나 생산하지 않는 DNA 모두와 교잡 반응을 시켰다.

탈렝스 연구자들이 상한 포도주에서 미생물 균주를 추출하여 알코올이 없는 환경에서 배양하자, 어떤 균주들은 글루칸을 생산하지 못했다. 세균을 다시 알코올이 들어 있는 배지에서 배양하더라도 그 능력은 되살아나지 않았다. 이 세포들은 플라스미드 DNA를 약간 잃었고, 필요한 DNA를 되받아 알코올이 포함된 배지에서 배양되어야만 비로소 글루칸 생산 능력을 되찾았다. 론보퀴넬과 동료들은 플라스미드 DNA를 대장균에 클로닝함으로써 페디오코쿠스 담노수스의 점착성 균주 DNA와 짝을 이루는 단편을 분리할 수 있었다.

이렇게 파스퇴르가 아르부아에서 처음 점액성 포도주의 원인이 되는 미생물을 대략적으로 조사한 지 한 세기가 흐른 후에, 그의 후계자들은 더 정교한 동정 방법을 찾아냈으며, 이것은 오늘날 포도주의 상태를 확인하는 정기적인 검사법으로 이용되고 있다.

44 에이즈의 공포

——인간 면역 결핍 바이러스(HIV)

1980년 무렵 의학자들은 천연두 박멸 운동의 승리로 기쁨을 만끽하고 있었다. 그러나 이보다 더 무서운 전염병이 나타났다. 그것은 후천성 면역 결핍증(AIDS), 즉 에이즈였다. 이것을 처음에는 캘리포니아를 비롯한 여러 지방에서 젊은 남성 동성애자들에게 드물게 나타나는 카포시 Kaposi 육종의 유력한 원인으로 보았는데, 이것은 점점 감염자의 몸을 비참하게 파괴해 나갔다.

에이즈를 일으키는 바이러스는 콜레라균처럼 소화관을 침해하거나 B형 간염 바이러스처럼 간을 감염시키지 않는다. 대신 T 림프구로 알려진 중요한 면역 요소, 즉 백혈구 세포를 포함한 전체 면역 체계를 파괴한다. 그리하여 이 바이러스는 감염자의 몸을 공격받기 쉬운 상태로 약화시켜 잠재적인 위험을 가진 수많은 〈기회주의〉 감염균에 노출시킨다. 그리고 결국 많은 조직을 카포시 육종이나 다른 암의 형태로 바꾼다. 이것과 가까운 원숭이 면역 결핍 바이러스(SIV, 그림 10)는 특정 종류의 원숭이에게서 비슷한 증상을 나타내는데, 연구자들은 이것을 연구하여 인간 면역 결핍 바이러스의 기원을 밝히고자 노력하고 있다.

인간 면역 결핍 바이러스는 1980년대 초반까지도 정확히 밝혀지지 않았다. 아마도 아프리카에서 기원하여 전세계로 퍼져나가기 시작한 지 10년쯤 지나서야 비로소 알려지기 시작한 것 같다. 1986년이 되자 샌프란시스코에서는 에이즈가 젊은 남성의 주요 사망 원인이 되었고, 당연히 국제적인 문제로 대두되었다. 이듬해에 세계 보건 기구는 북미와 유럽, 호주와 뉴질랜드에서 4만

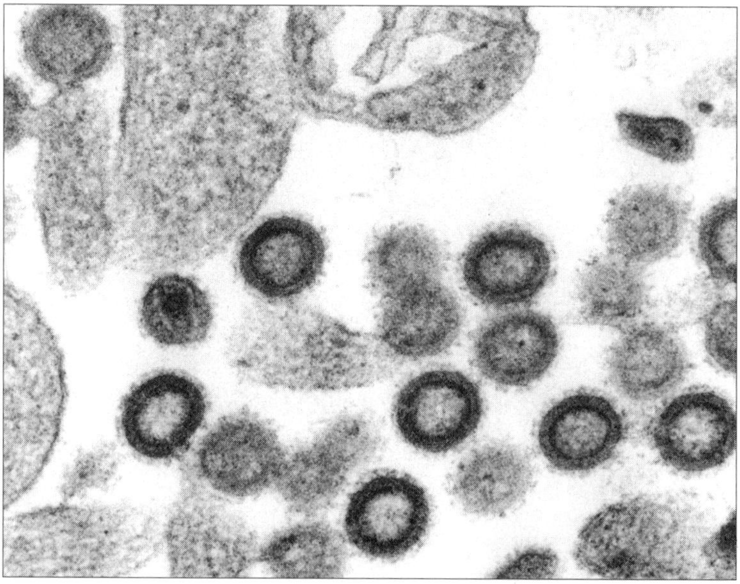

그림 10 원숭이 면역 결핍 바이러스(SIV). 에이즈와 비슷한 원숭이 병의 원인체. 과학자들은 SIV를 연구하여 AIDS 문제를 풀어간다(배율: ×129,500).

건 이상의 에이즈 발생 사례를 보고하였다.

에이즈는 1991년까지 라틴 아메리카와 아시아에서도 생명을 빼앗기 시작했고, 아프리카는 그야말로 비극적인 상태에 이르렀다. 이미 600만 명의 성인과 50만 명의 어린이들이 감염되었다. 세계 보건 기구는 아프리카 전체 노동 인구의 15-20퍼센트가 에이즈로 죽어갈 것이며 앞으로 10년 안에 1,000만 명의 고아가 생길 것이라고 예측했다. HIV에 감염된 사람이 금방 에이즈 환자가 되는 것은 아니지만, 영양 결핍이나 건강 악화의 경우에는 그렇게 될 것이라는 데 의심의 여지가 없다. 세계 보건 기구는 1992년까지 세계적으로 1,000만 명이 감염되었으리라 추정하였고, 2000년에는 감염자가 4,000만 명에 이를 것이라 했다. 미국에서도 전문가들은 1995년까지 에이즈로 어머니를 잃은 24만 6,000명의 어린이와 2만 1,000명의 청소년이 고아가 되어 사회 문제로 대두될 것이라 했었다.

HIV는 거의 대부분 성 관계로 전파되며, 특히 혈관이 터지는 경우에는 감염률이 매우 높다. 이 바이러스는 혈액과 관계 있는 모든 경로로 감염이 가능하다. 선진국에서는 대부분 에이즈가 남성 동성애자와 양성애자 그리고 마약 중독자를 경로로 전파된다. 이에 비해 아프리카나 카리브에서는 대부분의 전파가 이성 간의 성 관계를 통해 이루어진다. 혈우병 및 다른 질병들은 오염된 혈액을 통해 감염되었지만, 스크리닝 검사를 통해 이러한 위험은 사실상 완전히 제거되었다. 감염된 어머니도 갓 태어난 아이에게 HIV를 전염시킬 수 있으며, 그 가능성은 50퍼센트 정도이다. 1991년 스웨덴에서의 연구에 의하면 이 바이러스는 주로 접촉이나 젖을 먹이는 동안에 전해지는데, 임신 중에 태반을 통해 전해지는 경우는 비교적 드물다.

그런데 몇 가지 심리적 혹은 정치적 요인 때문에 역학 조사자들이 병의 전파 경로와 방제 방법을 조사하는 것이 금지되기도 한다. 또 각 나라에서는 에이즈일 가능성이 있는 환자의 혈액 검사에 대해서도 서로 다른 관점을 가지고 있다. 이것은 단지 의학적으로 확인하기 위해 실시하는 것일 뿐인데도 말이다. 예를 들어 이런 검사를 통해 HIV 보균자라는 사실이 드러나면 관계자들은 병의 전파를 억제하도록 도와주지만 동시에 이것은 개인의 자유를 침해하는 것으로 보일 수도 있다. 세계 보건 기구를 비롯한 여러 기관에서 해외 여행자들에 대한 검사 여부를 고려해 보았지만, 이에 뒤따르는 법적·윤리적 문제의 처리가 에이즈 전파를 늦추기 위한 방안보다 더 시급하다는 결론을 내렸다. 강제 검역과 같은 방법을 고려해 보았지만 이 역시 거부되었다.

몇몇 전문가들은 중앙 및 서부 아프리카 국가들의 정부가 자국에서 발생하는 병을 조사하는 데 그리 협조적이지 않음을 느꼈다. 이런 비협조적 태도가 제3세계에만 국한된 것은 아니다. 영국의 마거릿 대처 수상은 1989년에 에이즈의 전파 양식을 이해하는 데 도움을 줄 만한 성적 행동을 포함한 어른들의 행동을 연구하는 데 쓰일 정부 기금의 조성을 막기도 했다. 그녀가 보기에 〈너무 깊이 관여하는〉 이 연구는 나중에 웰컴 트러스트Wellcome Trust로부터 재정 지원을 받았고, 그 결과는 1992년에 발표되었다.

보건 교육 기관이 HIV의 전파를 막기 위해 채택한 주요 전략은 100퍼센트 효과적이지는 않더라도 전염 기회를 상당히 줄이기 위해 콘돔을 사용하도록 하는 것이었다. 지도부딘 zidovudine이라는 약품은 에이즈의 증상을 개선하는 데 도움을 주지만, 부작용으로 독성을 나타내기도 한다. 이 병에 감염된 어린이들이 늘어가면서 어린 환자들을 보다 효과적이고 안전하게 진료하는 방법을 찾아내려고 노력하게 되었다. 디데옥시이노신 dideoxyinosine은 HIV에 감염된 어린이에게 내성과 활력을 불어넣는다는 것이 알려졌다. 샌프란시스코 제너럴 병원의 연구 결과 디다노신 didanosine의 효능이 밝혀져 1991년에는 약품으로 허가를 얻었다. HIV 양성 보균자와 에이즈의 초기 증상을 보이는 사람들을 지도부딘 대신 디다노신으로 치료하면 에이즈의 진행을 늦출 수 있다.

또다른 방법은 면역 단백질을 이용하여 HIV에 대한 항체를 만드는 것이다. 초기 증상을 나타내는 어린이에게 이 항체를 투여하면, 〈기회주의〉 세균에 의한 감염으로부터 벗어날 수 있는 기간이 현저하게 늘어난다.

그러나 에이즈에 대한 확실한 해결책은 면역이라 할 수 있다. HIV와 대항해 싸울 수 있는 만족스러운 무기가 별로 없다는 것은 우리가 바이러스에 대해 얼마나 한정된 대응만 할 수 있는지를 반영한다. 그나마 백신이 다른 바이러스에 대항하여 싸우는 데 효과가 있어 조금이나마 다행스럽다. 계속해서 몇몇 시도가 이루어지고 있기는 하지만, 백신을 개발하는 것 자체에 이미 근본적인 모순이 있기 때문에 백신 개발은 더욱 어려울 수밖에 없다. 즉 감염을 억제하기 위한 항체를 생산하는 것이 면역 체계인데, 바이러스가 바로 이 면역 체계를 공격하기 때문이다.

45 진범을 찾아내는 네 가지 원칙

——고양이 생채기 균 cat-scratch bacillus

특정 미생물이 특정 질병을 일으킨다는 것은 어떻게 알 수 있을까? 이에 대해 대답할 때면 흔히 〈코흐의 가설〉을 인용한다. 이것은 독일의 병리학자 야콥 헨레Jacob Henle가 1840년에 제안하고 36년 후에 역시 독일인인 로베르트 코흐가 처음 실험적으로 증명한 것으로, 특정 미생물이 특정 감염을 일으킨다고 결정할 수 있는 조건을 말한다. 한마디로 파스퇴르의 독특한 병인론의 엄격한 요구 사항들을 요약하고 있다. 이 조건은 네 단계로 이루어진다. 첫째, 병원균은 감염된 생물에서 발견되어야 한다. 둘째, 감염된 생물에서 병원균이 순수 배양법으로 분리되어야 한다. 셋째, 건강한 생물에 이 균을 접종하면 같은 병이 나타나야 한다. 마지막으로 그 생물에서 같은 병원균을 다시 분리할 수 있어야 한다.

미생물학자들은 몇 년 동안이나 이렇게 오래된 기준을 철저하게 따라야 하는지 그리고 정말로 이것이 전염병을 연구함에 있어 정교한 방법인지에 대해 논쟁해 왔다. 예를 들면 감염과 회복 사이에 특정 미생물에 대한 항체 수준의 증가와 감소가 병과 관계 있다는 주장도 있다. 이러한 증거로, 많은 바이러스들은 비록 배양되기 전이라 하더라도 특정 병의 원인임이 알려졌다. 게다가 특정 감염을 일으키는 몇몇 미생물은 실험 동물에서 증식하지 않으며, 예상되는 미생물이 없는 병의 경우에는 실험 결과가 왜곡될 수도 있다. 국가와 역사를 망라해서 나타났던 모든 감염의 결과로 발견된 미생물에 대해 같은 방법을 고집할 수 있을까?

이러한 의문은 지난 세기 동안 심각한 논쟁거리로 떠올랐다. 특히 다음 질병에 대해서 심한 논쟁이 있었다. 이것은 고양이 생채기 병(CSD)으로, 새끼 고양이와의 접촉으로 얻게 되는 열병을 말한다. 긁히거나 상처난 곳에 여드름 같은 작은 혹이 생기고, 감염에 대한 반응으로 분비샘 주변이 부풀어오른다. 여러 해 동안 이 증상과 관계 있어 보이는 여러 세균과 복잡한 바이러스가 후보에 올랐다.

그러나 지금까지 결정적인 증거나 연구 보고서들 모두 코흐의 가설이라는 암초에 부딪혀 침몰했다. 연구자들이 할 수 있었던 것은 단지 어떤 때에는 정중하고, 때로는 까다로운 논쟁뿐이었다. 그리고 이 논쟁의 주제는 언제나 그랬듯이 특정 미생물을 특정 병의 원인으로 결정하기 위한 조건에 관한 것이었다.

열정적으로 지지하는 분위기도 있었지만, 결국 냉담한 결과만 이 있었다. 코네티컷 대학교의 의과 및 치과 대학에서 마이클 거버Michael Gerber와 동료들이 1985년 6월 1일자 《란셋》에 제출한 논문의 제목에 대해서도 그랬다. 「고양이 생채기 병의 원인」이라는 제목은 분명히 수십 년 동안 알지 못했던 것을 밝히려는 조심스러운 제안이 아니었다. 저자들은 그 미생물을 〈아마도〉 로티아(*Rothia*) 속의 하나일 것이라고 추정할 뿐이었지만, 논문의 제목은 CSD의 확실한 원인을 동정했다는 식으로 정했던 것이다.

사실 이 주장은 병에 걸린 한 환자의 분비선에서 조사한 것을 근거로 한 것이었으므로 꽤 대담한 주장이었다. 그러나 몇 주만에 이 주장은 정중하면서도 단호하게 거부되었다. 워싱턴 시 미군 병리 연구소의 전염 및 기생 병리과에 근무하던 찰스 잉글리시Charles English는 그곳과 메릴랜드 베데스다에 있는 4명의 동료들과 함께 〈기준에 따라 병인을 동정하시오〉라고 적었다. 병리 연구소의 기준 가운데는 다음과 같은 내용이 있다. 〈증상은 실험실에서 실험했을 때에 효과적이라고 알려진 처치로 개선되어야 하며, 병이 심해지거나 회복되는 사이에도 예상한 미생물에 대한 항체 수준이 4배 이상 증가해야 한다.〉

잉글리시 팀은 코네티컷의 논문에 대해 〈로티아는 5가지 항생 물질에 감수성을 보였으나 이들 항생 물질 4-5종은 CSD의 임상 실험에서 효과가 없는 것으로 밝혀졌다. 이 세균은 CSD에서 회복된 환자의 혈청에 대해서는 반응하지 않았다〉라고 언급했다.

잉글리시 팀은 또한 〈많은 연구자들이 35년 이상이나 수많은 시도를 했지만 이제껏 CSD 감염자의 림프구에서 코네티컷의 미생물인 로티아 덴토카리오사(*Rothia dentocariosa*)는 분리된 적이 없다〉는 것을 상기시켰다. 그들은 점잖게 당국의 의견에 대해 다음과 같이 결론지었다. 〈CSD의 원인이 되는 균이 분리된다면 아마도 이전에 알려지지 않은 세균일 것이다. 그것은 혈관 벽에서 증식하고, 적어도 10명의 CSD 환자로부터 분리될 것이며, CSD에서 회복된 환자의 혈청에 들어 있는 항체와 반응할 것이다.〉

이것을 발표한 지 3년도 지나지 않아 잉글리시 팀은 약 10명의 환자들을 조사했다. 그리고 이들의 분비선에서 이전에는 찾지 못한 세균을 발견했고 그것을 이 병의 원인으로 동정하였다. 1988년에 《미국 의학 협회 저널》에 실린 논문의 제목은 단호하게 「고양이 생채기 병: 세균성 병원균의 분리와 배양」이었고, 이러한 연구가 어떻게 진행되어야 하는가에 대한 모형을 제시하려는 듯했다. 미국의 연구자들은 10명의 CSD 감염자에서 세균을 분리해냈고, 다른 환자들에서는 찾지 못했다. 새로 감염된 CSD 환자들은 배양된 미생물에 대한 항체 수준이 올라가거나, 급성 발병과 회복 사이에 항체 수준이 4배나 올라갔다. 아홉줄무늬아르마딜로nine-banded armadillo에 예상 세균을 주사했더니 사람의 피부에 나타났던 초기 반점과 똑같은 반점이 나타났다. 그래서 그 반점으로부터 미생물을 다시 분리할 수 있었다.

워싱턴과 베데스다 연구자들은 주저 없이 로버트 코흐의 엄격한 요구 사항을 완전히 만족시킬 수 있었다. 이들은 사람과 아르마딜로의 피부에 나타난 새로운 미생물 흔적을 세련된 사진술로 찾아냈다. 많은 연구자들로 구성된 미군 병리 연구소(AFIP)를 기념하는 의미에서 이 균은 아피피아 펠리스(*Afipia felis*)라고 명명되었다.

이야기는 여기에서 끝나지 않았다. 1993년까지 다른 보고서에는 아주 다른 미생물 종이 알려졌는데, 이는 로칼리메아 헨셀레(*Rochalimaea henselae*)로서 자주 감염을 일으켰다. 이로써 다시 한번 혼란에 빠졌다. 이에 대한 연구가 계속되면서 《뉴잉글랜드 의학 저널》에 논평이 실렸다. 〈고양이 생채기 병의 원인이 되는 로칼리메아 헨셀레, 아피피아 펠리스를 비롯한 미생물들의 역할이 명백히 설명되어야 할 것이다.〉

앞으로 밝혀질 내용을 지켜보자.

4부

든든한 후원자

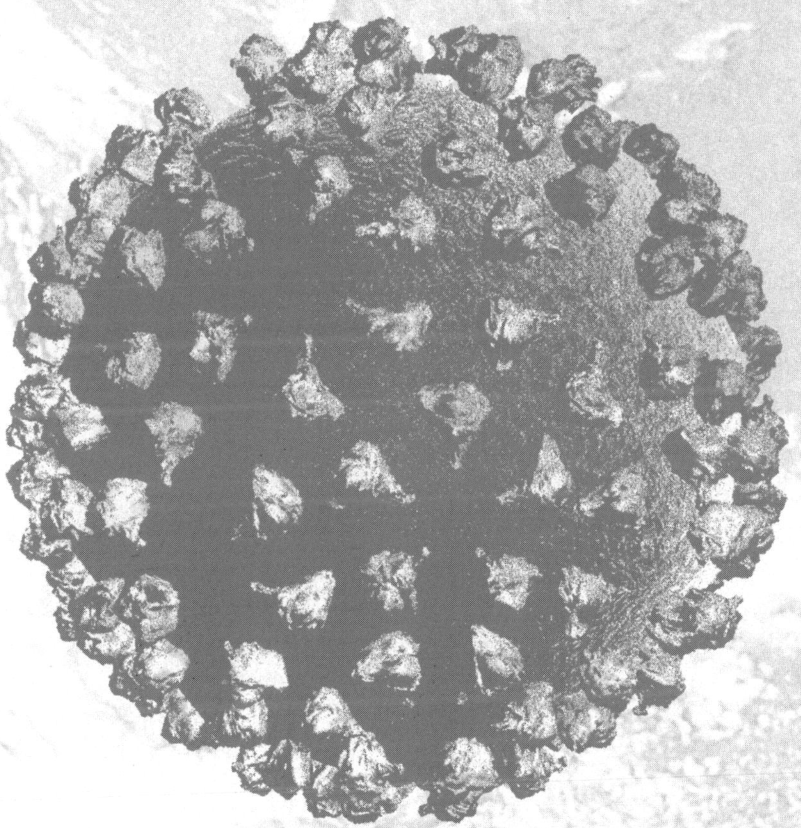

미생물은 단순히 〈병균〉에 지나지 않는다는 인상을 준다. 이것은 일부 미생물이 인간과 동· 식물을 포함하는 모든 형태의 지구 생명체를 공격하고 가끔은 파괴하기도 하기 때문에 의심 없이 받아들여왔다. 그러나 이러한 정복은 극적인 일례에 불과하며, 지구상의 거의 대부분의 미생물 집단은 아주 긍정적인 활동에 관여하고 있다. 우리가 아는 한, 생명은 이들의 도움 없이는 전혀 유지될 수 없다. 인간은 그들의 도움을 차츰 더 효과적으로 이용하는 방법을 배워 왔고, 오늘날에는 생명공학이라는 빠르게 발전하는 기술을 활용하고 있다. 4부에서는 미생물의 활동을 질병이나 역기능 또는 죽음이 아니라, 넓은 범위의 유익한 의미로서 생각해 보고자 한다.

46 비옥한 대지의 어머니
——질소 고정 세균

질소는 단백질이나 DNA뿐 아니라 생명에 필수적인 다른 물질 내에도 존재하며, 공기의 80퍼센트를 차지하고 있다. 그러나 이 기체 형태의 질소는 비활성이어서 식물과 동물에게는 전혀 쓸모가 없다. 동물은 식물이나 다른 동물을 섭취하고 소화하여 질소를 얻는다. 식물은 주변 환경으로부터 이 필수 요소를 얻는다. 식물이 새로운 조직을 형성하는 데 필요로 하는 모든 요소 중에는 질소가 가장 중요하다. 메마른 땅에서 식물이 자라지 못하는 주요 원인은 대부분 질소 결핍 때문이다.

식물이 질소를 사용하기 위해서는 먼저 공기 속의 질소가 물에 흡수될 수 있는 용해성 염으로 〈고정〉되어야 한다. 현대의 집약적 농업에서는 이러한 물질이 인공적인 비료로, 특히 질산염 비료로 항상 공급된다. 이것을 만드는 한 가지 주요 방법은 1934년에 죽은 독일인 화학자 프리츠 하버 Fritz Haber의 이름을 딴 산업 공정에서 시작됐다. 이것은 철을 촉매로 하여 고압과 400° C의 고온에서 수소와 공기 속의 질소를 반응시켜 암모니아를 생산하는 공정이다. 이후 암모니아는 질산으로 변환되고, 다시 질산염으로 바뀐다.

지구 수준의 규모에서는 질소 고정 미생물이 인간이 만든 비료보다 훨씬 더 중요하다. 이들은 자연 속에서 땅의 비옥도를 좌우한다. 아시아에서 벼에 질소를 공급하는 데 특히 중요한 것은 아나베나(*Anabaena*)와 노스톡(*Nostoc*)과 같은 시안세균이다. 비록 세계 인구의 반 이상이 쌀을 주식으로 하지만, 많은 논에서는 화학비료를 쓰지 않는다. 시안세균은 작은 수생 양치식물의 잎 속이나 열대의 토양 속에서 산다. 그곳에서 시안세균은 매년 몇 주일 동안 에이커당 661파운드(혹은 헥타르당 750킬로그램) 이상의 질소를 고정한다. 그래서 미생물은 지구의 질소 고정에 가장 큰 기여를 한다.

전세계에 걸쳐 넓게 분포하는 질소 고정 세균에는 두 가지 범주가 있다. 첫번째는 미생물이 식물과 서로 이익을 나누는 밀접한 공생 관계적 생활형이다. 다른 생물 종류들은 땅이나 다른 곳에서 독립생활을 한다.

첫번째 범주의 전형적인 종류로는 리조븀(*Rhizobium*, 그림 11)을 들 수 있으며, 이것은 완두콩, 강낭콩, 토끼풀, 자주개자리 그리고 여타 콩과 식물의 뿌리혹에서 생활한다. 이것은 윤작이라는 유서 깊은 농업 형태의 기본 원리를 제공한다. 윤작 기간에 콩과 식물은 땅을 기름지게 한다. 만약 매년 목초나 보리 혹은 밀 같은 식물을 경작하면 땅의 비옥도는 감소한다. 이것은 뿌리혹에서 공생하면서 질소를 고정하는 미생물의 감소로 설명할 수 있

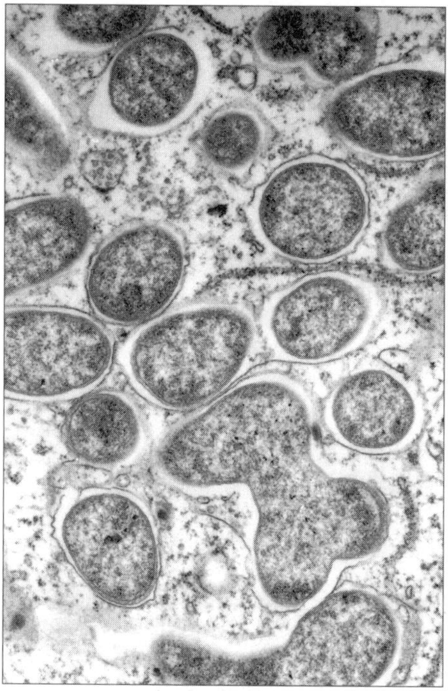

그림 11
리조븀(*Rhizobium*). 완두콩 식물의 내부에 뿌리혹이 보인다. 이 균은 대기 중의 질소를 고정하여 식물에게 공급한다(배율: ×29,900).

다. 질소 고정균은 자신의 목적과 숙주 식물의 필요에 따라 질소를 충분히 고정한다.

많은 리조븀은 특정 상대에게 특이성을 보인다. 예를 들면 완두콩의 질소 고정균은 루핀 lupin(콩과 루피너스속)에서는 뿌리혹을 형성하지 않는다. 어떤 균주는 뿌리혹 형성을 유도하는 데 있어 다른 것들보다 더 효과적이고, 그래서 농업 종사자들은 작물에 따라 알맞은 균주를 접종한다. 요즘에는 특히 유전공학을 이용하여 효과적인 리조븀을 개발하고 있다.

자연 속의 다른 강력한 질소 고정자로는 프란키아(*Frankia*)가 있으며, 이것은 방선균류 actinomycetes(혹은 〈고등한〉 세균)로 알려진 미생물 그룹에 속해 있다. 이 균이 오리나무(*Alnus*)에 기생하는 덕분에 오리나무는 산악 지대나 건조 지대에서도 무성하게 자랄 수 있다. 마찬가지로 습지의 협죽도과(*Myrica*, 흰소귀나무)와 호두나무과(*Shepherdia*) 식물에서도 관련된 미생물이 나타나는데, 이 미생물들은 이 두 종류의 내한성 식물이 늪지나 광야 같은 척박한 땅에서도 잘 자랄 수 있도록 돕는다. 특정 목초나 옥수수와 관계 있는 아조스피릴룸(*Azospirillum*) 역시 질소를 고정한다.

비공생적 질소 고정자로는 아조토박테르(*Azotobacter*)가 대표적인데, 이는 토양에서 독립 생활을 하며, 공기가 잘 공급되는 중성 혹은 약염기성 조건을 선호한다. 그러나 전체 규모에서 본다면 아조토박테르는 질소 고정의 주역은 아니다. 반면 다른 여러 종류의 많은 세균들이 상당히 많은 질소를 고정한다. 베이예링키아(*Beijerinckia*), 클로스트리듐(*Clostridium*), 바칠루스 폴리믹사(*Bacillus polymyxa*) 등이 그렇다.

연간 에이커당 질소 고정률을 볼 때 콩과 식물과 리조븀 사이의 협동이 다른 질소 고정 세균들보다 단연 앞선다. 리조븀과 공생 관계를 맺고 있는 자주개자리라는 콩과 식물은 에이커당 연간 250파운드(93킬로그램) 이상의 질소를 고정할 수 있다. 시안세균의 약 22파운드(8킬로그램)와 아조토박테르의 4온스(0.113킬로그램)와 비교해 보면 그 차이를 알 수 있다.

하버법이나 다른 공정을 통한 화학 비료의 생산은 에너지나 금전적인 측면에서 많은 비용이 든다. 더구나 질산염이 농경지로부터 하수 시스템으로 흘러 들어갈 때 생기는 오염 문제에 대한 관심도 높아지고 있다. 가장 좋지 않은 점은 화학 비료가 대량 생산되면서, 세계 곳곳의 토양 유기 구조가 심각하고도 돌이킬 수 없는 손상을 입게 되었다는 것이다. 따라서 과학자들은 자연에서 식물이 더 많은 질소를 얻도록 하는 미생물학적 과정을 활용하는 데 많은 노력을 기울이고 있다. 이러한 과정은 주로 질소 효소 nitrogenase에 의해 이루어진다. 두 부분으로 구성된 이 효소는 대부분의 질소 고정을 담당하면서도, 25퍼센트 정도의 질소 고정을 담당하는 하버법처럼 고압이나 고온에 의존하지 않는다.

또다른 유형의 미생물은 질소 원소의 부가적인 전환에 관여한다. 즉 한 그룹은 식물과 동물의 배출물과 죽은 조직을 분해하고, 다른 그룹은 질소 가스를 대기 속으로 되돌려 질소 순환을 완성한다. 여러 유형의 미생물이 이러한 과정의 첫번째 그룹에 속하는데, 크고 복잡한 조직이나 분자를 더 작은 것으로 쪼개고 단백질이나 다른 질소성 물질로 암모니아를 만든다. 이 상태에서 2개 속의 세균이 작업을 개시하는데, 니트로소모나스(*Nitrosomonas*)와 니트로치스티스(*Nitrocystis*)는 암모니아를 아질산염으로 산화시키고 니트로박테르는 아질산염을 질산염으로 바꾼다. 마지막으로 질소는 프세우도모나스 데니트리피칸스(*Pseudomonas denitrificans*)와 다른 세균의 환원 작용을 통해 대기 속으로 되돌아간다.

이러한 전체 질소 순환의 총량은 얼마나 될까? 아마 연간 에이커당 109톤은 될 것 같다. 하버법에 의한 25퍼센트의 질소 고정과, 번개 같은 다른 과정에 의하여 이루어지는 15퍼센트를 고려한다면, 대부분의 질소 고정은 보이지 않는 미생물의 대사 활동에 의하여 이루어진다고 하겠다.

47 빵과 포도주와 맥주의 제조자

——사카로미체스 체레비시에(*Saccharomyces cerevisiae*)

1992년 유럽 공동체에는 활기가 넘쳤다. 유럽 공동체가 후원한 연구를 통해 효모(그림 12)의 16개 염색체 중 하나가 31만 5천 개의 화학적 염기 서열로 이루어졌다는 사실이 발표된 것이다. 그 위업은 17개국 35개 연구실 과학자들의 공동 연구를 통한 괄목할 만한 성취였다. 이것은 효모의 전체 염색체의 염기 서열을 해명하는 데 있어 중요한 진전을 상징하는 것이었다. 이 연구에 효모라는 미생물이 선택된 것은 경제적 중요성 때문만이 아니라, 이 미생물의 염색체 DNA에는 다른 많은 세포와 달리 〈쓸모없는〉 염기 서열이 없기 때문이었다.

또한 효모는 오랫동안 우리에게 친숙하게 생각되어 온 미생물이었기 때문에 더욱더 주목을 끌었다. 수세기 동안 제빵업자, 양조업자, 포도주 제조업자 들은 상품을 만드는 데 이 효모와 관련된 균주를 사용해 왔다. 이처럼 효모가 줄기차게 이용된 것은 효모의 강력한 발효 능력 때문이다. 효모 세포는 설탕을 알코올과 이산화탄소로 바꾸는 가장 효과적인 장치이다. 효모의 장점은 성장과 회복을 위한 에너지 획득 방법에 있는데, 인간이(비록 산소를 사용하는 호기적 과정이긴 하지만) 당분을 분해하여 에너지를 얻는 방법과 같다. 비록 이산화탄소와 알코올이 효모에게는 대사산물이지만 우리에게는 매우 중요하다. 제빵업자는 이산화탄소를 활용하여 원하는 형태의 빵을 만들고, 양조업자와 포도주 제조업자는 알코올을 얻는다.

과학자들이 효모를 연구해온 역사는 다소 짧다. 그럼에도 불구

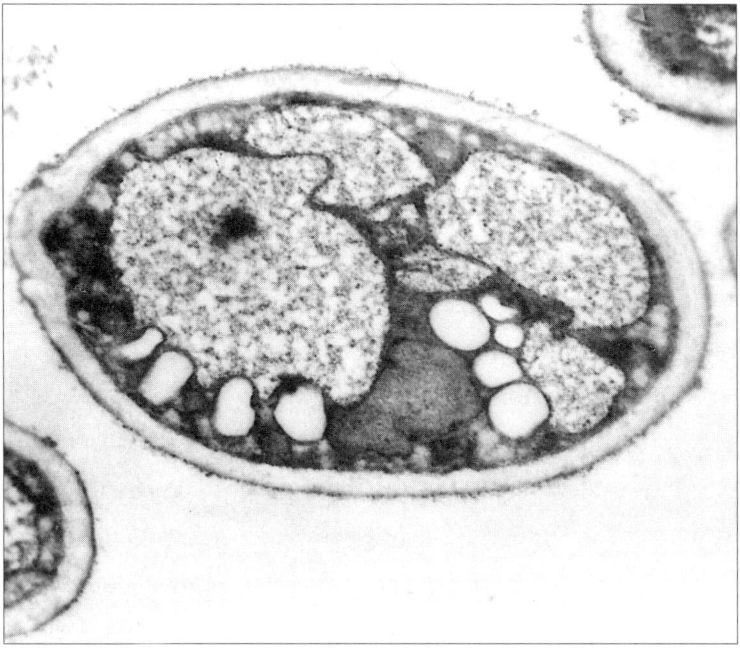

그림 12 사카로미체스 체레비시에(*Saccharomyces cerevisiae*). 빵과 포도주와 맥주를 만들어주는 효모. 왼쪽에는 출아 흔적이 보이는데, 이 부분이 어미로부터 출아된 곳이다(배율: ×13,800).

하고, 이들은 지난 1세기가 넘도록 효모를 집중적으로 연구하여 어떤 다른 생물보다 더 철저하게 효모의 생화학적 유전적 특성을 이해하게 되었다. 그러나 효모 염색체의 염기 서열이 완성된 바로 그 순간, 이 미생물은 이전에 전혀 묘사된 적이 없는 모습으로 미국 매사추세츠 주의 케임브리지에 불쑥 나타났다.

효모가 우리에게 친숙한 타원형이 아니라 〈균사 mycelium〉라고 불리는 가는 실 모양으로 자라났기 때문에, 효모 전문가들은 놀라지 않을 수 없었다. 그전까지 전문가들은 이 흥미로운 미생물의 형태에 관해 모든 것을 안다고 생각했던 것이다. 그러나 이러한 변화는 갑작스런 돌연변이로 나타난 것이 아니었다. 비록 이전에 기록된 적이 없기는 하지만, 분명히 과거에 연구된 수많은 배양에서도 균사 성장은 효모의 정상적인 모습으로 존재했다.

사람의 관점에서는 한 개의 세포가 실 모양으로 변화하는 것이 하찮아 보일 수 있다. 그러나 생물학적으로는 이것이 두 가지 형태 사이의 유전적 〈전환switch〉이 가능함을 암시하기 때문에 매우 의미심장하다. 비록 연구자들이 이와 관련된 다른 곰팡이에서 세포적 성장으로부터 균사적 성장으로의 형질 전환을 개시하는 스위치를 발견했지만, 그들은 오래전에 효모가 진화 과정에서 균사적 성장으로 되돌아가는 능력을 잃었다는 결론을 내렸다. 따라서 이 새로운 발견은 효모가 균사적 시기를 가지는 다른 효모가 발생시키는 질병(예를 들면 질창vaginal thrush)을 연구하는 데 쓸 만한 실험실 모델이 될 수 있음을 의미했다.

효모와 인간은 최소한 약 6,000년 전 메소포타미아에서 술을 발효시킬 때부터 관계를 맺어 왔다. 과학적인 연구는 19세기 말경 루이 파스퇴르가 본격적으로 시작하였고, 그로부터 수십 년이 지난 후 생화학자들은 살아 있는 세포가 영양 물질을 분해하는 중간 단계를 이해하기 위해 효모를 이용하였다. 이러한 초기 대사 경로 중 한 가지는 효모가 설탕을 알코올과 이산화탄소로 변환하여 에너지를 얻는 것이다.

최근에 유전학자들은 이러한 화학적 과정을 담당하는 유전자들의 위치를 알아냈다. 이제는 효모의 유전적인 특성들에 대해 많은 것을 이해하게 되었으며, 유전공학자들은 효모를 이용해 다른 세포로부터 분리해낸 유전자를 복제하고 그것을 발현시켜 특별한 단백질을 생산한다. 한 가지 응용은 〈효모 인조 염색체 yeast artificial chromosome(YAC)〉로서, DNA의 커다란 단편을 저장하는 것이다. 효모의 16개 염색체 전체 유전자의 화학적 염기 서열이 EC 프로젝트를 통해 정확하게 그려질 것이다(100여 개의 연구실에서 600명 이상의 과학자가 공동 연구를 하여, 1997년에 전체가 1,200만 개의 염기로 이루어져 있다는 최종 결과를 발표하였다——옮긴이).

이러한 유전자들 중 한 개(혹은 여러 개)는 화이트헤드 연구소와 매사추세츠 공과대학의 제럴드 핑크 Gerald Fink와 동료들이 보고한, 균사 성장으로의 전환 과정을 결정할 것이다. 여기서 이들의 발견은 정교한 방법이 아닌 신입생도 할 수 있는 간단한 실험을 통해 이루어졌다는 점에 주목해야 한다. 핑크는 모든 필수 영양분이 충분히 공급되는 전형적인 실험실 조건이 아닌, 자연에서 자주 일어날 수 있는 반기아적 조건에서 효모의 성장을 연구하였다. 만약 한 가지 혹은 그 이상의 영양소가 결핍된다면 효모에게 무슨 일이 일어날까?

질소 연구 과정에서 획기적인 발견이 이루어졌다. 성장에 반드시 필요한 질소를 주지 않자, 효모는 전혀 자라지 못했다. 그러나 배지 속에 질소를 적정 수준 이하로 줄인 경우에는 효모가 실처럼 증식하였다. 이것은 딸세포들이 서로 붙은 채로 더 많은 딸세포들을 차례로 생성하여 세포를 사슬처럼 연결하기 때문이다. 이러한 현상은 효모가 모세포로부터 정상적으로 번식하여 독립된 세포를 형성하는 것과는 매우 다른 모습이라 하겠다.

이렇게 변화된 형태의 한 가지 중대한 특징은 〈정상적인〉 개별

세포와는 달리 효모의 사상체 filament가 자신이 자라고 있는 한천 배지 속으로 침투할 수 있다는 것이다. 핑크는 이러한 행동의 변화가 자연 속에서 영양을 찾아 돌아다니기 위한 전술이라고 생각한다. 독립적인 한 개의 세포는 움직일 수 없는 데 반하여, 실 모양으로 된 효모는 새로운 영양원에 도달하기 위하여 스스로 뻗어 나갈 수 있다. 칸디다증 같은 질병을 일으키는 곰팡이는 감염되기 쉬운 신체 조직에 침입하여 이러한 방법으로 마음대로 돌아다니며 감염시킨다.

당시의 수없이 많은 효모 연구자들은 이것을 발견하지 못했다. 1960년대 초반 나는 박사과정 대학원생 겸 과학도로서, 필수 영양소가 결핍된 배지에서 효모를 배양하며 많은 시간을 보내고 있었다. 나는 비타민 B 복합체인 비오틴 biotin이 결핍된 배지에 효모를 배양했고, 효소를 생성함에 있어 그것의 역할을 탐지하려고 애썼다. 나는 전자현미경으로 가끔씩 세포가 그 어버이 세포로부터 분리되지 않는 것을 보기도 하였지만, 핑크가 기술한 것과 같은 실 모양의 일렬로 선 세포의 모습은 한번도 본 적이 없었다. 회상하건대 비오틴이 결핍된 경우에 가장 분명하게 나타나는 특징은 다소 매혹적인 색깔을 띠며 빈약한 세포로 변하는 것이었고, 나의 지도교수는 그것을 〈젖꼭지의 연분홍빛 nipple pink〉이라고 불렀다. 우리는 질소 결핍을 연구할 생각은 전혀 없었다. 이것이 인생이다.

48 치즈의 마법사
——페니칠륨 카멤베르티(*Penicillium camemberti*)

페니칠륨은 항생제 페니실린을 생산하는 곰팡이로 널리 알려져 있다. 이것은 알렉산더 플레밍 Alexander Fleming이 이 곰팡이로 오염된 배양 접시를 발견하고 하워드 플로리 Howard Florey와 에른스트 카인 Ernst Chain이 이 곰팡이로 항생제를 개발해내기 오래전부터, 이미 인류 복지의 큰 공헌자였다. 오랫동안 다양한 종의 페니칠륨이 세계 최고급 치즈를 제공해 왔기 때문이다.

어떤 세균이 우유의 당분(유당)을 분해하여 유산을 생성하면, 우유는 맛이 시큼해지고 카세인을 비롯한 단백질들이 응고된다. 실제로 이것은 상하기 쉬운 음식을 보존하는 방법 중 하나이다. 산이 해로운 미생물의 성장을 막기 때문이다. 사람들이 처음으로 (아마도 우연히) 치즈를 포함한 우유 발효 식품들을 만들게 되었을 때, 이 식품들은 아마도 이러한 이유 때문에 처음부터 높은 가치를 인정받아, 차츰 그 맛으로도 인정받게 되었을 것이다. 그리고 이에 따라 세계 도처에서 치즈 제조 기술이 등장하였다. 오늘날에도 치즈는 인기 있는 식품이며, 동시에 거대 산업의 생산품이다. 매년 세계 전역에서 약 200억 킬로그램의 치즈가 생산되며, 대부분은 소의 젖을, 그리고 나머지는 염소와 양의 젖을 원료로 한다.

치즈를 만드는 첫번째 단계는 우유 단백질을 응고시키는 것이다. 이 과정에서는 상당량의 수분을 날려보내 고체 덩어리로 만든다. 시큼해진 우유는 미생물에 의해 응고된다. 전통적인 치즈에서는 레닌 renin(응유 효소, 지금은 키모신으로 알려져 있다)으로 우유를 응고시켰다. 이 레닌은 언제나 송아지의 위에서 추출했던 단백질 분해 효소이다. 그러나 점점, 특히 미국에서는 키모신과 동일한 작용을 하는 무코르 미에헤이(*Mucor miehei*)라는 곰팡이가 생산하는 효소로 치즈를 응고시키고 있다. 그러나 이 곰팡이로부터 얻은 효소는 고속 숙성 치즈와 최근에 대중화된 채식용 치즈를 생산하기에는 적합하지만, 모든 부분에서 만족스럽지는 못하다. 왜냐하면 그 활성을 비교적 빨리 잃기 때문이다.

최근에 유전공학자들은 키모신을 만드는 유전자를 세균과 클루이베로미체스 락티스(*Kluyveromyces lactis*)라는 효모 그리고 아스페르질루스 니둘란스(*Aspergillus nidulans*)라는 곰팡이에 이식했고, 유전자 조작된 균주를 이용하여 키모신을 생산하였다. 채식주의자들이 이러한 생산물을 좋아할지는 미지수다. 그렇지만 전통적인 치즈 애호가들에게는 미생물로 얻은 키모신이 송아지 위장으로부터 얻은 키모신을 완전히 대체할 수는 없을 것이다. 송아지의 키모신에는 숙성되는 동안 치즈의 맛에 풍미를 더하는 다른 효소도 포함되어 있기 때문이다.

미생물학적이고 식도락적인 견해에서 본다면 코티지 치즈 cottage cheese(응고 효소를 쓰지 않고 탈지유 응고물로 만든 물렁물렁하고 순한 맛이 나는 치즈——옮긴이)나 크림 치즈는 제조법이 매우 단순하다. 이런 치즈는 단 한 가지 공정으로 만들어지는데, 저온 살균된 우유에 레우코노스톡(*Leuconostoc*, 유산 발효에 관여하는 세균으로서 김치 맛을 내는 데 주된 역할을 하는 것으로 알려져 있다——옮긴이)과 같은 세균을 첨가한다. 세균 효소에 의해 형성된 유산은 우유를 응고시킨다. 응고된 우유가 침전되면 각지게 잘라낸 다음, 열을 약하게 가하면서 고정한다. 그리고 포장 전에 소금이나 약간의 크림을 첨가한다.

대부분의 치즈는 물론 최고의 치즈도 분명히 세균이나 곰팡이로 발효되어야 한다. 대부분의 자연산 치즈는 처음에는 모두 다 같아 보이지만, 어떤 미생물과 효소를 사용하느냐에 따라 엄청나게 다양한 종류의 치즈가 만들어진다. 페니칠륨 로퀘포르티(*Penicillium roqueforti*)라는 곰팡이는 단단한 응유 치즈 중 가장 훌륭한 치즈이자 양젖으로 만드는 로퀘포트 치즈를 숙성시킨다. 또한 이 곰팡이는 스틸턴 Stilton 치즈(곰팡이 향이 짙은 치즈로서, 최초로 제조·판매한 영국의 지명에서 이름을 따왔다——옮긴이)와 고르곤졸라 Gorgonzola 치즈(곰팡이로 숙성하여 그 냄새가 지독한 반경질의 이탈리아산 치즈——옮긴이)의 주요 숙성인자로서 치즈에 푸른 줄무늬를 나타내기도 한다.

프로피온산 propionic acid 생성 세균은 스위스 치즈의 숙성을 촉진시킨다. 이 세균은 응유에 있는 유산을 프로피온산과 다른 산으로 바꾸면서, 고유의 맛과 특징적인 구멍을 만드는 이산화탄소를 생성한다. 한편 역설적이지만, 미국에서는 이 세균이 인기 있는 가공 치즈 공장에서 달갑지 않은 부패를 야기하는 것으로 여겨지고 있다.

체더 Cheddar 치즈(소의 전유로 만드는 단단하고 결이 고운 가공 치즈——옮긴이)는 (레닌과 함께) 응유를 만드는 세균이 숙성시킨다. 이 세균이 죽을 때면 세포가 효소를 방출하여 우유의 지질과 단백질에 영향을 주고, 체더 치즈에 특징적인 맛을 부여하는 여러 화합물을 만든다. 영양적 가치 역시 크게 부각되고 있다. 발효 세균이 비타민(특히 B복합체)을 생성하기 때문이다. 초기의 응고는 약 20-40분 만에 빠르게 일어난다. 뒤이어 응유를 가열하여 작은 단편으로 자르고 압력을 가해 유장(우유에서 단백질과 지방을 빼고 남은 부분)과 같은 수용액을 빼낸다. 그런 다음 이것을 차곡차곡 쌓으면 체더 치즈가 완성된다. 체더 치즈는 소금으로 간을 하고 치즈 천(치즈를 싸는 데 쓰이는 올이 성긴 얇은 무명천——옮긴이)으로 안을 댄 둥근 모양의 테로 포장된 후, 몇 개월에 걸쳐 숙성된다. 숙성 초기 몇 주 만에 세균의 수는 그램당 수억 마리에 달하게 된다.

카멤베르트Camembert나 림버거Limberger같이 부드러운 치즈는 숙성되는 동안 응유를 부드럽게 해주는 효소를 제공하는 미생물의 도움을 받아 견고해지고 독특한 맛을 지니게 된다. 전세계에 널리 분포하는 세균·곰팡이·효모는 치즈 표면의 점액 속에 그램당 100억 마리 정도씩 살고 있다. 이 미생물의 효소는 치즈 속으로 확산되어 치즈를 부드럽게 하고 특징적인 맛과 향을 만든다. 페니칠륨 카멤베르티(*Penicillium camemberti*)라는 곰팡이는 카멤베르트 치즈의 숙성 과정에 중요한 미생물이다. 이 경우에는 다른 미생물도 억제되지 않고 오히려 환영받기 때문에, 카멤베르트 치즈의 바깥 껍질에는 엄청난 종류와 양의 미생물이 있다. 전통적으로 치즈 제조업자들은 종균 접종을 위하여 옛날 치즈의 표면을 새로운 치즈에 도말하여 접종하였으며, 미생물을 굳이 억제하려고 애쓰지 않았다. 그러나 점점 오염되지 않도록 조심스럽게 키운 〈시동 배양〉 균이 더 많이 이용되고 있다.

술 제조에서처럼 치즈 제조의 두 단계에도 알맞은 미생물을 확보하는 것이 발효의 성공을 좌우한다. 페니칠륨 균주는 전통적인 치즈 제조에서보다는 오늘날 더 정확한 조건에서 주로 사용되고 있다. 그러나 적어도 지금까지는 주류 산업에서 보인 단순성과 기계화가 치즈 제조 공정 분야를 잠식하지는 못하였다. 이러한 시도가 한 차례 희극적인 실패로 끝난 적이 있었다. 1950년대에 일단의 과학자들이 그 모양과 화학적 구조에 있어 체다 치즈와 꼭 같은 것을 만들었다. 이들은 모든 미생물이 제거된 멸균 우유로 응유를 침전시켰으며, 이때 글루콘산 락톤gluconic acid lactone이라는 화학 물질을 사용했다. 그러나 이들의 작업은 금방 잊혀졌고 과학사에 잘못된 응용이었다는 기록으로 남았다. 이들이 생산했던 체더 치즈 대용품은 체더 치즈의 맛을 갖지 못했던 것이다.

49 미생물 대 항생제

——항생 물질 생산자: 곰팡이와 방선균

현대의 제약 산업은 과도한 이득을 취한다는 비판을 자주 듣는다. 하지만 실제로는 경이적일 정도의 신망을 얻고 있다. 이러한 성취는 위궤양 환자를 수술에서 벗어나도록 하는 독창적인 약에서부터, 정신분열증 환자처럼 심각한 정신 질환을 앓는 사람들이 사회의 관습 속에서도 비교적 정상적인 삶을 살도록 도와주는 약제에까지 이르고 있다. 요즘 화학자들은 컴퓨터로 분자를 모델링함으로써 많은 제약 혁명을 이끌고 있다.

전염성 질병과의 싸움을 계속하면서 살아 있는 미생물에 의해 생성된 물질들이 빛을 발하고 있다. 미생물이 단지 잘 구축된 항생제를 생산하는 사역마만은 아니다. 미생물은 여전히 이제까지 치료할 수 없었던 감염증을 다루거나 기존의 약제에 대한 내성을 가지게 된 세균을 물리치는 새로운 〈마법의 탄환〉으로 개조되고 있다. 나중에 살펴보겠지만, 놀랍게도 제약 산업계의 연구자들은 감염 질환에 대항하는 완전히 새로운 종류의 무기였던 한 미생물에 대해 전혀 관심을 갖지 않았었다.

연구자들이 계속해서 자연물, 특히 세계 여러 곳에서 토양을 채취하여 새로운 종류의 항생제를 만드는 미생물을 찾는 것은 그만큼 미생물 세계의 힘과 다양성 그리고 풍성함을 증명하는 것이다. 항미생물 제제를 향한 탐구는 이러한 방법으로 잘 구축되었고, 반세기 전 페니실린 개발로 이어졌다.

1945년 사르디니아의 카글리아리 대학교 세균학과 교수인 기우세페 브로추Giuseppe Brotzu는 이 지역의 정중앙에 하수 배출구가 있음에도 불구하고 카글리아리 해안 주변에 질병을 일으키는 세균이 거의 없다는 사실을 알게 되었다. 그래서 그는 항생제를 생성할 수 있는 미생물이 바닷물을 특별히 깨끗하게 만드는 것일지도 모른다고 생각했다. 기억할 것은 당시가 에른스트 카인과 하워드 플로리가 플레밍의 페니실린을 가치 있는 치료제로 바꾸고, 셀먼 왁스먼과 알베르트 샤츠가 폐결핵 치료제인 스트렙토마이신을 만든 시절이라는 점이다.

브로추는 하수관에서 용출액 시료를 채집하여 다양한 종류의 영양 배지에 접종했다. 그는 곧 질병을 야기하는 세균에 대항하는 요소를 가진 체팔로스포륨 아크레모늄(*Cephalosporium acremonium*)이라는 곰팡이를 분리해냈다. 브로추는 이것이 감염을 퇴치할 수 있으리라는 근거를 얻었다. 그래서 그는 이 곰팡이의 추출물을 장티푸스, 브루셀라증, 포도상구균으로 인한 농양 때문에 고통받는 환자에게 투여했다. 효력이 있었다. 물론 비교적 정제되지 않은 조제품으로, 활성 물질이 실제로 괄목할 만한 충격을 줄 수 있을 만큼 충분하지는 않았기 때문에 작용에 한계가 있기는 했다.

브로추는 체팔로스포륨이 만들어내는 항생제를 정제하기 위한 지원을 받으려고 여러 제약 회사에 요청하였지만 아무도 이 작업에 관심을 보이지 않았다. 낙심한 브로추는 관심을 일으킬 작정으로, 자신의 실험 보고서를 주요 국제 잡지에 싣는 대신 『카글리아리 위생 연구소의 연구에 관하여』라는 제목의 책으로 따로 출간하였다. 그는 사르디니아에서 공중 보건관으로 일하던 한 영국인 의사에게 이것의 복사본 한 부를 부쳤으며 그 의사는 브로추의 연구를 영국 의학 연구 협의회(MRC)에 알렸다.

드디어 본격적인 연구가 시작되었다. MRC는 옥스퍼드에 있던 플로리와 접촉하였고, 플로리는 즉시 브로추에게 연락하여 보고서 사본 한 부와 곰팡이 시료를 보내도록 하였다. 그것들이 도착하자 플로리의 두 젊은 동료인 에드워드 에이브러햄Edward Abraham과 고든 뉴턴Gordon Newton이 연구하기 시작하였다. 처음에는 결과가 제대로 나오지 않았다.

브로추는 장티푸스 간균(그람 음성)과 포도상구균(그람 양성)에 대항하는 추출물을 보여주었으나 옥스퍼드의 연구자들은 그람 양성 세균에 대해서만 효력을 가지는 물질을 발견할 수 있었다. 그러나 이것은 일시적인 실수였고, 곧 그 추출물을 재시험하여 그람 음성 미생물에 효력을 발휘하는 두번째 물질을 찾아냈다.

에이브러햄과 뉴턴은 첫번째 항생제를 〈세팔로스포린 P〉라고 불렀고, 두번째(나중에 페니실린 계로 증명됨)는 〈세팔로스포린 N〉이라 하였다. 그러나 이 두 가지는 원했던 만큼 가치 있는 것이 아니었으며, 헛된 실험을 여러 번 거친 후 1953년이 되어서야 비로소 실제적인 개발이 이루어졌다. 1953년에 에이브러햄과 뉴턴은 우연히 세번째 항생제 〈세팔로스포린 C〉를 발견하였다. 이것은 그람 음성과 그람 양성 세균 둘 다를 공격할 수 있을 뿐 아니라 포도상구균에 대해서도 효과가 있었다. 당시는 포도상구균이 초기의 치료제인 페니실린에 내성을 보이기 시작한 때였다. 세팔로스포린 C는 상당한 기대를 모았고, 영국 정부가 설립한 국가 연구 개발 법인(NRDC)은 이러한 발견들을 보호하고 개발하기 위해 특허를 관리했다.

한편 정제하는 일이 문제였다. 그러나 브리스톨 근처의 클리브던Clevedon에 위치한 MRC의 항생제 연구부와 글락소Glaxo 제약 회사가 협력하여 이 장애를 극복하였으며, 더 나아가 원래 균주보다 훨씬 더 강한 항생제를 생산하는 돌연변이주(*C. acremonium*)를 분리하였다. 이 난관을 차례로 돌파한 에이브러햄과 뉴턴은 그 화학적 구조를 확인하게 되었고, 세파로스포린의 전체 구조를 밝혀내는 작업을 계속하였다. 몇 년 후에는 세팔로스포린이 NRDC의 주된 수입원이 되었다.

오늘날에는 약 5,000종에 이르는 항생제가 알려져 있다. 그리고 현재 100여 종이 질병을 치료하는 데 쓰인다. 어떤 것들은 세팔로스포린과 같은 광범위 항생제이고, 다른 것들은 매우 제한적으로 사용된다. 항생제의 대부분은 곰팡이와 방선균actinomycete에 의하여 생산된다. 오늘날의 연구자들은 이러한 무리뿐 아니라 또다른 무리(특히 최근에는 그람 음성 미생물에서)를 찾고 있다. 미생물 세계의 항미생물 능력은 끝이 없는 것 같다.

50 반추동물의 놀라운 소화 능력

——박테로이데스 수치노제네스(*Bacteroides succinogenes*),
루미노코쿠스 알부스(*Ruminococcus albus*)

당신이 젖소라면 엄청난 양의 메탄과 각종 가스를 방귀의 형태로 내보내면서 들판을 어슬렁거리는 모습에 대해 비난을 듣게 될 것이다. 이 이야기는 항상 깔끔하다고 여겨졌던 동물이 인간만큼이나 대기를 유독하게 바꿔, 온실 효과나 지구 온난화에 일조한다는 주장과도 맞물려 있다.

실제로 지구의 황폐화와 관련해 전문가가 암소의 소화 기관에 대해 주장하는 것은 약간 다르다. 최근에는 메탄이 온난화 가스의 14-18퍼센트이며 반추동물이 이것의 거의 반 정도를 배출한다는 추정치도 나왔지만, 이 주장의 허위성에 대해서는 의심의 여지가 없다. 젖소는 분명히 엄청난 양의 가스, 다시 말해 매일 평균적으로 약 150-200리터의 가스를 만들고, 몸집이 큰 경우에는 최고 두 배가 되기도 한다. 그러나 이 엄청난 양의 방귀는 문제가 되지 않는다. 사실 가스는 입을 통해 트림의 형태로 방출되며, 이것은 매우 다른 물질이기 때문이다.

그러나 젖소나 양, 염소 등의 반추동물은 왜 인간보다 훨씬 더 많은 양의 고약한 냄새를 방출할까? 그것은 인간과 매우 다른, 실제로는 우리보다 더 우수한 소화 능력을 지니고 있기 때문이다. 그들도 인간과 마찬가지로 음식으로부터 탄수화물, 단백질, 지방을 얻어 에너지와 생체 구성 물질을 만들며 비타민과 미량 원소를 흡수한다. 그러나 반추동물은 풀이나 잎, 녹색 식물의 주요 성분인 셀룰로오스를 분해하는 부가적인 능력을 가지고 있다. 인간에게 그것은 섬유소로 작용하여 장의 원활한 운동을 돕지만, 영양학적 가치는 없다. 미생물의 도움이 없다면 반추동물 역시 인간처럼 셀룰로오스를 이용할 수 없게 된다.

반추동물이란 별도의 위장에 해당하는 혹위rumen를 가지고 있는 동물을 말한다. 혹위액에는 밀리리터당 100억 마리 이상의 풍부하고 밀도 높은 미생물 군이 있으며, 이들은 탄수화물·단백질·지방뿐 아니라 셀룰로오스와 펙틴 같은 부수적 물질도 분해한다. 그 결과 지방산과 함께 비위에 거슬리는 메탄과 이산화탄소를 만든다. 이 과정은 39°C라는 높은 온도에서 용존 산소가 없을 때 일어나며, 효모가 당을 알코올로 변환하는 과정과 유사한 발효의 일종이다. 또한 스테인리스 탱크에서 곰팡이를 배양하여 항생제 혹은 비타민을 생산하는 산업 공정과 거의 같아서, 실제로 쉼 없이 작동한다. 혹위의 소화 작용에는 여러 가지 세균과 원생동물이 특화된 역할을 하지만, 셀룰로오스 분자를 잘게 부수는 것에는 박테로이데스 수치노제네스(*Bacteroides succinogenes*)와 루미노코쿠스 알부스(*Ruminococcus albus*)가 가장 큰 역할을 담당한다.

가스가 방귀의 형태가 아닌 트림으로 나오는 이유는 혹위가 소화관의 마지막이 아닌 첫번째 부위에 위치하기 때문이다. 입에서 잘게 부서진 음식물은 이 커다란 기관(젖소의 경우 100-150리터)으로 옮겨져서, 회전 운동으로 그곳에 살고 있는 미생물 집단과 고르게 섞인다. 음식물은 몇 시간 동안이나 혹위에 있으면서 좀 더 작은 조각으로 부서지고, 셀룰로오스와 다른 성분들은 점차 발효된다. 그러고 나면 이 물질들은 두번째 위인 벌집위 reticulum로 옮겨진다. 젖소는 거기서 〈새김질감 cud〉이라고 불리는 작은 조각들을 만들고, 이것을 입으로 토하여 다시 씹는다. 소화의 두번째 단계는 젖소가 이 물질을 다시 삼킬 때 시작되며, 이번에는 다른 경로를 통해 이 동물의 진짜 위로 이동된다. 이곳과 작은창자, 큰창자에서는 소화 효소가 사람의 소화액과 비슷한 작용을 한다.

음식물이 젖소의 혹위에 머무는 여러 시간 동안 박테로이데스 수치노제네스나 루미노코쿠스 알부스와 같은 미생물은 셀룰로오스를 당으로 분해한다. 이 미생물들은 서로 다른 방식으로 자기 역할을 한다. 박테로이데스는 세포벽에 있는 셀룰라아제 cellulase라는 효소를 이용하며 소화하는 동안 섬유질에 달라붙는다. 반면 루미노코쿠스는 셀룰라아제를 분비한다. 두 경우 모두 포도당을 만들어내며, 이후 이것은 더 발효되어 메탄, 이산화탄소, 초산, 부틸산, 프로피온산 등 다양한 휘발성 지방산을 만든다. 이것들은 혹위의 벽을 가로질러 암소의 혈액과 합류하여 주된 에너지원으로 작용한다.

박테로이데스 아밀로필루스(*Bacteroides amylophilus*)라는 종은 앞의 두 가지 주된 셀룰로오스 분해자와 가까우며, 수치노모나스 아밀롤리티카(*Succinomonas amylolytica*)와 함께 몇몇 식물 세포에서 생기는 다량의 전분을 분해한다. 실제로 농부가 젖소에게 항상 제공하던 풀 대신 전분이 많은 곡류를 주면, 소화 과정에서 이 두 세균이 훨씬 더 중요한 역할을 하게 된다. 라크노스피라 물티파루스(*Lachnospira multiparus*)라는 세균이 중심이 되는 경우도 있다. 이 세균은 펙틴을 분해할 수 있는 효소를 만든다. 따라서 동물에게 다량의 펙틴이 함유된 콩과 식물을 먹여 키운다면 이 효소는 중요한 역할을 하게 된다.

비록 혹위에 있는 세균과 원생동물 집단이 고도로 적응해 있기는 하지만, 음식물이 너무 갑작스럽게 변해 미생물의 비율을 적절히 조절하지 못한다면 심각한 위험을 초래하게 된다. 예를 들어 젖소에게 갑자기 곡물을 주면 위 안에 스트렙토코쿠스 보비스(*Streptococcus bovis*)가 폭발적으로 증식할 수 있다. 즉 전분이 갑작스레 많아지면 이 세균이 빠르게 증식하여 고농도의 초산을 생성한다. 이것이 혹위의 정상적인 알칼리 환경을 중화시켜 다른 많은 미생물을 죽인다. 이렇게 되면 이 동물을 죽일 수도 있다.

혹위의 소화를 돕는 복잡한 변환의 작은 부분을 담당하는 미생물들 가운데 메타노브레비박테르 루미난튬(*Methanobrevibacter ruminantium*)은 발효 산물인 수소를 메탄과 이산화탄소로 바꾼다. 그래서 수소는 젖소가 트림을 할 정도만큼은 축적되지 않는다. 한편 전 과정을 통틀어 가장 놀라운 특징은 아마도 비타민이나 단백질을 만드는 데 필요한 아미노산이, 동물이 섭취하는 음식물보다는 주로 혹위의 미생물들에 의해 공급된다는 사실일 것이다. 혹위에서 자라는 많은 미생물 세포는 스스로를 잘게 소화하여 이러한 필수 영양분을 내놓는다!

미생물의 단백질 합성을 촉진하기 위해 먹이에 종종 질소의 원료인 요소가 첨가되기도 한다. 이것이 아미노산으로 충분히 분해된 후 동물의 조직으로 재조립되면 마침내 식탁 위에 비프스테이크로 오르게 되는 것이다. 지금까지의 설명에 비추어 볼 때, 이러한 소화 과정은 사람이나 되새김하지 않는 동물의 소화에 비해 월등히 효율적임을 알 수 있다. 풀을 먹어 보라. 당신이 열등함을 느끼게 될 것이다.

51 방귀의 비밀
——장내 미생물

젖소나 다른 반추동물과 비교할 때, 인간이 방출하는 가스의 양은 아주 적당하다. 인간은 가스를 조금 만들고 훨씬 낮은 빈도로 배출한다. 여기서도 역시 미생물이 중요한 역할을 한다. 그러나 한때 생각했던 것 같은 간단한 역할은 아니다. 아주 최근까지 인류는 장내 가스의 주요 생산자인 미생물을 인간의 건강이나 에티켓에 상반되는 것으로 여겨 왔다. 그러나 이제 우리는 미생물들 역시 긍정적이며 이롭다는 사실을 알고 있다.

그러나 과거에는 사람이 장으로부터 유독한 가스를 방출하는 것이 상류 사회에서 거의 받아들여지지 않았다. 두 세기 전에 벤저민 프랭클린Benjamin Flanklin은 브뤼셀의 왕립 학회에 다음과 같은 글을 썼다.

> 잘 알려져 있듯이 일반적으로 음식을 소화할 때 인간이라는 피조물의 장에서는 상당한 양의 가스가 만들어진다. 그러나 이 가스를 주위로 방출하는 것은 고약한 냄새 때문에 동석한 사람들에게 불쾌감을 준다. 그래서 제대로 교육받은 모든 사람들은 그러한 불쾌감을 주지 않으려고 생리적 요구를 억지로 참아 가스가 방출되는 것을 막는다. 그러나 신체적 요구를 억제하며 그 가스를 보관하면 자주 고통을 느끼며 습관적 중독증, 탈장, 복부 팽만 등과 같은 질병에 걸릴 위험이 있다. 그리고 종종 체질이 변하기도 하며 가끔은 생명의 위협을 받기도 한다.

이 위대한 과학자는 계속해서 벨기에 아카데미에 〈대회〉를 개최하라고 권했다. 이 대회의 목표는 〈건강에 좋고 불쾌하지 않으며, 일상적인 음식이나 소스와 섞여도 해롭지 않을 뿐 아니라 냄새가 나쁘지 않은 신체의 가스를 자연스레 배출하도록 하는 약을 개발하는 것〉이었다.

〈역사상 가장 위대한 방귀쟁이〉인 르 페토마뉴Le Petomane가 한 세기 후의 사람들이 떠들어 댈지 모를 불명예를 염려했었는지는 모르겠다. 1857년에 툴롱Toulon에서 태어난 페토마뉴는 쇼에 한 번 출연하는 데 2만 프랑을 요구했다. 사라 베른하르트Sarah Bernhardt가 8천 프랑을 요구한 것과 비교해 보면 상당한 출연료다. 이 쇼는 방귀로 천둥 소리, 옷이 찢어지는 소리, 대포 소리 등을 모방하는 공연이었다. 그는 10-15초 동안 방귀로 음악적인 음색을 유지할 수 있었고, 잘 조준된 방귀 한 방으로 한 걸음 떨어진 거리의 촛불을 끌 수도 있었다.

프랭클린이 방귀를 참는 것의 위험을 다소 과장했을 수도 있다. 그러나 그는 중요한 문제를 제대로 지적했고, 그 문제는 세월이 흐르면서 새로운 국면을 맞게 되었다. 한 가지 염려되는 바는 뚜렷한 이유없이 엄청난 양의 방귀를 만들어내는 환자에 대한 의학적인 문제이다. 좀더 심각한 것은 수술하는 동안 전기 방전으로 수소와 메탄의 위험한 혼합물에 우연히 불이 붙어 환자의 결장에서 돌발적인 폭발이 일어나는 것이다. 실제로 방귀는 종종 수소를 폭발적 수준(4-74퍼센트)으로, 혹은 메탄을 폭발적 수준(5-13퍼센트)으로 함유할 수 있다. 이것은 무서운 결과를 초래할 수도 있다. 마이클 레빗Michael Levitt이 몇 년 전 유명한 《뉴잉글랜드 의학 저널》(302권, 1474쪽, 1980년)에 보고한 바와 같이

〈부적절한 순간의 불꽃은 위협적인 폭발로 이어질 수 있다〉.

연구서에 따르면 방귀의 근원은 여러 가지가 있을 수 있다. 한 가지는 단순한 흡입 공기로서, 예민한 기질의 사람들이 괜히 호들갑을 떠는 경우이다. 다른 하나로는 신체에서 정상적인 대사 활동으로 배출되는 이산화탄소이다. 그러나 주요 근원은 다양한 세균이다. 장내에 사는 세균들은 메탄이나 수소와 함께 약간의 냄새나는 가스를 만들어내는데, 이것들 대부분은 아직 그 정체가 밝혀지지 않았다. 간단히 말해 프랭클린의 문제 뒤에 숨겨진 실제 악당은 아마도 미생물인 듯싶다.

그러나 이 연구서는 미완성의 이야기도 보여주고 있다. 1989년에 출간된 한 국제적인 의학 전문 잡지 《거트 *Gut*》(30권, 6쪽)에 소개된 연구에 따르면, 인간의 소화관 내부 깊숙한 곳에서 세균이 활동하지 않을 경우 복부의 편안함, 수술한 의사와 수술받은 환자, 일반적인 사회 생활에 악영향이 올 수 있다는 것이다. 가스를 생산하는 장내 미생물 집단을 계산해 보면, 평균적으로 개인이 매일 수소 24리터와 메탄 6리터를 생산하게 되어 있다. 그러나 실제로 매일 만들어지는 전형적인 방귀 양은 불과 약 1리터일 뿐이다. 그 이유는 어떤 세균은 메탄과 수소를 생산하는 반면, 어떤 세균은 이러한 대부분의 가스를 비휘발성 물질로 전환하기 때문이다.

이 이야기에 대해 좀더 상세하게 설명해 낸 사람들이 있다. 1970년대에 버클리의 캘리포니아 대학교 학생들은 사람의 음식에 들어 있는 성분 중 가스를 생산하는 세균에게 가장 효과적인 양분이 무엇인지를 알아보는 연구를 시작하였다. 학생들은 제한된 음식을 조심스럽게 먹었고, 발산된 장내 가스를 가능하면 많이 플라스틱 백에 모았으며, 모은 가스에 대한 분석을 전문가에게 의뢰했다. 그 결과 라피노오스raffinose, 스타키오스stachyose, 베르바스코스verbascose 등 세 가지 당이 가스를 이루는 주요 범인으로 밝혀졌다. 다른 탄수화물들은 분해되어 작은창자에서 흡수된다. 그러나 사람에게는 위의 세 가지 당을 분해하는 데 필요한 효소가 없다. 따라서 이 세 가지 당은 창자의 아래쪽으로 그대로 옮겨지고 세균에 의해 발효되어 방귀라는, 친숙한 가스의 혼합물로 만들어지는 것이다.

현재 미국의 일리노이 주 피오리아Peoria에 있는 미국 농무부 북부 지역 연구 센터에서는 이러한 당 성분을 줄인 콩을 생산하기 위해 노력하고 있다. 이 연구는 처음에 육류를 식물성 단백질로 완전히 대체하거나, 질감 개선제로 지방을 뺀 콩을 함유한 가공 음식을 먹은 후, 방귀가 그치지 않아 당혹감을 겪은 소비자들의 불평 때문에 시작되었다. 우선 연구자들은 이런 불쾌한 당을 적게 가지고 있거나 전혀 가지지 않은 천연의 콩 종류를 찾아 키우려고 애쓰고 있다. 만약 이것이 불가능하다면 연구자들은 유전공학 기법을 활용하여 이 당들을 제거하려고 할 것이다.

여기에 한 가지 역사적 역설이 있다. 피오리아에 있는 북부 지역 연구 센터는 반세기 전에 초기의 페니실린 생산에 있어 중심 역할을 한 곳이었다. 연구자들은 이곳에서 그대로 버려졌을 옥수수를 흠뻑 적셔 그 낟알을 제거한 후 남은 옥수수 침지액을 배양액에 혼합했고, 그렇게 함으로써 페니칠륨 노타툼이라는 곰팡이로부터 페니실린 생산을 늘릴 수 있었다. 피오리아의 새 연구 과제는 인간사에 또 한번 인상적인 충격을 줄 것 같다.

52 지구의 청소부
──수소 운반 미생물

1930년 말에 영국의 〈우즈 앤드 캠 어업 위원회〉는 케임브리지셔의 엘리Ely 바로 아래에 있는 그레이트 우즈Great Ouse의 어느 사탕무 공장을 고발하였다. 이 공장이 두 해 동안 계속해서 우즈 강을 오염시켜 왔기 때문이다. 이 소송 재판은 1931년 3월 3일에 시작하여 같은 달 27일까지 이어졌다. 그 결과 위원회가 승소하여 200파운드의 손해 배상을 판결을 받아냈으며, 만약 그 이후에도 오염이 12개월 이상 지속된다면 오염을 저지른 회사에 대하여 영업 금지 명령을 내릴 수 있는 권한도 받았다. 1980년대에 재시행된 〈오염자 보상〉 원칙은 과거와 다름이 없는 것 같다.

그러나 그레이트 우즈의 이야기에는 예상치 못한 승리자가 하나 있었다. 과학이 수소화 효소를 만드는 미생물을 발견한 것이다. 이 미생물은 여기저기 존재하는 분해하기 힘든 상당량의 다양한 물질들을 분해하는 역할을 담당한다. 오늘날 생명공학 산업에서도 이 효소를 사용하는 미생물들의 긍정적인 가치를 조사하고 있다.

우즈 강의 악취나는 침전물을 청소하는 미생물을 발견한 사람은 마저리 스티븐슨Marjory Stephenson이다. 그녀는 케임브리지 대학교의 연구원으로, 미생물생리학을 정립했다. 그녀는 1885년 버웰Burwell의 케임브리지셔 마을에서 과학을 농업에 응용하는 데 열심이었던 한 부유한 농부의 딸로 태어났다. 아버지인 로버트 스티븐슨Robert Stephenson은 비록 대학 교육은 받지 않았지만, 다윈의 진화론을 열렬하게 옹호했으며 모라비아의 수도사 그레고르 멘델이 유전학 메커니즘에 대해 이룩한 선구적 업적에도 강한 흥미를 가지고 있었다.

마저리 스티븐슨은 시골의 늪에 대한 연구에 몰두하였고, 그래서 사탕무 가공업자가 1928-29년과 1929-30년에 우즈 강으로 내버리는 오수에 대해 걱정했다. 그녀에게 1930년이 중요한 해였던 데에는 두 가지 이유가 있다. 우선 그녀의 저서 『세균의 물질 대사 *Bacterial Metabolism*』의 초판이 선을 보였다. 이것은 다양한 유형의 세균이 호흡을 하고, 광합성을 하고, 공기로부터 질소를 고정하고, 발효시키고, 지구상의 생명에 필수적인 무수히 많은 형질 전환의 모든 것을 실행하는 화학적 과정에 대한 연구 경과를 소개했다. 또한 그러한 연구를 촉진하는 내용도 담고 있었다. 스티븐슨은 당시의 연구 상황을 다음과 같이 서술하고 있다.

> 우리는 집에 들어가거나 집을 떠난 사람의 물건을 조심스럽게 검사함으로써 한 집안의 생활을 알아내려는 관찰자와 같다. 우리는 문 앞에 남겨진 음식이나 일용품을 정확하게 기록하고, 휴지통에 들어 있는 물건들을 끈기 있게 검사한다. 그리고 잠겨진 문 안에서 일어나는 일들에 숨겨진 의미를 유추해 내려고 애쓴다.

또 1930년은 마저리 스티븐슨이 케임브리지의 생화학과 동료들과 함께 라디오 방송 좌담회에 출연하여 그레이트 우즈의 오염 사건에 관하여 이야기한 바로 그 해이기도 하다. 그녀는 방송국에서 〈우리집 가까이에 있는 한 사탕무 공장에서는 최근까지 모든 폐기물을 흐르는 강물 속에 습관적으로 내보내 왔다〉라고 말하였고, 이것은 곧 BBC의 2LO 부서로 보내졌다.

> 폐기물은 약 일주일 주기로 배출되었다. 이때에는 공장 아래로 몇 마일에 걸쳐 매우 고약한 냄새가 났으며, 강에서는 계속해서 가스 거품이 발생했다. 실제로 더 안 좋았던 것은 모든 물고기들이 죽은 것이었다.…… 사탕무 폐기물이 강에 버려지자 당과 그 유사 물질을 이용하여 번성하는 강바닥의 미생물들은 증식하여 엄청난 양의 사탕무 폐기물을 분해하였다.

스티븐슨은 이 미생물들이 효모가 당을 알코올로 바꾸는 것과는 다르게, 주로 가스로 바꾼다고 설명하였다.

마저리 스티븐슨은 스틱랜드L. H. Stickland와 함께 가스를 생산하는 몇몇 세균을 실험실에서 배양하였다. 그들은 곧 이 미생물들이 수소를 사용하여 황산을 이황화수소(부패한 달걀 가스)로, 이산화탄소를 메탄(습지 가스)으로 변환시킨다는 것을 알았다. 메틸렌블루를 첨가하자 세균은 색깔이 변했지만, 수소가 있을 때만 그랬다(메틸렌블루는 염기성 지시약의 한 종류로 산화되면 푸른색, 환원되면 무색을 띤다). 스티븐슨과 스틱랜드는 이 세균들이 수소를 활성화시키는 효소를 어느 정도 포함하고 있다고 결론지었다.

그들은 이 효소의 이름을 수소화 효소hydrogenase라고 붙였고, 이 이름은 이제 정식 효소 목록에 올라 있다. 이들 효소는 수소의 결합과 분해에 동반되는 일련의 과정에서 촉매로 작용한다. 반응의 대부분은 가역적이며, 이러한 반응의 많은 부분은 환경 내의 유기 물질 순환에 중요하다. 이러한 두 그룹인 황산염 환원 세균과 〈메탄 생성 세균methanogen〉은 스티븐슨과 스틱랜드의 혼합 배지에서 나타났다.

비록 무책임한 오염 사고의 결과로 이러한 발견이 가능했지만 이제 이 혐기성 세균들은 산소 없이 살아가는 매우 가치 있는 청소부로서 훨씬 이로운 미생물임을 알게 되었다. 우선 이들은 강과 호수의 다른 혐기성 미생물이 동물의 사체와 식물의 잔존물로부터 생산하는 유기산을 분해함으로써, 지구를 실질적으로 청소한다. 또한 이 혐기성 세균들은 인간의 통제하에서 다른 미생물들과 함께 하수 처리장에서 끊임없이 흘러들어오는 하수를 분해하여 안전하고 무독하게 만들기도 한다.

수소화 효소를 사용하여 살아가는 미생물들 중에는 성가신 존재도 있다. 예를 들면 황산염 환원 세균에 의하여 생성된 황화물은 금속관과 저장용 탱크를 부식시켜 경제적으로 피해를 주기도 한다. 그러나 다른 사람들은 생물 산업 분야에서 이들을 가치 있게 이용할 수 있는지에 대해 지대한 관심을 보이고 있다. 어떤 세균들은 물이나 유기 폐기물로부터 수소를 만들 수 있다. 그리고 만약 수소와 이산화탄소를 저렴하게 이용할 수 있다면, 음식물이나 사료로 쓰기 위한 단세포 단백질이나 플라스틱 제조에 쓰여질 수 있는 폴리하이드록시부티레이트polyhydroxybutyrate를 만드는데 이용할 수도 있을 것이다.

다른 누구보다도 마저리 스티븐슨은 연구자들에게 미생물이 생화학적인 물질 전환을 위한 이상적인 도구임을 확신시켰다. 왜냐하면 미생물은 실험실에서 쉽게 배양하거나 조절할 수 있기 때문이다. 그녀는 크릭과 왓슨이 DNA의 이중나선 구조를 발견하기 5년 전인 1948년에 죽었지만, 유전학 분야에서 이미 그들의 발견에 버금갈 정도의 발견을 해냈음이 인정되었다. 그녀가 소중하게 여기던 늪에서 그녀가 오염 유발원으로 지탄했던 것들과 유사한 미생물들은 이제 산업계에서 실질적인 혜택을 위해 이용되고 있다. 이것을 알게 된다면 그녀는 무척이나 기뻐할 것이다.

53 하수를 상수로 바꾸는 힘

——미생물의 연합 I

잠깐 하수에 대하여 생각해 보자. 하수 처리장에 막 도착한 하수는 악취가 풍기는 분해 초기 단계로 불쾌한 물질들이 마구 혼합된 상태이다. 하수는 빗물, 도로의 기름 투성이 오물, 세탁소에서 나온 더러운 비눗물, 부엌에서 버려진 기름기 있는 음식물, 사람과 동물의 배설물, 오줌, 구토물, 화가와 농부와 자동차 정비소 직원이 법적으로든 불법적으로든 버린 오물들, 수많은 공장이나 가정의 하수구와 화장실에서 배출된 불쾌한 쓰레기 등이 모인 것이다.

미생물들은 하수 처리장의 다양한 시설 안에서 오물을 가장 깨끗한 강으로 흘러들어갈 수 있을 정도로 깨끗하게 바꿔주거나 음용수로 사용될 수 있도록 처리하여 염소 소독을 받게 한다. 많은 세균 · 원생동물 · 곰팡이가 이러한 공정에 가담하며, 이 미생물들의 힘과 복잡성은 겉으로 평온해 보이는 전형적인 하수 처리장의 모습에 가려지기 마련이다. 다양한 탱크와, 물이 천천히 회전하며 한 방울씩 떨어지는 필터는 눈에 잘 띄지만, 미생물 청소부가 오물을 분해하고 하수의 다른 많은 구성물을 안전하게 바꾸는 엄청난 양의 화학적 활동들은 겉으로 전혀 드러나지 않는다.

비록 과학과 기술을 통해 하수 처리의 효율성이 극대화되긴 했지만, 이러한 역할을 수행하는 미생물 연합체는 애초에 흙 같은 자연 자원에서 왔고, 호의적인 생태적 위상에서 함께 살게 되었다. 사실 이들의 주요 활동은 죽은 동·식물을 자연 속에서 다른 물질로 전환하는 것이다. 미생물은 복잡한 단백질이나 화합물을 보다 단순한 물질로 분해한다. 유기 분자에 결합된 질소는 암모니아로 바꾸고, 유기 분자 속의 탄소는 이산화탄소로 방출한다. 또 암모니아는 토양에서처럼 질산염으로 바뀐다. 요즘은 이러저러한 자연적 변환 이외에도 더욱 전문화된 미생물 청소부들이 하수로 버려지는 (세척제와 같은) 많은 인공 물질을 분해한다.

하수 장치에서 분해되는 유기 물질에는 시체뿐 아니라 대장균 같은 미생물도 포함된다. 대장균은 엄청난 수의 화장실로부터 나온다. 예를 들어 장티푸스균 같은 병균은 그야말로 효율적으로 박멸된다. 우리가 하수를 거리에 쏟아버리거나 오염된 우물물을 길을 때 장티푸스, 콜레라, 이질 등이 쉽게 전파되지 않는 이유는 이러한 하수 분해 생물의 작용 덕분이다.

하수를 안전하고 불쾌하지 않게 하는 데 있어 공통적인 과정 중 하나는(병이나 나무 조각, 다른 고체 쓰레기 등은 일단 다른 곳에 버려지고 없다고 하자) 공기가 없는 분해 탱크에서 일어나는 일련의 복잡한 화학 작용이다. 이러한 물질 전환의 몇몇 과정은 반추동물의 혹위 소화와 꼭 닮았다. 또 어떤 과정은 알코올 발효와 유사하다. 많은 미생물들이 이러한 작용에 관여하며, 이 미생물들은 섬유질이나 섬유소처럼 복잡한 물질을 이산화탄소와 메탄가스(난방을 위해 파이프를 통하여 공급될 수 있다)로 만든다.

전 과정을 통틀어 분명한 역할을 감당하는 청소부 그룹은 4개 정도가 있다. 몇몇 미생물은 용해성 물질을 방출하도록 하는 자신의 효소를 이용하여 불용성 물질을 분해한다. 다른 미생물들은 이러한 생성물을 발효시켜 알코올과 산으로 만들고, 차례로 제3의 미생물 그룹이 이것들을 발효시켜 이산화탄소와 수소를 만든다. 마지막으로 전문화된 세균 종들은 수소와 이산화탄소를 결합하여 메탄을 만든다. 전체적인 과정은 크고 폐쇄된 탱크 속에서 반(半)지속적으로 수행되며, 때때로 새로운 하수가 유입되고 최종 산물은 방출된다. 공정의 마지막에는 비료로 사용될 수 있는 고체 찌꺼기와 액체 유출수가 발생하며 최초의 많은 물질들은 가스로 전환되어 유기적 내용물이 크게 줄어든다. 이 과정은 특별히 빠르지는 않지만 어마어마하게 효율적이다. 아마포 한 조각은 세균이 움직이면 5-7일 만에 완전히 사라진다.

몇몇 하수 처리장은 공기가 있어야 번성하는 미생물들을 이용한다. 물이 떨어지는 필터는 단지 부서진 돌이나 코크스로 된 약 2미터 두께의 넓은 판이며, 그 위로는 기계팔이 회전한다. 분해성 물질을 포함하는 액체는 항상 이 회전하는 팔을 통하여 분사된다. 이 액체는 분해 과정으로 생성된 유출수일 수도 있고 처리되지 않은 하수일 수도 있다. 혼합된 미생물 집단은 스스로 바위 위에 자리잡으며, 하수가 분사될 때면 필터를 통해 공기도 유입된다. 실 모양의 곰팡이와 세균은 점액을 형성하는 세균과 함께 하수의 유기 물질을 제거하기도 하며, 바위를 덮고 있는 미생물막과 결합하는 데 도움을 주기도 한다. 한편 조류는 산소가 공급될 수 있도록 한다. 그러다가 몇몇 미생물들은 점차 원생동물에게 먹히고, 원생동물은 차례로 보다 큰 생물들에게 잡아먹힌다. 이 먹이 사슬을 따라가면 최종적으로 한 방울씩 떨어지는 하수 내의 유기 물질이 모두 제거되며, 이것은 호흡을 통해 이산화탄소로 바뀐다.

동시에 또다른 화학적 변환도 일어난다. 특화된 미생물들이 유기 물질을 떼어 산화시킬 때 질소는 암모니아로 방출되며, 흔히 토양 속에서 활성을 가지는 다른 세균은 다시 암모니아를 질산염으로 변환한다. 이와 비슷하게 유기황은 우선 황화수소의 형태로 만들어지며, 다른 세균들이 이것을 훨씬 덜 해로운 황산염으로 바꾼다. 마지막으로 고도의 미생물이 핵산에서 인을 추출하여 이것을 인산염으로 바꾼다.

하수를 호기적으로 분해하는 데 광범위하게 사용되는 또다른 기술은 〈활성 슬러지 시스템activated sludge system〉이다. 우선 하수가 들어 있는 탱크 속으로 상당한 부피의 압축 공기나 산소를 불어넣는다. 한참 후, 미생물은 유기 물질 위에 번성하여 유기 물질을 빠르고 효과적으로 분해하며, 혼합된 입자들을 작은 젤라틴성 덩어리로 만든다. 이렇게 응집된 덩어리를 〈활성화된 침전물activated sludge〉이라고 부른다. 이들의 중심 역할은 조글로에아 라미제라(*Zoogloea ramigera*)라는 세균이 맡는다. 이 세균은 원생동물이나 다른 미생물이 달라붙을 수 있도록 점액을 형성한다. 공기와 하수가 탱크를 순환하면 침전물의 양은 점차 증가하여 점적 필터에서와 유사한 화학적 변화를 야기한다. 결국 액체는 통과하여 정착용 탱크로 이동되고, 활성화된 침전물은 주 탱크로 되돌아가서 이 과정을 한 번 더 준비한다. 그리고 나머지는 제거되거나 건조되어 비료로 판매된다.

이러한 과정에 어떤 미생물이 사용되든지 이들의 괄목할 만한 효율성과 가변성은 거의 실패하는 일이 없다. 이 청소꾼들이 휘청거린다면 그것은 누군가 특이하고 강력한 독성 성분을 불법으로 하수 시스템 속으로 방출하여 이 미생물들을 파괴하였기 때문에 일어난다. 이러한 불법 행위가 일어나지 않는다면 하수 분해 미생물들은 날마다 소리 없이 인간이 그들에게 보내는 〈더러운〉 것들을 처리해 준다.

54 바다의 석유 탐식자

——미생물의 연합 II

1993년 1월 5일 오전 11시 15분, 초속 12미터의 강풍에 강타당한 유조선 브래어Braer 호가 스코틀랜드 본토의 북동부에 위치한 셰틀랜드Shetland에 좌초되었다. 곧 이 배의 저장 탱크가 터져 기름이 흘러나왔고 그 섬의 남쪽 끝 해변을 덮치기 시작했다. 이런 상황은 며칠 동안 계속되어 경유 8만 5천 톤 전부와 5백 톤의 벙커유가 바다로 퍼져나갔다.

언론은 검게 변한 모래사장과 죽은 바다새, 강풍으로 육지에 흩뿌려진 엄청난 양의 기름에 관해 보도했고 이 사고는 금세 유럽의 바다에서 일어난 최대의 해양 재난 중 하나로 묘사되었다. 내륙 1마일의 목초지까지 오염되면서 이 소름끼치는 비극은 강도를 더해 갔다. 전문가들은 이 사고가 수십 년 동안 사람의 건강과 생계에 영향을 미칠 것이라며 법석을 떨었고, 양과 사람을 안전한 피난처로 대피시키려는 계획이 수립되었다.

그러나 겨우 3주가 지난 후부터 심하게 오염되었던 셰트랜드 동부와 남부 해안에서부터 대부분의 기름이 사라졌고, 브래어 호 사건도 신문과 텔레비전의 화면으로부터 극적으로 사라졌다. 확실히 이후 몇 달 간은 새와 인간과 어패류가 피해를 보았지만, 기름의 영향은 처음에 예측했던 것보다는 훨씬 덜 심각했다. 예상 외로, 처음에 수면의 기름을 흩뜨려 오염을 먼 곳까지 확산시키고 해난 구조를 방해했던 당시의 날씨 조건이 바로 기름이 사라지게 하는 데에 어마어마한 도움을 주었다. 그러나 장기적으로 볼 때, 이에 못지않게 다양한 기름 성분을 지속적으로 분해한 해양 미생물의 활동도 중요했다.

운 좋게도 1993년 1월에 셰틀랜드는 위기에서 벗어났다고 기록되었다. 사실 파국을 막은 것은 인간이 아니었다. 결국 이 사건은 미래에 인위적으로 억제될 수 있는 자연의 정화 과정을 완전히 이해하겠다는 미생물학자들의 결심을 더욱 확고히 했다. 미생물학자들은 최근 몇 년간 환경을 깨끗하게 청소하는 미생물의 힘을 이용하는 〈생물학적 조정〉에 가장 가깝게 접근하기 위한 토론을 계속해 왔다. 한 가지 전략은 유전학을 이용하여 고도로 효율적인 균주를 조작함으로써 특정 오염 물질을 분해할 수 있는 미생물들을 방출하는 것이다. 이러한 방법을 진행하려는 과학자들은 규제 당국으로부터 조심스런 경고를 받을지도 모른다. 대안으로는 공기를 불어넣고 영양을 공급하여 토양이나 물 속에 이미 존재하는 미생물들의 성장과 활성을 자극하는 방법이 있다. 이 경우에는 토양이나 물 속에 어떤 미생물이 존재하는지 정확하게 알지 못하기 때문에, 도리어 정반대의 미생물을 얻게 되어 부지불식간에 무해한 물질을 유독한 물질로 바꿀 수도 있다는 이론적인 문제점이 있다.

그러나 어느 방법을 이용하든지 환경 내에서 기름이나 오염 물질이 분해되는 경로에 대해 완전히 알아야 한다. 지금도 실험실에서 몇몇 개별적인 석유 분해 세균을 분리하여 연구하고 있지만, 미생물 연합체가 날마다 생물권을 정화하고 특정 손상을 신속하게 복구하는 방법에 관해서는 거의 모르고 있다.

아라비아 만에 있는 미생물들을 생각해 보자. 합법적이든 비합법적이든 매년 이곳에서는 16만 톤의 기름이 방류된다. 그리고 1990년 1월 19일 이라크 군대가 미나 알 아마디 터미널로부터 50만 톤의 원유를 방출하였을 때, 아라비아 만의 미생물 집단은 사상 최대의 기름 오염 사고에 맞닥뜨리게 되었다. 불가항력적인 재해가 예상되었고, 신문의 주요 제목은 그 지역에 있는 모든 생물이 말살되리라는 내용을 담고 있었다.

그러나 그들의 예상은 빗나갔다. 1992년 말에 독일 올덴부르크 대학교의 토마스 호프너Thomas Hopner와 쿠웨이트 대학교의 공동 연구자들은 걸프 만에 기름이 극심하게 유출된 이후로 이 간조 지역 위에는 탈색 현상처럼 눈에 띄는 점액성 미생물의 남색 매트가 넓게 퍼졌다고 《네이처》에 발표하였다. 그토록 심하게 오염된 지역에 유일하게 살아남았던 미생물이 형성한 매트가 〈자기 정화〉의 첫번째 신호였던 것이다.

호프너와 공동 연구자들이 지적하였듯이 미나 알 아마디 사고 이전에는 미생물의 이러한 매트에 관해 기록된 적이 없었다. 새로 형성된 매트에는 그램당 100만 개에 이르는 세균 세포가 있었으며, 이들은 시안 세균이 만든 점액에 파묻힌 채 유일한 탄소원이자 에너지원인 원유와 각각의 정유된 기름을 분해할 수 있었다. 시안 세균이 기름을 분해할 수 있는지의 여부는 아직 분명하지 않다. 그러나 두 미생물 간의 협력은 두 가지의 분명한 이점이 있다. 즉 시안 세균은 기름을 〈먹어 치우는〉 세균에게 산소와 점액을 공급해 주며, 이 점액은 그들이 광활한 바다로 씻겨나가지 않도록 막아준다.

이것은 낯선 위험에 대항하는 미생물 연합의 한 예로서 이제까지는 알려진 적이 없었다. 하수 분해를 하던 몇몇 미생물들이 공생적 협력으로 살아가야 하는 환경 조건의 변화에 적응했던 것이다(다른 많은 생물들은 어쩔 수 없이 기름에 파묻혀 죽어야 했다). 세균 간의 돌연변이 혹은 유전자 전이는 이러한 상황에서도 일어날 수 있으며, 이러한 상황은 원래 미생물 군에게는 독이었을지도 모를 물질 속에서도 번성할 수 있는 능력을 세균에게 부여하기도 한다.

다른 곳에서도 석유를 분해하는 여타 〈공로자〉들이 알려지기 시작했다. 예를 들면 1933년에 아프리카 나이지리아의 라고스 대학교에서 일하던 두 미생물학자는 과거부터 집중적으로 연구되어 온, 라고스 라군Lagos Lagoon에 있는 기름을 이용하는 아스페르질루스 니제르(*Aspergillus niger*)라는 곰팡이에 관하여 서술하였다. 이 지역에서는 경질유나 반경질유의 유출이 반복적으로 일어났고, 이전에 채취한 시료로 보아 미크로코쿠스(*Micrococcus*), 프세우도모나스(*Pseudomonas*)와 다른 세균들도 바닷물의 정화에 도움을 주었음이 밝혀졌다. 또한 기름으로 포화된 막(膜)필터를 사용한 실험실 연구 결과, 곰팡이 역시 중요한 역할을 한다는 사실이 알려졌다.

그렇지만 중요한 사실이 한 가지 더 있다. 미생물은 처음에는 경질유를 분해하고 그 다음에 중질유를 분해하는데, 그러면서 미생물 집단의 구성이 변화한다는 것이다. 아라비아 만이나 멕시코 만, 또는 북해나 알래스카의 프린스 윌리엄 해협 등 어느 곳에서든 우리의 환경을 정화하는 것은 특정한 종이 아니라 〈미생물 연합군〉이다. 만약 자연에서 이러한 연합이 어떤 방식으로 일어나는지 이해하려고 노력하는 생명공학자를 지원함으로써 얻는 지식을 이용하여 정화 방법을 개선한다면, 미래에는 훨씬 더 효과적으로 정화할 수 있을 것이다.

55 유전공학을 발전시키다

——대장균(*Escherichia coli*)

지난 20년 동안 생명공학은 엄청나게 발전해 왔다. 생명공학을 이용하면 미생물이나 각종 유형의 세포로 의약품 같은 유용한 물질을 생산하고 여러 공정을 개선할 수 있다. 그러나 이렇게 본다면 생명공학이 본질적으로 새로운 것은 아니다. 어떤 의미에서는 생명공학이 효모로 포도당을 발효시켜 알코올 음료를 만든 예전의 기술과 함께 시작되었다고도 할 수 있다. 최근에는 페니실린이나 여타 항생제를 대량 생산하고 있다. 이러한 사회적인 그리고 결국에는 산업적인 활동은 모두 자연의 미생물에 의존한 것이다. 1970년대까지의 과학은 원하는 물질을 생산하는 데 있어 특별히 효과적인 생물들만을 동정하고 선택하는 기술을 제공했다. 그래서 페니칠륨 노타튬의 옥스퍼드 최초 균주는 더 많은 양의 페니실린을 생산해 주는 다른 균주들로 대체되었다.

생명공학 분야에서 질적 도약의 계기를 마련한 것은 살아 있는 세포 내의 유전 물질인 DNA를 소위 〈재조합 DNA〉로 만들기 위해 인위적으로 바꿀 수 있는 방법의 개발이었다. 이러한 유전공학 기술은 제약 회사나 다른 제조업에 새로운 가능성들을 열어 주었으며, 생명공학의 힘과 영역을 크게 확대시켰다. 생명공학에서는 대장균(그림 13)을 주로 이용한다. 대장균은 사람이나 다른 동물의 창자에서 엄청나게 많은 무리가 발견되었고 매우 오랜 기간 동안 집중적으로 연구되어 왔다. 이것은 독소를 생성할 수도 있는 균주로서 때로는 설사를 일으키기도 하지만, 평상시에는 무해하다. 실험실에서 사용되는 대장균은 장을 공격할 능력을 잃었으며, 이것은 수 년 이상 인위적인 배지에서 배양되어 온 결과라 할 수 있다.

마저리 스티븐슨 같은 여러 선구자들의 작업에서부터 오늘에 이르기까지 대장균은 살아 있는 세포의 한 전형으로서 실험실에서 배양되어 왔다. 대장균은 영양 물질을 분해하고 새로운 물질을 만드는 화학 반응을 연구하는 데에 매우 편리하기 때문이다. 유전공학자들 역시 필요할 때 스위치를 켰다 껐다 함으로써 특별한 유전자를 조절하는 방식으로 연구하는 데 대장균이 가치 있다는 것을 알고 있다.

유전공학적인 미생물이나 식물을 가능하게 한 발견들은 1970년대 초반에 이루어졌다. 샌프란시스코의 캘리포니아 대학교 건강과학 센터에서 일하던 허버트 보이어Herbert Boyer와 스탠퍼드 대학교의 스탠리 코헨Stanley Cohen이 다른 세균에서 얻은 유전자를 대장균에 삽입하는 것이 가능함을 보였다(나중에는 완전히 관련없는 동물 혹은 식물 세포에서도 가능하게 되었다).

첫째, 이들은 공여 생물의 DNA를 다루기 쉬운 단편으로 분해하는 기술을 알아냈다. 둘째, 이들은 이렇게 조작된 유전자를 운반체vector DNA 속으로 집어넣을 수 있는 방법을 발견하였다.

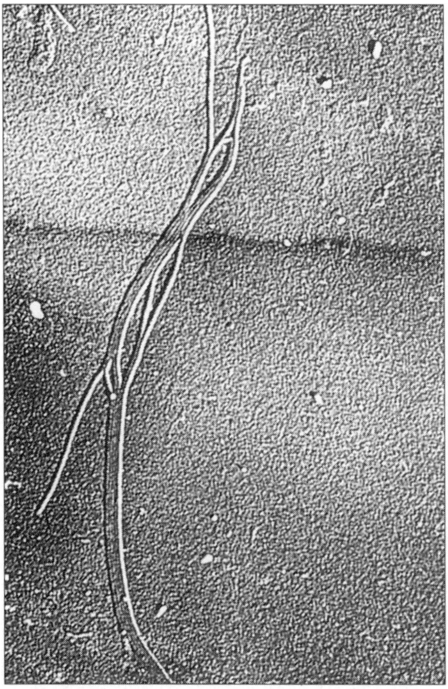

그림 13
대장균(*Escherichia coli*). 가장 널리 연구된 미생물로, 대장에 살며, 요즘에는 유전공학에서 폭넓게 이용되고 있다(배율: ×35,400).

모기가 말라리아 기생충의 운반체이듯이, 유전자에 있어서는 항상 박테리오파지 혹은 플라스미드가 운반체이다. 여기서 박테리오파지는 동물 혹은 식물 세포보다는 세균을 공격하는 바이러스이며, 플라스미드는 세균 세포에서 핵으로부터 분리된 자기 복제 능력을 가진 별개의 DNA 단편이다. 코헨과 보이어는 선택한 DNA 단편을 수용체 세균 속으로 운반하기 위하여 이와 같은 운반체를 사용하였다. 운반된 유전자는 일단 새로운 숙주 속으로 들어가 세포가 분열할 때 함께 자기 복제를 한다. 이렇게 되면 각각의 세포 클론clone이 그 유전자의 정확한 복제들을 포함하게 된다. 이 유전자 클로닝 gene cloning 기술을 이용하면 원하는 유전자를 포함하는 수용체 세포를 선택할 수 있다. 또한 특정 유전자를 제거할 수도 있다. 셋째, 유전자를 직접 변화시켜 그것이 생산하는 단백질을 바꾸게 하기도 한다.

초기 유전공학자들은 대장균을 더 면밀하게 연구하면서 DNA 단편을 절단하기 위하여 사용하는 효소들의 작용이 매우 특이하다는 사실도 발견하였다. 이처럼 유전자는 한 생명체로부터 떼내서 다른 생명체로 정교하게 옮길 수 있다. 이러한 조작 방법을 통해 인간은 자연 상태에서 함께 있지 않는 유전자들을 자기 유전자에 삽입할 수 있다. 동시에 자연에서는 잘 일어나지 않는 유전자 전이를 쉽게 할 수 있다. 이것은 유전공학이 위험할 수 있다는 초기의 염려에 대해 상당한 근거를 준다. 유전공학 기술에는 부주의로 예상할 수 없는 위험에 빠지게 될 가능성도 있다. 예를 들어 막기 어려운 전염병을 처음으로 일으키는 능력과 같은 위험이 있을 수 있다.

이러한 우려는 재조합 DNA의 초기 작업에 관여한 과학자들에게 진지하게 받아들여졌다. 그들은 주목할 만하고 공개적인 방법으로, 가상적인 위험이 명확해질 때까지 이러한 과정을 일시적으로 중지할 것을 요청하였다. 그러나 사실상 유전공학이 거의 20여 년 동안 전세계의 실험실에서 실행되어 왔지만, 그 동안 건강이나 환경에 대한 단 한 가지의 위험도 발견되지 않았다. 이러한 실제적인 경험은 유전자 이식의 특별한 정교함과 예측 가능함이 안전을 보장할 수 있다는 이론적인 논의를 지지해 준다. 유전자 삽입이 우연히 위험한 생명체를 낳을 수 있다 하더라도, 연구를 통제하는 엄격한 규칙과 과정 덕분에 그런 우발적인 사태는 지극히 희박하다. 게다가 과학자들은 실험실에서의 이러한 위험이 자연에서 24시간 동안 일어나는 천문학적인 숫자의 유전자 전이와 돌연변이에 비해 비교할 수 없을 정도로 적은 것이라 믿고 있다. 그리고 자연에서는 매우 자주 에이즈 바이러스 혹은 새로운 독감 바이러스 혹은 콜레라균 같은 병원체가 만들어지고 있다.

유전공학자들은 이제 이런 기술을 산업·의학·농학 등에 광범위하게 적용하기 위해 (인간 유전자의 복제뿐만 아니라) DNA 단편을 동원하여 유전적으로 조작된 미생물을 제조하고 있다. 사람의 췌장에서 만들어지는 것과 동일한 인슐린은 유전공학적으로 설계된 세균이 생산한 최초의 상업적인 생산물이다. 이러한 물질은 생물 반응기 안에서 조작된 미생물을 영양 배지에 배양함으로써 생산할 수 있다. 다른 생산물로는 항바이러스 제제인 인터페론과 사람의 성장 호르몬 등이 있는데, 이것들은 과거에 시체에서 추출하여 병원성 바이러스에 감염될 소지가 있었던 것보다 본질적으로 더 안전하다.

유전공학의 새 시대를 촉진하는 대장균에 관한 발견과 함께 DNA 단편을 연구하고 확인하기 위한 것으로 기가 막히게 정교한 방법들도 나왔다. 이러한 방법들은 특별한 유전자들을 〈오려내기〉 위하여 사용되는 효소에 의존하고 있다. 특히 널리 사용되는 것은 〈DNA 프로브〉이며, 이것은 다른 DNA 단편에 매우 특이적으로 달라붙어서 그것들을 명백하게 확인할 수 있도록 돕는 작은 DNA 단편을 말한다. DNA 프로브는 이제 생물학과 의학에 있어 어마어마한 분야에 적용될 것이다. 이것은 특별한 미생물을 동정하기 위해 사용될 수도 있으며, 특별한 유전병의 원인이 되는 세포 내의 DNA 염기 서열을 찾아내는 데에도 도움을 줄 수 있다.

예를 들면 낭포성 섬유증cystic fibrosis(백인 아이에게 흔히 나타나는 유전병으로 폐의 기능을 약화시키고 심각한 퇴행성 증상을 나타낸다)의 원인이 되는 유전자 중에서 운반체를 확인하고, 이러한 유전자를 가진 부부들과 유전학적으로 상담할 수 있기 위하여 유전자 프로브를 사용하고 있다. 앞으로 이러한 검사는 더욱더 많이 이용될 것이다.

56 비타민 생산자
——아시비아 고시피(*Ashbya gossypii*)

우리는 단백질, 탄수화물, 지방, 섬유소만으로 살 수 없다. 인간을 비롯한 동물들은 극히 적은 양이긴 하지만 (아연과 구리 같은) 다양한 〈미량 원소〉와 비타민을 필요로 한다. 모든 동물들이 동일한 요소를 필요로 하지는 않는다고 하더라도——인간은 비타민 C(아스코르브산)를 외부에서 공급해 주어야 하는 반면, 생쥐는 스스로 만들 수 있다——비타민은 다양한 종의 세포에서 대사 기관의 결정적인 부위의 주요 요소로서 비슷한 역할을 한다. 예를 들어 비타민 A(레티놀)는 망막 상의 광수용 단백질인 로돕신의 전구체이다. 한편 특정 비타민의 결핍은 특정 질병을 일으킨다. 예를 들어 사람은 비타민 C가 결핍되면 괴혈병에 걸리고, 비타민 D(칼시페롤)가 결핍되면 구루병(곱사등)에 걸린다.

비록 높은 농도의 비타민 C로 감기나 암과 싸울 수 있다는 보고가 있기는 하지만, 전문가의 공통된 의견은 그 반대이다. 수십 년의 연구를 통해 건강을 유지하는 데 날마다 필요한 비타민의 양을 결정할 수 있었으며, 양질의 균형 잡힌 식사로 그 필요한 양을 만족시킬 수 있다. 그래서 아침식사로 시리얼처럼 곡류로 된 특정 음식물을 먹으면 비타민 B_2(리보플라빈), B_{12}(코발라민), D 등과 같은 중요 비타민이 일정하게 보충된다.

이 비타민들은 어디에서 유래한 것일까? 어느 정도는 화학 공장에서 합성될 수 있으나, 어떤 것들은 매우 복잡한 분자 구조를 가지고 있어서 화학자들의 능력으로 만들지 못한다. 대신 미생물들이 그것들을 만들어준다. 그래서 동물의 내장에 있는 미생물이 스스로를 위해 이러한 물질을 만들듯이, 우리도 여러 가지 주요 비타민의 산업적 제조에서 다른 미생물들의 기술을 이용한다.

이러한 목적을 위해 사용한 첫번째 미생물들 중 한 가지는 〈아시비아 고시피〉라는 곰팡이였으며, 이것은 1947년에 비타민 B_2를 제조하는 발효 공정의 중심이 되었다. 인간과 같은 〈고등 동물〉의 세포 역시, 아주 작은 미생물이 생산한 물질을 사용한다는 사실은 다소 놀랍다. 이것은 지구상 모든 생명의 통일성을 시사하며, 많은 다양한 유형의 살아 있는 생명체가 진화를 통해 발전했다는 생명 과정의 공통 기원을 강조한다. 비타민 B_2의 경우는 가장 근본적인 것 중 하나로, 세균이나 수많은 유형의 세포에서 필수적인 역할을 담당한다. 즉 이것은 호흡의 형태로 에너지를 방출하는 통로인 전자전달계를 이루는 특정 단백질의 구성 인자이다. 전자전달계에서 에너지는 다른 세포의 공정에서도 사용될 수 있는 형태로 저장된다.

1947년에 비타민 B_2를 만들기 위해 고안된 상업적 기술은 본질적으로 요즘 사용되는 것과 같다. 곰팡이는 영양 배지 속에서 쉽게 배양되고, 그곳에서 7일에 걸쳐 액체 배지의 실 같은 균사체에 붙어 배양액 1리터당 7그램에 이르는 비타민을 축적한다. 그 후 식품 보완제로 사용될 비타민 B_2는 추출되어 정제된다(경우에 따라서는 단독 또는 복합 비타민의 일부로서 알약 형태로 제조된다). 비타민 B_2의 결핍은 피부 발진, 구강 궤양, 입술 통증, 각막 장애 등을 일으킨다.

가장 초기의 항생제 생산자처럼 처음에 이러한 목적으로 사용되었던 아시비아 고시피 균주도 비타민 B_2를 극히 소량만 생산하였다. 그러나 점차 그 생산량이 늘어나 2만 배 이상까지 개선되었다. 생명공학자들은 한편으로 생산성이 특히 높은 균주를 선택했고 다른 한편으로는 배양 조건을 변화시킴으로써 생산량을 개선했다. 요즘에는 비슷한 종류의 곰팡이 에레모테츔 아시비(*Eremothecium ashbyii*) 역시 비타민을 만드는 데 이용된다. 이제 세번째 미생물인 바칠루스 수브틸리스(*Bacillus subtilis*, 고초균)가 이 곰팡이들과 경합하고 있다. 바칠루스의 어떤 균주들은 비타민을 과다하게 생산하여 그것을 배지 속으로 분비한다.

분명히 미생물이 어떤 물질을 자신이 필요로 하는 이상으로 생산하는 것은 그리 바람직하지 못하다. 비타민을 과다하게 만드는 것은 기초적인 원료 물질과 에너지를 낭비하는 것이며, 그 미생물이 자신의 대사 작용을 적절하게 조절하지 못하기 때문에 나타난다. 과거에는 아시비아 고시피 같은 미생물이 이러한 방법으로 비타민을 공급해 주었지만, 유전공학의 출현에 힘입어 이제는 미생물들로 하여금 그들의 물질과 에너지를 이용하여 원하는 비타민이나 다른 최종 산물을 더 많이 만들도록 조절 유전자를 직접 조작하고 있다.

비타민 B_2에 있었던 성과와 유사한 발전이 비타민 B_{12}의 경우에서도 나타났다. 이 비타민은 음식물로부터 장내로 흡수되지 못하거나, 자주는 아니더라도 비타민이 부족한 음식을 섭취하여 결핍될 수 있고 악성 빈혈을 야기한다. 레몬과 오렌지에 있는 비타민 C와는 달리 자연 속의 비타민 B_{12}는 대체로 미생물이 만든다. 따라서 사람은 이 비타민을 전적으로 동물성 식품을 통해 섭취한다.

수 년 동안 비타민 B_{12}는 한 가지 미생물 또는 짝을 이뤄 작용하는 두 가지 미생물을 이용해 생산해 왔다. 한 단계 공정에서는, 프세우도모나스 데니트리피칸스(*Pseudomonas denitrificans*)를 사탕무의 당밀에서 4일 이상 키우면 비타민이 생산된다. 당밀은 필수 물질과 에너지를 공급할 뿐 아니라 비타민 B_{12}의 양을 증가시키는 베타인 betaine을 가지고 있다. 두 단계 공정은 총 6일이 걸리며 프로피오니박테륨 셰르마니(*Propionibacterium shermanii*) 균주가 나중에 비타민으로 전환될 중간 대사 산물을 생산한다. 산업적인 용도로 개발된 이 두 미생물은 자연에 있는 미생물들이 생산하는 비타민 B_{12}보다 5만 배 이상을 만들 수 있다. 이들은 식품 및 제약 산업을 위하여 매년 약 1만 킬로그램의 비타민을 생산하고 있다.

인간의 음식과 동물의 사료를 위한 보완제로서의 비타민 생산은 제약 회사의 영업적 측면에서 볼 때 (종종 알약형 비타민을 실제 필요량보다 많이 섭취하는 일시적인 유행은 말할 것도 없고) 항생제 다음으로 거대한 산업이다. 현재의 총 거래액은 연간 약 8억 달러이다. 비록 화학 합성된 비타민이 이 액수의 반 정도를 차지하고 있지만, 이러한 추세는 이제 유전공학자들이 새로운 세대의 세균과 곰팡이를 만드는 계획을 세우고 있기 때문에 바뀔 수 있다. 이러한 생물들은 지난 반세기 동안 엄청난 분량으로 생산되어 온 비타민 B_2나 B_{12}보다 훨씬 더 다양한 비타민을 우리 인간에게 공급해 줄지도 모른다.

57 만찬을 준비하는 곰팡이

——푸사륨 그라미네아룸(*Fusarium graminearum*)

1991년 말경에 임페리얼 화학 회사(ICI)의 모회사였던 말로 식품은 막대한 양의 푸사륨 그라미네아룸(그림 14)을 키우기 위해 2천만 파운드를 들여 그 생산 공장을 건설하겠다고 발표했다. 곰팡이인 푸사륨 그라미네아룸은 영국 버킹엄셔의 말로 인근 토양에서 맨 처음 분리된 미생물이다. 그 당시까지 이 작은 곰팡이의 이름은 식물병리학자들 사이에서만 밀에서 줄기밑썩음병 foot-rot을 일으키는 원인체로 잘 알려져 있었다. 그러나 이 미생물 자체는 매우 맛이 좋은 생물로서 많은 사람들이 알고 있었고, 퀀 Quorn이라는 상표의 가공 식품으로도 이용되었다. 말로 식품이 대량 생산 체제로 나아가게 된 것은 퀀이 앞으로 세계 시장의 으뜸 상품이 되리라는 확신에서였다. 동시에 이것은 미생물이 영양학적 · 상업적 · 조리학적 주요 식품으로 탄생하여 시장성을 갖게 됨을 의미했다.

퀀 혹은 푸사륨 그라미네아룸은 미식가적 관심을 가진 소비자와 영양학적으로 건강을 중시하는 소비자 모두의 마음에 들도록 설계된 최고의 상품이었다. 이것의 구성 성분——단백질이 약 12퍼센트이며 동물성 지방 혹 은 콜레스테롤이 없다——도 건강이라는 관점에서 지극히 매력적이다. 이 곰팡이는 단일 세포로보

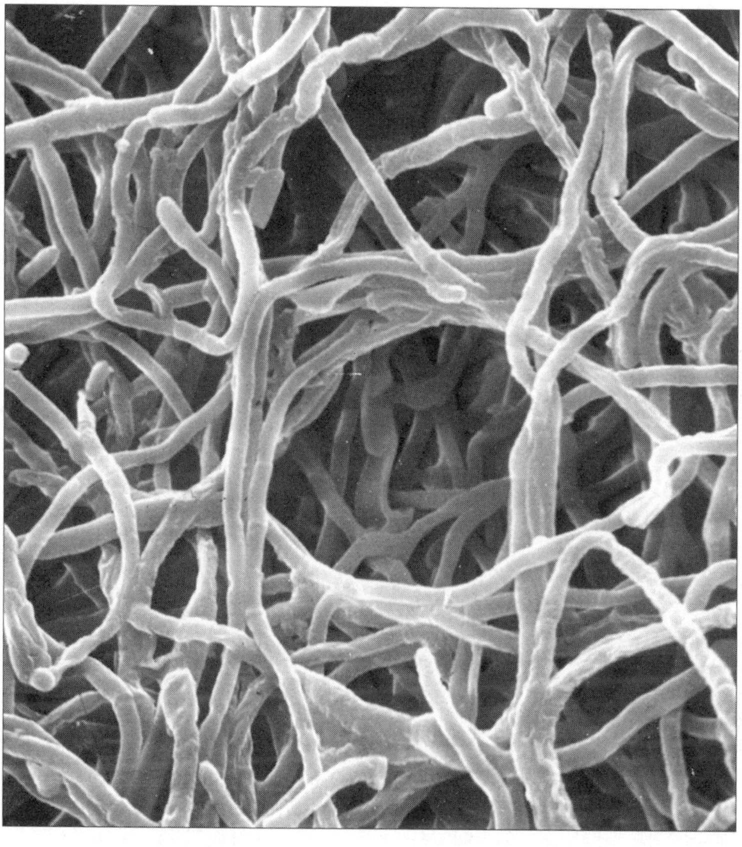

그림 14 푸사륨 그라미네아룸(*Fusarium graminearum*). 새로 자라난 미세 곰팡이 표본으로, 요즈음에는 식물성 단백질인 퀸 Quorn의 제조에 이용된다(배율: ×830).

다는 가는 실 모양으로 자라고, 영양학적으로도 훌륭하며, 혈액 내의 지방을 감소시키는 데에 크게 도움을 주는 섬유질의 특성도 가지고 있다. 또한 이것의 질감은 미각을 자극한다. 그래서 퀀은 다른 상품들처럼 특별하게 포장되지 않아도 그 자체의 큰 덩어리로 훨씬 잘 팔린다. 〈곰팡이 단백질Mycoprotein〉인 퀀은 콩 단백질처럼 인조 섬유소 모양으로 만들거나 스테이크 대용품으로 가장할 필요가 없다. 소비자의 만족도는 랭크 호비스 맥두걸 사의 식료품 가게에서의 대중적 인기를 보면 분명하게 알 수 있다. 랭크 호비스 맥두걸 사는 ICI 사에 완전히 인수되기 전까지 말로 식품을 통해 개발의 절반을 지원한 회사였다.

푸사륨 그라미네아룸의 또다른 이점은 성공적이지 못했던 여러 가지 미생물 식품 프로젝트에서 사용되었던 값비싼 정제 석유보다 포도당에서 더 잘 자란다는 사실이었다. 이것은 곧 생산 과정을 지역 상황에 맞게 바꿀 수 있고 세계 시장에도 내다 팔 수 있음을 의미했다. 영국 같은 나라에서 포도당 원료로 사용되는 감자나 밀의 전분은 지역에 따라 더 싸고 풍부한 카사바 녹말이나 다른 열대 식물로 대체될 수 있었다.

식품 원료로서 미생물들을 사용하기 위한 모든 노력이 퀀 프로젝트처럼 성공적인 것은 아니었다. 실제로 무참하게 실패한 경우도 있었다. 실업가가 기술적인 어려움 때문이 아니라 더 넓은 사업 환경을 감내하지 못하여 실패한 전형적인 예가 자주 인용되고 있다. 1971년 영국 석유(BP) 사는 원유 찌꺼기에서 효모를 키워 만들어낸 톱리나Toprina를 제조하기 위하여 이탈리아 회사인 애닉ANIC과 손을 잡았다. 그 당시에는 단백질이 풍부한 미생물 세포인 〈단일 세포 단백질〉이 동물 가축 사료에 사용되는 최고급 단백질 원료로서 콩에 비해 매력적이고 값싼 대안품이 되어 있었다. 그들은 또한 이것을 세계의 가난한 지역 사람들을 위한 대체 식량으로 제안하기도 하였다.

BP/ANIC 연합 회사가 사르디니아에 설립한 톱리나 공장은 실제로 가능성이 있어 보였다. 그러나 두 회사에 무거운 재정 적자를 남긴 채, 그리고 새로이 떠오르던 생명공학 기술의 이미지에 심각한 흠집을 남긴 채, 사업 전체가 갑자기 붕괴하고 말았다. 20년이나 지난 후에도 전문가들은 여전히 그 사건을 이야기한다. 물론 진상이 충분하게 밝혀졌기 때문에 무엇이 잘못되었는가를 논하지는 않는다. 아직도 그들은 그 계획이 붕괴되도록 한 다양한 원인에 따르는 책임 소재에 대해 의견 일치를 보지 못하고 있다. 당시의 전세계적인 석유 위기 또한 확실히 부정적 요인이었다. 왜냐하면 톱리나를 키우기 위해 사용되는 원유의 가격이 인상되었기 때문이다. 정계에서는 콩 로비가 진행되어 콩 가격을 인하하기 위한 새로운 협의를 서두르기도 하였다.

톱리나의 안전성에 관한 논쟁도 있었다. 그것은 톱리나가 핵산(DNA와 RNA)을 많이 가졌기 때문이었다. 그러나 이 논쟁은 쉽게 해결될 수 있었다. (효모나 살아 있는 다른 생물처럼 퀸을 이루는 푸사륨이 DNA와 RNA를 가지고 있기는 했지만 최종 산물에서의 농도는 확실히 안전하였다.) 마지막으로 이 공장이 허용치 이상의 오염 성분을 배출할지 모른다는 우려도 있었으나 그것 역시 정확한 측정을 통해 불식되었다. 어쨌거나 결론은 명백했다. 정치와 대중 정서와 환경 운동이 기술의 달콤함이나 미생물 맛보다 더 중요함을 증명했던 것이다.

이제까지의 미생물 식품 개발에 관한 모험담 중에는 흥미를 끄는 두 가지 교훈이 있다. 첫째로 과학과 기술에서의 실패는 항상 보상을 받았다. 지난 20년에 걸쳐 어려움을 겪었던 공정 중에는 장래에 도움이 될 수 있는 방법을 보여준 톱리나뿐 아니라, ICI사가 영국 북부 티사이드의 빌링엄 공장에서 동물 사료로서 프루틴 Pruteen을 생산한 적도 있었다. 프루틴을 이루는 미생물은 메틸로필루스 메틸로트로푸스(*Methylophilus methylotropus*)로, 처음에는 메탄 가스에서 키웠고 최근에는 메탄올에서 키우고 있다. 그러나 생산은 기술적인 문제로 혼란을 겪었고, 프루틴의 가격은 결코 콩 단백질의 가격과 경쟁하지 못했다. 이 두 산물의 모습은 대조적이지만, 이 공정을 개발하면서 얻었던 상당한 경험을 이제는 퀀의 대량 생산으로 실현하고 있다.

두번째 교훈은 영국 석유 사의 사르디니아로부터 얻을 수 있다. 성과가 있어야만 하는 그러한 계획에서 다양한 상황을 고려하지 않은 채 상업적 개발을 계획하는 것은 위험하다. 생명공학자들은 매우 사소한 사회적 변화에도 깊은 관심을 가진다. 그래서 소비자들이 더 자연적이고 비육류적인 산물을 요구하기 시작한 바로 그 순간에 그라미네룸을 내놓을 수 있었다. 채식주의 붐과 식용 동물 사육에 대한 우려가 증가하면서, 시장에서는 퀀의 지위가 높아지고 있다. 수세기 동안 버섯과 거대 곰팡이가 인간 식품의 중요한 요소로 자리잡아 왔다. 이제 그 다음 시대가 열리고 있다.

58 류머티즘 관절염을 치료하다

——리조푸스 아르히주스(*Rhizopus arrhizus*)

우리가 보아온 바와 같이 생명공학의 원리는 흔히 추측하는 것만큼 결코 새로운 것은 아니다. 시사 논평가들은 이것에 대해 이야기할 때마다, 20세기 초에 출현하여 감염 질환의 치료에 혁명을 일으켰던 항생제와 인간이 수세기 전에 발효시켜 생산한 알코올 음료를 인용한다. 그런데 미생물과 인간 사이의 동반자 관계에 대한 이야기 속에는 또 하나의 사건이 있었으며, 이 관계는 더욱 더 눈부신 양식으로 시작되어 그 중요성을 더해 왔다. 바로 스테로이드 호르몬에 관한 이야기다.

미국의 류머티즘 전문의인 필립 헨치Philip Hench와 두 동료들은 노벨상을 받았다. 1940년대 후반에 헨치는 특정 스테로이드의 혈중 농도가 증가하는 생리적 상태에서는 종종 만성적인 류마티즘 관절염의 증상이 감소한다는 것을 주의깊게 관찰했다. 이런 생리적 상태는 여성의 성호르몬 분비가 증가하는 임신기와 담즙산의 혈중 농도가 높아지는 황달 상태이다. 헨치는 스테로이드와 밀접하게 관련된 코티손cortisone이라는 호르몬이 류머티즘 관절염에 걸린 환자에게 비슷한 효과를 보일지도 모른다고 생각했다. 코티손은 비록 한정된 양이긴 했지만 당시에 처음으로 생산되었고, 실험적인 투여가 가능했다.

헨치의 고찰은 곧 극적으로 입증되었다. 그가 미국 미네소타 주의 로체스터에 있는 메이오 병원에서 14명의 관절염 환자에게 코티손을 주사하였을 때, 상태가 심각했던 환자들조차 놀랄 정도로 그 병세가 호전되었다. 수 일 내에 이 환자들의 관절에서 뻣뻣함이 사라졌고 부기가 없어졌다. 그리고 이전에는 침대에 누워 있던 환자들이 혼자서도 일어났고, 면도를 하고 문을 열고 계단도 오를 수도 있게 되었다. 절름발이도 다시 자유롭게 걷게 되었다. 1949년 4월에 헨치와 그의 공동 연구자들은 뉴욕의 월도프 애스토리어 호텔에서 전세계의 언론에 그들의 발견을 알렸다. 코티손은 즉시 기적처럼 세상에 알려졌다.

그러나 그 흥분은 너무 이른 것이었다. 수 개월 후에 의사들은 코티손이 그 자체로서 완벽한 기적의 치료제가 아님을 실감하게 되었다. 지속적인 치료가 필요했으며 재발을 감소시키기는 하지만 불쾌한 부작용도 나타났다. 그럼에도 불구하고 헨치의 연구는 코티손을 비롯한 스테로이드에 대한 광범위한 관심을 불러일으켰다. 스테로이드 분야는 처음보다 조금 희석은 되었지만 의학계에서 중요한 위치를 차지하고 있다. 오늘날 스테로이드는 알레르기나 피부병, 각종 염증 완화에 광범위하게 사용된다. 이것들은 호르몬이 결핍된 사람들의 치료와, 면역계가 자신의 조직을 공격하는 자가 면역 질환의 완화, 그리고 이식된 장기가 거부 반응을 갖지 않도록 하는 데도 이용된다.

한편 메이오 병원의 연구는 미생물을 이용하여 화학 분자를 구조 전환함으로써 기존보다 훨씬 더 적은 비용으로 스테로이드를 제조하기 위한 노력에 관심을 모으는 데도 일조했다. 1949년의 코티손 제조는 세심한 주의를 요할 뿐더러 비용도 많이 드는 일이었다. 이것은 가공을 하지 않은 담즙으로부터 얻은 디옥시콜산 deoxycholic acid이 원료였다. 화학자들은 이 호르몬을 생산하기 위해 원료 물질로부터 적어도 37가지 이상의 서로 다른 화학적 조작을 해내야만 했다. 그러한 반응 과정 중 10가지는 단지 스테로이드 분자에 있는 한 개의 산소 원자를 다른 위치로 옮기는 것이었다. 한심하게도 가장 정확한 방법으로 이러한 공정을 진행했을 때조차도, 다단계 공정은 처음 디옥시콜산의 0.15퍼센트만을 코티손으로 전환하였다. 유일한 대안은 이 호르몬을 가축의 부신으로부터 추출하는 것이었지만, 100밀리그램 정도의 적은 코티손을 만들기 위해서는 적어도 6,000마리의 동물이 필요했다. 그 당시약의 가격이 그램당 약 200달러였다는 것은 놀라운 일도 아니다.

콜레스테롤이나 남성과 여성의 성호르몬을 포함한 모든 스테로이드는 동일한 〈핵〉 구조를 가진다. 이러한 특징은 어느 하나에서 다른 것으로 전환시키는 간단한 생물학적 방법을 개발하는 데 기폭제가 되었으며, 나중에 미국 미시간 주의 칼라마주에 있는 업존Upjohn 사의 듀레이 피터슨Durey H. Peterson과 그의 동료들이 코티손의 가격 문제를 해결하기 위해 빵 곰팡이인 리조푸스 아르히주스를 함께 이용하기에 이르렀다. 물론 화학자들은 다양한 생명체들을 선별하였지만 성공하지 못했다. 그들은 결국 이 미생물이 디오스게닌diosgenin이라는 스테로이드를 전환하여 코티손으로 바뀔 수 있는 중간 대사 산물을 만들어준다는 것을 알아냈다. 디오스게닌은 식물성 전분질의 덩이뿌리를 가진 멕시코산 얌yam 같은 식물에서 쉽게 얻을 수 있는 스테로이드로, 6개의 화학적 단계를 거쳐 중간 대사 산물을 코티손으로 전환한다. 여기에는 부가적인 이점도 있었다. 이 미생물이 디오스게닌을 구조 전환하는 데 사용하는 효소는, 화학 합성 때 요구되는 고온·고압의 조건과는 달리 보통 조건에서 작용하였고 값비싼 용매도 필요없었다.

사람과 미생물 사이의 이러한 중대한 협력은 코티손의 가격을 그램당 6달러까지(1980년에는 그램당 0.46달러로까지) 매우 빠르게 하락시켰다. 뿐만 아니라 값싼 원료 물질을 다른 고부가 약물로 전환시키기 위하여 미생물을 사용하려는 관심도 불러일으켰다. 이러한 관심의 대상으로 프레드니솔론prednisolone과 베타메타손beta-methasone이 있다. 이것들은 코티손보다 더 강력한 항관절염 활성을 가지며 심각한 부작용도 없다. 미국 뉴저지 주에 있는 셰링 사는 디프테리아 관련 종으로 프레디솔론predisolone을 개발하였다.

피터슨의 연구 이래, 치료용 스테로이드를 제조하기 위하여 미생물을 이용하는 방법이 폭발적으로 응용되기 시작했다. 가장 많이 이용되는 미생물은 곰팡이인 리조푸스와 아스페르질루스, 세균인 코리네박테륨과 바칠루스 등이다. 각각의 경우에서 미생물은 값싼 원료 내에서도 그것을 적당한 영양으로 삼아 잘 자라난다. 즉 얌이나 용설란 혹은 콩과 같은 식물로부터 스테로이드를 얻을 수도 있다. 많은 경우에 있어서 미생물은 개시 물질의 95퍼센트 정도를 약물로 바꿀 수 있다.

미생물 스테로이드 구조 전환자를 오랫동안 적용한 주요 예 중 하나는 식물성 물질을 전환하여 다양한 성분의 경구 피임약을 만든 것이다. 예를 들면 1974년에 일본 회사 미쯔비시는 양털 기름과 물고기 기름으로부터 얻은 콜레스테롤을 노르에티스테론norethisterone이라는 피임약으로 전환하는 새로운 미생물 공정을 밝혀냈다. 지금까지 경구 피임약을 만들기 위하여 개시 물질로 사용했던 멕시코산 얌의 공급이 감소되자, 일본 회사는 그 문제를 해결하기 위하여 미생물의 〈재주〉로 다시 눈길을 돌렸다.

59 흰 빨래를 더욱 희게

——세제용 효소 생산 미생물

이 책을 비롯한 다른 여러 문헌에서 서술한 많은 공정들을 수행하기 위하여 미생물들이 사용하는 도구인 효소는 단백질이다. 이 천연 촉매들은 문자 그대로 모든 살아 있는 과정과, 지구상의 동물, 식물, 미생물의 성장과 발생을 책임지고 있다. 이들은 화학적 변화를 일으키고 한 물질을 다른 물질로 전환시키면서 새로운 살아 있는 조직을 만들고 오래된 조직의 구성 성분을 재순환시키는 역할을 한다. 효소 작용은 매우 특이적이며 또한 매우 강력하다. 그래서 환경 내의 7,000개 정도의 서로 다른 효소들은 물질대사의 도구들로서 그 모양을 만들고 색깔을 입혀 생명 세계에 활기를 북돋우어 준다. 하수를 분해하고, 항생제를 제조하고, 생물계에서 구성 요소들을 순환시키고, 알코올과 치즈를 생산하고, 살아 있는 세포에서 당을 분해하여 성장과 발생에 필요한 에너지를 만들어내는 것도 바로 미생물의 효소이다.

생산자이든 분해자이든 간에 효소는 순서대로 작용하는 경우가 많다. 그리고 대부분 개시 물질의 구조를 연속적으로 변화시키는 것에 영향을 미친다. 많은 효소 작용에서는 비단백질성인 다른 물질이 덧붙어야 한다. 이러한 물질은 리보플라빈 같은 비타민으로부터 형성되는 칼슘이나 조효소 등의 금속 이온들이다. 결정적인 것은 효소의 분자 구조가 매우 복잡하게 얽힌 상태에서 나타나는 소위 〈활성 부위〉이다. 활성 부위는 특정 효소가 당, 녹말, 지방 같은 물질의 분자와 결합하는 표면 중 특정 위치이다.

마치 한 열쇠가 짝을 이루는 자물쇠와 맞는 것처럼, 특정 효소와 딱 들어맞는 물질을 그 효소의 〈기질〉이라 부른다. 한 효소는 다른 것이 아닌 단 한 가지 특별한 기질을 〈인식〉하는데, 효소 표면의 분자 구조가 기질 분자의 융기 및 돌출부와 정확하게 맞게 된다. 효소가 기질을 만나면 두 물질은 함께 결합하며, 효소의 영향으로 기질이 변한다. 이 분자들이 서로 얽혀 붙으면, 기질은 다양한 결합을 부수거나 만드는 화학적 힘을 발휘한다. 이것이 생명 세계에 나타나는 무수한 구조 전환의 주요 과정이다. 종종 한 효소는 단순히 그 분자의 일부를 제거하거나 두 개의 성분으로 쪼개기도 한다.

이 전체적인 과정은 매우 신속하게 일어나며 변하지 않는 이 효소는 나중에 다른 기질 분자와 반응한다. 이러한 방법으로 한 가지 효소 분자는 천문학적 숫자의 기질 분자를 매우 빠르고 효과적으로 전환할 수 있다. 효소에 의해 촉진되는 많은 반응이 효소 없이 일어난다면 그 반응은 지극히 더디게 진행된다. 많은 경우 이와 똑같은 전환이——매우 오랜 시간이 걸리긴 할지라도——다른 화학적인 방법을 통해 일어날 수도 있다. 아마도 화학반응은 강산의 사용이나 혹은 대부분의 효소들이 작용하는 온도보다 훨씬 더 높은 온도 같은 극단적인 조건을 필요로 할 것이다.

오늘날 미생물의 주된 산업적 응용 중 한 가지는 화학적 변화를 일으키는 효소의 공급원으로 이용하는 것이다. 이러한 미생물은 항상 커다란 탱크에 든 영양 배지 속에서 단순 접종을 통해 대량으로 배양된다. 이것은 미생물이 만든 효소가 다른 공정에 사용되기 위하여 이동되고 정제될 때까지 계속된다. 그러고 나서 효소들은 유리 구슬, 플라스틱, 셀룰로오스 같은 천연 섬유 등의 고체 표면에 고정된다. 그후 생산물은 흘러나가고, 지지체에 고정된 효소는 남겨져서 나중에 공급되는 기질을 처리하기 위한 준비를 한다.

미생물 효소는 주로 최종 물질을 만드는 데 있어 효소가 주요 역할을 하는 공정에 응용된다. 그러나 상당한 효소들이 상업적으로 (예를 들면 과일의 숙성을 위해서) 판매되고 있으며, 이러한 경우에 효소는 액체나 분말 혹은 과립형으로 나온다. 우리가 활성 효소를 사려는 몇 안 되는 이유 중 하나는 이것이 생물학적 세제의 구성 성분이기 때문이다. 이것들의 기초가 되는 개념은 한 독일 화학자가 췌장 분비선에서 추출한 단백질 분해 효소를 세탁을 위한 초벌 세제에 혼합했던 20세기 초까지 거슬러올라간다. 이 화학자는 추출물 속에 있는 트립신과 다른 단백질 분해 효소가 옷감의 섬유소에 강력하게 달라붙은 혈액, 달걀, 풀물, 땀 등과 같은 단백질성 얼룩을 분해할 것이라고 생각하였다. 그러나 이 실험은 단지 부분적으로만 성공하였다.

상업적으로 성공한 최초의 생물학적 세제는 1960년대 초반이 되어서야 시장에 등장했다. 그것은 미생물 효소의 세계적 주요 생산자인 덴마크의 노보Novo 사가 생산한 알칼라제Alcalase였다. 이 단백질 분해 효소는 단백질성 얼룩을 분해하는 데 효과적이었을 뿐 아니라 다른 세탁용 분말 성분의 영향을 받지 않았으며, 높은 온도에서도 잘 작용하였다. 스위스 게브루더 슈나이더 Gebruder Schnyder의 협력사인 네덜란드의 코트만 슐테(현재 ACP) 사는 효소 세제의 중요한 비약적 발전이었던 바이오텍스 Biotex와 알칼라제를 혼합하였다. 이 공정은 1970년대에 일시적으로 퇴보하였는데, 그것은 세제에 효소 분말을 첨가하는 제조공정에서 일하던 상당수 노동자들이 알레르기 반응을 보였기 때문이었다. 그러나 이 문제는 효소를 견고한 코팅 캡슐에 넣자 즉시 해결되었다.

훨씬 더 최근에는 덴마크의 노보 노르디스크Novo Nordisk 사(노보 사가 노르디스크 사를 합병하여 노보 노르디스크가 됨——옮긴이)는 알칼라제를 두 가지 다른 효소인 에스페라제 Esperase와 사비나제 Savinase로 확장하였다. 이것들은 오늘날 에너지 절약을 위해 낮은 온도에서 세탁할 때에도 효과적으로 얼룩을 제거할 수 있다. 그래도 저온이라는 환경은 버터, 소스, 립스틱 같은 지방성 얼룩의 제거에는 문제가 있었다. 하지만 이러한 것들은 유전공학으로 만들어진 노보 노르디스크 사의 리폴라제 Lipolase라는 세탁용 분말에 포함된 최신 효소로 제거할 수 있다. 한층 더 혁신적인 것은 스파게티와 초콜렛 같은 음식물 찌꺼기를 제거하기 위하여 전분을 분해하는 효소인 아밀라아제 amylase를 사용하는 것이다.

다른 방법은 노보 노르디스크 사가 소개한 셀루자임 Celluzyme이다. 셀루자임은 얼룩을 분해하는 것뿐 아니라 면직물과 면직 혼합물의 섬유질 구조를 변형시킨다. 셀루자임은 섬유소를 공격하는 효소인 셀룰라아제 cellulase 혼합물이다. 비록 이 경우 실제로는 매우 완만하게 일어나지만 말이다. 셀루자임은 직물을 부드럽게 하여 직물 사이에 갇힌 입자를 제거한다. 즉, 셀루자임은 반복적으로 세탁함에 따라 주 섬유질로부터 부분적으로 떨어지는 미세섬유를 분해함으로써, 거칠어진 면직물의 부드러운 촉감과 색상을 회복한다. 이제 미생물의 효소는 세탁에만 도움을 주는 것으로 그치지 않고 옷의 우아함에도 또 하나의 독창적인 기여를 하기 시작했다.

60 독약을 약으로 바꾸다

——클로스트리듐 보툴리눔(*Clostridium botulinum*)

사건의 발단은 32세의 미국 여행사 직원이 호흡기 감염으로 목이 쉰 일이었다. 몇 달이 지나자 이 여성은 자신의 목소리를 적절하게 조절할 수 없었다. 목소리는 이상했고 자주 변했으며 소리 전달이 제대로 되지 않았다. 언어 치료를 받았지만 지속적으로 호전되지는 않았다. 그녀는 심리 상담을 받았고, 의사는 그 이상한 언어 장애가 직장의 스트레스와 최근의 이혼에서 비롯되었을 것으로 추정하였다. 이와 같은 진단은 힘든 고통을 이겨내는 데 아무런 도움이 되지 못하였고, 그녀의 상태는 그렇게 2년이 넘도록 악화되기만 했다.

비록 그후 상태가 나아지기 시작하였으나 완치는 되지 않았다. 이후 3년 동안 이 환자는 최면술과 침술 치료부터 신경 안정제를 비롯한 약물 복용에 이르기까지 가능한 치료는 모두 받았다. 그러나 그 어떤 것도 듣지 않았고 그녀는 말을 필요로 하지 않는 새 직장을 구해야만 했다. 차츰 그녀는 사회적 접촉을 줄였고, 만성적으로 우울해졌으며, 따라서 장기적인 약물 치료를 받았다.

이때 이 여성의 정신과 의사는 메릴랜드 주 베데스다에 있는 국립보건연구소(NIH)에 그녀를 의뢰하였다. 그곳의 어느 뇌 전문의가 가는 섬유 렌즈의 내시경을 목에 넣어 발성 관련 근육이 조절되지 않고 경련을 일으키는 것을 발견하였다. 비록 겉으로는 근육이 완전히 정상이었지만, 성대의 발작적인 수축은 목소리의 고저에 이상한 간격과 변화를 야기하였다.

그 의사는 즉각 〈보툴리눔 A 독소〉를 쓰기로 했다. 이것은 당시까지 알려진 독소 가운데 독성이 가장 강한 물질 중 하나였다. 적절한 근육에 아주 적은 양을 주사하자, 그녀의 증상은 점차 호전되었고 큰 노력을 들이지 않아도 말을 할 수 있게 되었다. 그녀의 발성에는 더 이상 이상이 없었고, 성대 검사 결과, 기능 정상임이 판명되었다. 비록 3개월 후에 재발하였지만 그전처럼 심각해지는 일 없이 안정되었고, 다시 독소를 몇 차례 주사하자 역시 호전되었다. 계속적으로 치료를 하자 곧 투여량은 줄었고 투약 간격도 길어졌다. 이 여성은 다시 여행사에서 일할 수 있었고 사회생활도 정상화되었다.

이 이야기는 좀 특별해 보이기는 하지만, 지난 10여 년간 매우 위험한 미생물 산물을 치료에 사용하여 성공한 많은 예 중 한 가지일 뿐이다. 클로스트리듐 보툴리눔이라는 세균이 만드는 보툴리눔 A 독소는 종종 발생하는 치명적 식중독인 보툴리누스 중독botulism의 원인이다. 이 독소는 신경 말단에서 다른 신경 말단에 신호를 전달하는 아세틸콜린이라는 화학 물질의 분비를 막는다. 곧 이 독소는 신경에 의해 조절되는 근육을 약화시켜 근육의 수축을 막는다. 보툴리누스 중독을 치료하지 않으면 시야가 흐려지거나 이중으로 보이고, 삼키거나 호흡을 하는 데 매우 큰 어려움을 느끼게 된다.

샌프란시스코의 스미스 케틀웰 안구 연구 재단(SKERF)의 앨런 스콧Alan Scott은 잠재적으로는 치명적인 이 독소의 작용이 오히려 유익한 효과를 가져올지도 모른다는 생각을 처음으로 하여 최초로 사시 치료에 적용하였다. 그는 미량의 보툴리눔 A 독소가 눈동자를 비정상적으로 위치하도록 하는 과다 작용 근육을 이완시킬 것이라 생각하였고, 실제로 그렇게 되었다. 환자가 성공적으로 치료되었고, 그 원리도 증명되었다. 사시에 대한 이러한 접근 방식은 이제 확실히 정립되었고 가끔 수술도 시행된다.

그러나 1983년 영국에서 처음으로 사용된 이래, 보툴리눔 A 독소는 오히려 다른 증상에 더욱 효과가 있음이 판명되었다. 같은 해에 설립된 근수축 이상 협회Dystonia Society의 이름에도 반영된 것처럼, 이러한 증상은 모두 조절이 불가능한 근육 경련이라는 특징을 가진다. 여기에는 손발이나 신체의 다른 부위에 영향을 미치는 국소 근수축 이상focal dystonia이나, 목 근육을 마비시켜 환자의 머리가 한쪽이나 앞 혹은 뒤로 뒤틀리게 만드는 경련성 사경spasmodic torticollis도 포함된다. 가장 고통스런 근수축 이상 중 한 가지는 안검경련증blepharospasm이다. 고통을 겪는 사람들은 제어할 수 없을 만큼 눈을 깜박거리다가 결국 눈을 영원히 감게 되어 사실상 맹인이 된다. 영국에만도 안검경련증 환자가 4천 명이 넘게 있고, 여러 유형의 근수축 이상 환자가 적어도 2만 명은 된다.

현재 포턴 사에서 판매하는 보툴리눔 A 독소는 치료할 수 없어서 고통받아 온 수천 명의 사회 생활 장애자들을 도와주었다. 예를 들면 안검경련증 환자의 약 3분의 1을 그 증상에서 완전히 해방시켜 주었다. 작가의 손 경련이나 음악가의 근수축 이상에서부터 골퍼의 〈입스yips〉와 창던지기 선수의 경련에 대해서까지도 고무적인 결과가 나왔다. 뉴욕의 콜롬비아 장로교 의료 센터(CPMC)의 최근 연구는 이 독소가 말더듬 증상의 개선에도 효과가 있음을 보여주었다.

놀랍게도 보툴리눔 A 독소의 출처나 독성에도 불구하고, 이것의 투약이 다른 많은 강력한 약품의 사용을 제한하는 등의 부작용을 수반하지는 않는 것 같다. 이런 효과는 경미하거나 일시적이며 비교적 환자가 잘 견딜 수 있다. 특수한 X선을 통해 이 독소가 혈류로부터 신체의 다른 부분으로 확산될 수 있음을 보았기 때문에 이것이 일반 근육을 무력하게 만들지도 모른다고 예상했다. 그러나 이런 역효과는 발생하지 않았다.

그러나 몇몇 결점이 있기는 하다. 현재 보툴리눔 A 독소는 가격이 비교적 비싸다(안검경련증 치료를 위한 주사 한 번에 약 100파운드). 주사는 일년에 서너 차례 맞아야 한다. 그리고 항체가 혈류 속에 나타날 경우, 독소를 중화시켜 치료 효과를 떨어뜨리기도 한다. 그럼에도 불구하고 대부분의 환자들은 5-10년 후나 20-30회 치료 후까지 계속해서 주사로 효과를 누릴 수 있다. 그뿐 아니라 보툴리눔 A 독소의 대체물도 얻을 수 있어서 A형 독소에 대한 항체를 가진 환자들도 치료할 수 있다. 예를 들면 A형 독소에 대한 항체가 있는 사경 증상의 환자들에게는 F형 독소가 효과가 있다.

지난 10년간의 진보와, 이러한 치료법의 다양한 응용과 확대, 그리고 전체 독소 군에 대한 현재의 연구로 볼 때, 클로스트리듐 보툴리눔은 미래 의약에서 중요한 역할을 할 것 같다.

5부

미래의 설계자

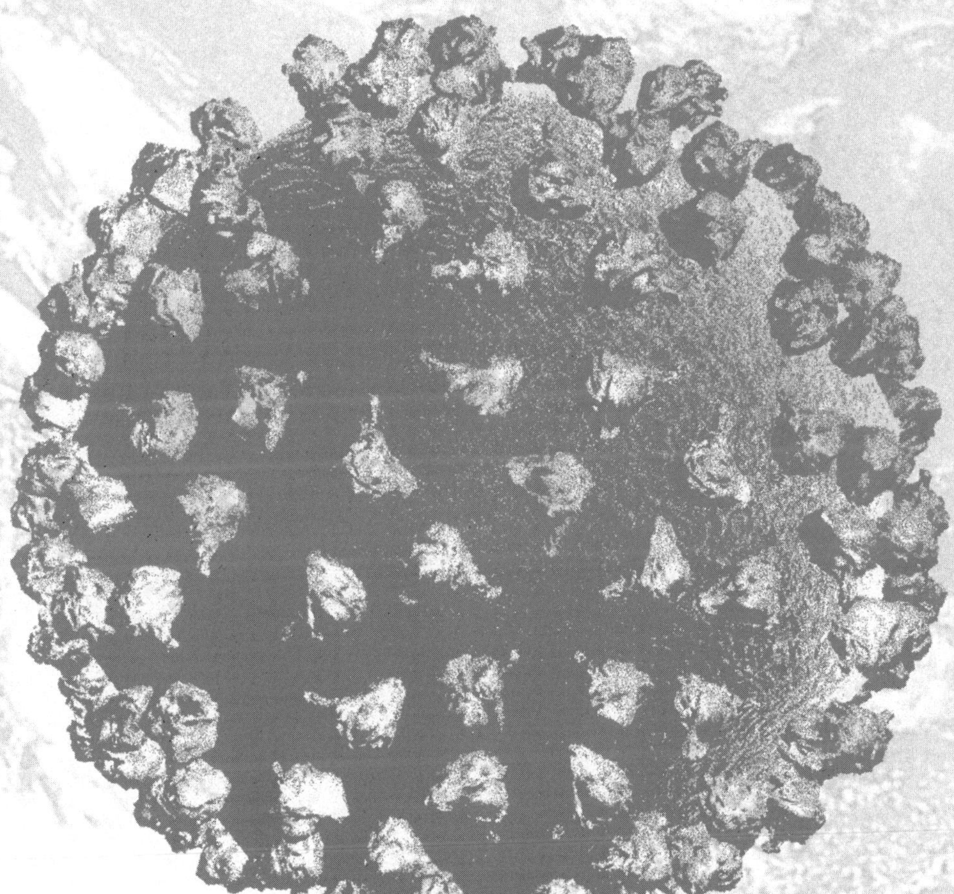

지금까지 이 책에서 살펴본 미생물의 60가지 활동은 전체 미생물의 활동 —— 다재다능한 모습과 절대로 〈하등〉 생물이라고 할 수 없는 모습 —— 가운데 일부만을 묘사한 것이다. 우리가 어떤 문제에 직면하든지, 우리가 어떤 화학적 변화를 야기하든지, 우리가 어떤 병들과 싸워야 하든지, 우리가 어떤 환경 변화를 도모하든지, 미생물은 언제 어디서든 우리에게 도움을 준다는 것을 우리는 조금씩 실감하고 있다. 여기 마지막으로 선택한 15편은 과학자들이 그 이용 가능성을 염두에 두고 탐구하려는 미생물에 관한 이야기들이다. 미생물은 우리의 과거는 물론 현재까지 만들고, 나아가 우리의 미래까지 설계해준다.

61 똥도 약이 된다

——유산균(*Lactobacillus*)

조지 허셸George Herschell은 1909년에 『병의 치료를 위한 신 우유와 유산균의 순수 배양』이라는 책을 발간했다. 이것은 러든 더글러스Loudon M. Douglas가 『생명이 긴 세균』이라는 책으로 러시아 세균학자인 엘리 메치니코프Elie Metchnikoff의 이론을 널리 유행시킨 지 2년이 지난 후였다. 메치니코프의 이론은 신 우유와 요쿠르트를 많이 먹어 수명을 연장시키자는 내용이었다. 이 세 명의 권위 있는 학자들은 모두 이 유제품들에 들어 있는 유산균이 사람의 장에서 증식하여 해로운 세균들을 억제하고 건강과 장수를 돕는다고 믿었다.

요즈음 슈퍼마켓에 진열되어 있는 〈바이오 요거트bio-yoghurts〉도 이러한 생각이 대체 의약품이라는 큰 범주 안에서 지속되어 온 것이다. 그러나 신 우유를 들이킴으로써 병을 피하고 장수할 수 있다는 생각은 과학적 정설로는 거의 지지를 얻지 못했다. 유산균은 위로 들어가자마자 곧 위산에 의해 파괴되므로 장에서 무리를 이루지 못한다. 따라서 〈머리〉에도 이르지 못하는 것이다.

그러나 이제는 달라지고 있다. 신 우유가 사람들의 장수를 위해 처방되지는 않더라도 유산균 같은 미생물은 농장에서 동물의 병을 막는 데 이용된다. 이러한 경향의 첫번째 예는 1970년대 말에 나타났다. 헬싱키에 있는 핀란드 국립 수의 연구소 회장인 에스코 누르미Esko Nurmi가 닭의 내장에 사는 특정 세균이 유해 세균의 침입을 막아준다는 것을 알아냈다. 자연 상태에서 갓 부화한 병아리들은 어미의 배설물에서 금세 세균 덩이를 얻게 되며, 이러한 방법으로 장내에 자리잡은 세균 덩이가 식중독균인 살모넬라 같은 세균의 감염을 억제한다는 것이다. 그는 이것을 〈경쟁적 배제competitive exclusion〉라고 불렀다.

너무나 위생적이어서 멸균 상태에 버금가는 최신 사육장의 닭들은 스스로를 보호할 수 있는 미생물을 매우 더디게 얻는다. 누르미는 이것이야말로 핀란드의 가금 사이에서 몇몇 살모넬라가 만연하고 있는 데 대한 유력한 원인이라고 보았다. 살모넬라균이 닭의 내장에서는 병을 일으키지 않는다고 하더라도, 도살되는 과정이나 이후에 오염된 잔해가 사람에게 전해지면 여전히 상당한 수준의 식중독을 일으킬 수 있다.

〈경쟁적 배제〉의 진가는 널리 받아들여졌고, 영국의 캔터베리에 본사를 둔 오리온 코퍼레이션 파모스Orion Corporation Farmos 사에서는 병아리 내장의 미생물 상을 확실히 개선시키는 상품을 시장에 내놓았다. 브로일액트Broilact라고 불리는 이것은 정상적인 장 기생성 세균의 혼합액으로, 유산균을 포함하고 있다. 영국과 미국의 또다른 회사에서도 자연 상태에서 단독으로 사용할 수 있고 좀더 예측하기 쉬우며, 어느 정도의 효과를 얻을 수 있는 미생물 종을 얻어내고자 노력하고 있다. 유산균의 각 균주를 포함하고 있는 이른바 생균 제제 probiotic들이 이러한 목적으로 쓰이고 있다.

그러나 항생 물질이 감염에 대항해 너끈히 싸울 수 있을 때에도 이러한 전술이 필요할까? 사실 그렇긴 하다. 과거에 항균 투쟁이 역사적으로 성공하기는 했지만 아직도 두려움은 엄연히 남아 있다. 게다가 약제 내성이 심각하게 전파되면서 의학적으로 위기가 닥쳤다. 내성을 나타내는 플라스미드가 세균 집단에 퍼지면서 감염 억제용 항생 물질에 대한 미생물의 감수성이 크게 떨어진 것이다. 장과 비뇨기의 감염균인 엔테로박테륨(*Enterobacterium*)과(科)나 프세우도모나스 속(屬)의 미생물을 이제는 기존의 〈마법의 탄환〉으로 이겨낼 수 없게 되었다. 생물학적 역병 통제와 더불어 보다 본질적인 접근이야말로 이 세균들을 잡아내서 약화시키는 데 효과적일지 모른다. 그리고 어쩌면 이 세균들을 한꺼번에 파괴할 수도 있을 것이다.

다행히도 사람이나 다른 동물에서는 해가 없는 미생물들이 장내 감염균과 싸울 수 있다는 확고한 증거가 늘어가고 있다. 캐나다 오타와의 보건 복지국 식품 회의에서 연구자들은 건강한 어미닭의 배설물에서 분리한 미생물의 혼합액을 갓 부화한 병아리 입에 주입하여 그 혼합 미생물이, 사람에서 출혈성 장염을 일으키는 대장균 균주의 침입을 막아준다는 사실을 알아냈다. 여기에는 분명히 여러 가지 심각한 병들을 막아낼 수 있는 보편적인 비결이 들어 있다.

아르헨티나의 차카부코 Chacabuco에 있는 유산균 자료 센터의 실비아 곤잘레스Silvia N. Gonzalez 팀에서 발표한 연구 결과는 더욱 흥미롭다. 이 연구는 오타와의 연구처럼 갓 태어난 무균 상태의 새끼가 곧 어미나 다른 것들로부터 복합적인 세균 집단을 얻게 되어 나중에 침범하는 미생물을 방어하는 데 중요한 능력을 가지게 된다는 것을 전제로 했다. 아르헨티나 연구팀의 목표는 인간의 병을 예방하는 전략을 세우는 것이었다. 그리하여 이들은 특정 균주들을 연구하였다.

곤잘레스와 그의 동료들은 락토바칠루스 카세이(*Lactobacillus casei*, 치즈 유산간균)와 락토바칠루스 아치도필루스(*Lactobacillus acidophilus*, 호산성 유산간균)라는 두 균주를 연구하였는데, 이 둘 모두 사람의 가검물에서 분리한 것들이었다. 이들은 실험실에서 균을 키워 탈지 분유가 든 배양액에 따로따로 접종하고, 여덟 시간 동안 발효시킨 후에 한데 섞었다. 이들이 목표로 삼은 균은 시젤라 소네이(*Shigella sonnei*)로, 아르헨티나에서는 이 균이 많은 사람들에게 설사병을 일으켰다. 락토바칠루스 카세이와 아치도필루스로 발효시킨 우유는 시젤라 소네이의 감염을 현저하게 떨어뜨렸으며, 실험 결과 30마리의 생쥐 가운데 60퍼센트나 생존했다.

우유로 전처리하는 것만으로도 시젤라 소네이가 간이나 비장에서 무리를 이루는 것이 상당히 감소되었다. 이 미생물들은 접종 후 10일 이내에 이런 장기에서 거의 사라져버렸다——그러나 전처리하지 않은 우유를 접종한 생쥐에서는 이 균이 여전히 높은 증식률을 유지했다. 게다가 혈액과 장액 모두에서 세균에 대한 항체가가 높아졌다. 발효시킨 우유가 전신 면역 반응을 증가시킨 것이다. 이것은 매우 인상적인 결과들이다. 인류의 질병과 그 원인 미생물의 관계에 대해 관심이 있는 사람이라면, 아르헨티나 연구팀이 발효 우유가 유아의 설사를 막는 데 이용될 수 있는 기초 자료를 확보하였다는 사실을 염두에 두어야 할 것이다.

더글러스는 오래 사는 데 필요한 미생물의 비밀을 이해하지 못했을 수도 있다. 그렇지만 사람과 동물의 질병을 치료하고 예방하는 〈유산균의 빛나는 미래〉를 위해 사용할 수 있는 여지는 아직도 많이 남아 있다. 한 세기 전에 허셀이 처음으로 발표했던 바대로 말이다.

62 자연 친화적 환경 미화원

—— 로도코쿠스 클로로페놀리쿠스

(*Rhodococcus chlorophenolicus*)

미생물 세계에서 대단히 놀라운 이야기 가운데 하나는 몇몇 미생물이 수십 년 동안 화학 공업 과정에서 발생된 매우 특이한 난분해성 물질까지도 분해할 수 있다는 사실이다. 미생물학자들은 매시간마다 오염된 흙이나 물에서 그러한 미생물을 분리해내고 있다. 그래서 최근에는 〈생분해 처리 bioremediation〉에 관한 실험이 가속화되었다.

거기에는 두 가지 전략이 가능하다. 우선 미생물들이 그 능력을 충분히 발휘할 수 있게 해주는 것이다. 이때 미생물들은 매우 적은 양일 수도 있고 충분히 자라지 못한 것일 수도 있다. 그러고 나서 영양분을 공급하거나 공기를 불어넣어 미생물들이 잘 증식시켜 독성 물질을 활발히 분해하도록 유도한다.

한때 핀란드에서는 제초제 창고에 불이 나서 제초제인, 2-D, 4-D, 4C2MP에 의해 토양과 지표수가 심하게 오염되고 그나마 지하수는 덜 오염된 적이 있었다. 미생물학자들은 우선 지하수에서 이러한 물질을 분해할 수 있는 세균들을 분리하는 조사를 시작하였다. 그들은 이 세균들이 지표수의 2, 4-D 오염도를 사나흘 만에 오염 허용 한도 아래로 떨어뜨릴 수 있고, 조금 덜 오염된 흙을 3-4주 만에 규제 기준 정도로 처리할 수 있다는 사실을 알았다.

이처럼 지하수에 있는 미생물은 4C2MP를 분해할 수 있었으며, 그 능력은 일주일 만에 오염의 90퍼센트 이상을 회복시킬 정도로 강력했다. 이제 공기를 유입하여 미생물을 활성화함으로써 지하수를 정화하고 순환시키는 방법으로 본래의 장소에 생물 처리 시스템을 구축하려는 계획이 수립되었다. 이 방법은 실험실에서 만큼이나 효과적으로 작용하여 제초제로 농축된 물을 유출수 수준으로 분해시켰다.

그러나 이러한 접근 방법에는 불확실한 문제점이 있다. 즉 낯설고 특성도 모르는 미생물에 의존하는 데 있어, 이들이 독성 물질을 비슷하거나 더 강한 독성 물질로 바꿀 위험이 도사리고 있다. 예를 들어 3염화에틸렌이나 4염화에틸렌이 염화비닐로 바뀔 수도 있다. 이보다 좀더 안전하고, 보다 확실하며, 예측 가능한 대체 전략은 잘 알려진 미생물을 접종하는 것이다. 크게 성공했던 경우는 핀란드 연구자들이 많은 양의 폴리염화페놀(PCP)에 의해 형편없이 오염된 제재소 터와 지하수를 〈로도코쿠스 클로로페놀리쿠스〉로 깨끗이 청소한 것이다.

폴리염화페놀 사용이 금지되었던 1930년과 1984년 사이에도 핀란드에서는 폴리염화페놀을 2만 5천 톤이나 사용하였다. 핀란드는 이 동안에 두 가지의 폴리염화페놀을 대량으로 사용했으며, 10년도 훨씬 전에 폴리염화페놀을 버렸던 곳을 비롯한 여러 곳의 토양을 지속적으로 오염시켰다. 게다가 종이 펄프 표백 공장에서 나오는 폐수만도 어림잡아 연간 1만 톤 정도나 되었고, 이것은 염소와 유기적으로 결합하여 호수와 강으로 흘러들어갔다.

연구자들은 우선 실험실에서 로도코쿠스 클로로페놀리쿠스가 폴리염화페놀을 염소와 이산화탄소로 완전히 분해한다는 사실을 알아냈다. 연구자들은 곧 이 세균을 상당량의 폴리염화페놀을 포함한 자연의 토탄과 사양토에 투여했다. 토탄과 사양토 모두에서 이 세균은 폴리염화페놀을 오염이 적은 흙에서는 4개월 이상, 오염이 심한 흙에서는 더 빨리 분해했다. 접종 전의 흙에서는 폴리염화페놀을 분해하는 미생물을 찾을 수 없었으며, 또한 원래부터 있던 미생물들이 넉 달 동안에 폴리염화페놀을 분해할 수 있게 변했다는 증거도 없었다.

투여된 미생물은 맹독성 물질을 분해한다 하더라도 스스로의 생존 능력에는 영향을 받지 않는 것 같다. 그곳에 남아 있는 로도코쿠스 클로로페놀리쿠스의 수는 일년이 넘도록 거의 일정한 편이었다. 이러한 결과로 이 미생물이 다른 종류의 미생물——원생동물——에 대해서도 내성을 가진다는 것을 알았다. 원생동물은 원래 세균의 포식자여서 세균의 수를 감소시키기 때문이다.

핀란드의 연구자들은 또한 로도코쿠스 클로로페놀리쿠스가 폴리염화페놀 분자를 세 단계로 떼어놓는 데 사용하는 효소에 대해서도 연구했다. 그들은 이 효소를 분리하여 〈생분해 처리〉로 나아가기 위한 3단계 실용성을 고려하던 중이었다. 그들은 오염된 장소에, 살아 있는 미생물 대신 추출한 효소를 투여하는 것이 보다 안전하다고 예측했다.

유전공학으로 세균의 능력을 원하는 방향으로 바꿔 미생물들이 특정한 공해 물질을 공격할 수 있도록 만들겠다는 것은 그야말로 원대한 계획이다. 현재 존재하는 미생물 집단을 이용하는 것과 비교해 볼 때, 이러한 계획은 언젠가 미생물들을 환경 속으로 방출했을 때 그들의 행동을 더욱 정교하게 잘 예측할 수 있도록 해 줄 것이다.

환경 보호를 위해 살아 있는 미생물을 이용하여 오염을 정화하거나 개선하는 것 또한 생물공학이 앞으로 나아갈 중요한 모습일 것이다. 이것은 특히 동부 유럽 같은 지역에 필요하다. 이곳은 적당한 환경 기준도 갖추어지지 않은 채 산업 활동이 자유롭게 이루어지기 때문에 불쾌한 독성 물질로 광범위하게 오염되어 있다. 미생물은 유조선의 기름 유출 같은 사고가 난 경우, 바다에서 미끌미끌한 기름을 분해하여 제거하는 데 활용할 수도 있다. 미생물들은 이곳에서도 역시 자연스럽게 환경 속에서 생활하면서 오염 물질을 분해할 수 있다. 이 예로는 1989년 알래스카의 프린스 윌리엄 만에서 일어난 엑손 발데즈Exxon Valdez 사건을 꼽을 수 있다. 1990년 1월에는 단일 사고로 전례 없던 가장 큰 기름 유출 사건이 있었다. 이라크 군대가 아라비아 만에 고의적으로 50만 톤의 석유를 흘려보냈던 것이다.

핀란드에서의 연구로 로도코쿠스 클로로페놀리쿠스를 이용한 기술이 성공했지만, 생분해 처리를 위해 미생물을 활용하는 데 있어 가장 현명한 방법이 무엇인가라는 의문은 남아 있다. 자연 그대로의 미생물이 자연에 맞고 더 안전하므로 이들을 이용하는 편이 훨씬 쉬울까? 아니면 좀더 쉽게 예측할 수 있는 유전적 변형 미생물을 접종하는 것이 더 안전할까? 두 가지 방법을 모두 이용할 것인가? 그 대답은 아마 시간이 이야기해 줄 것 같다. 이러한 일은 필수적인 미생물의 정화 능력뿐 아니라 국가적, 정치적, 법적 수용력에 따라 정해질 것이다.

63 백신을 운반하는 바이러스

——백시니아 바이러스

에드워드 제너Edward Jenner는 자신이 1796년 5월 14일에 어린 제임스 핍스James Phipps에게 백신을 접종했을 때 그 임상 실험이 두 세기가 지난 후에 천연두뿐 아니라 여러 가지 다른 감염에 대해서도 활용되리라고는 꿈에도 생각하지 못했다. 글로스터셔의 버클리에서 개업한 이 시골 의사는 소의 젖을 통해 우두를 앓은 적이 있는 사람은 우두보다 몇 배나 심한 천연두에도 저항성을 보인다는 전통적인 믿음을 시험해 보기로 마음먹었다.

그래서 그는 젖 짜는 소녀의 손가락에 생긴 우두 농포에서 림프액을 얻어 핍스에게 접종하였다. 당연히 농포가 생겼고, 제너는 7월 1일에 소년에게 천연두 병원체를 접종했다. 천연두는 나타나지 않았고, 뒤이은 확인 실험을 통해 〈예방 접종〉은 큰 효과가 있는 정식 처방법이 되었다. 그러나 우리는 이제 이것이 비교적 드물게 일어나는 〈교차 저항성〉에 근거한다는 것을 알고 있다. 교차 저항성이란 한 미생물에 감염된 사람은 다음에 나타나는 미생물에도 저항성을 보이는 것이다. 후에 파스퇴르 등이 개발한

그림 15 백시니아 vaccinia 바이러스. 에드워드 제너가 천연두를 예방하고자 이용한 것으로 요즘에는 거의 모든 감염을 억제하는 데 사용된다(배율: ×101,400).

백신은 각각의 감염이 반드시 각각의 특정 미생물에 의한 것이라는 데 근거하였다.

일정한 과정을 거쳐 제너에게 성공을 가져다준 바이러스가 무엇인지를 알게 되었다. 이것은 백시니아 vaccinia(그림 15)였으며, 1978년 천연두가 사라질 때까지 천연두의 면역을 위해 사용되었다. 그리고 세월이 흘러 유전공학이 출현하면서 이 바이러스를 병원성 미생물에 나타나는 항원의 〈운반자〉로 이용하려는 생각이 일었다. 항원은 면역 반응을 일으키는 단백질이 붙어 있는 커다란 분자이다. 이러한 방법에 대해 논란이 있기도 했으나, 이 바이러스는 다른 미생물에 대한 항체도 제공했다. 독감, B형 간염, 광견병, 우역 등을 유발하는 바이러스의 항원 유전자를 백시니아에 이식했다. 기본적으로 이렇게 만든 유전자 재조합 백시니아 균주는 다른 병에 대항하는 면역원으로 사용할 수 있으며, 몇 가지 병에 대해 동시에 대항할 수도 있다.

이러한 실험의 성공은 일찍이 유럽에서 야생동물로부터 유래한 무서운 공수병(광견병)을 없애려는 노력에서 시작되었다. 광견병 바이러스는 치명적이며 악질적인 미생물이다. 최근 알려진 증례는 미국 텍사스 주 메르세데스의 여인숙에서 박쥐에게 집게손가락을 물린 사람이었다. 한달 정도 지나자 그는 손에 힘이 빠져 병원을 찾아야 했다. 그후 엿새 동안 아픔과 고통이 뒤따랐다. 그 사람은 결국 혼수 상태에 빠졌다가 사망했고, 그전까지는 계속해서 환각과 고열에 시달렸으며, 헛소리를 하고 음식을 삼키지 못했다. 이런 증상이 너무나 심했기 때문에 환자는 물도 제대로 마시지 못했다.

아직도 개로 인한 공수병이 나타나는 유럽의 마지막 국가인 터키에서는 항상 감염의 위험이 있다. 사람들은 미친 동물에게 물린 후에라도 파스퇴르가 처음 보여준 것처럼 주사를 맞고 나을 수 있었지만, 일단 예방 접종을 맞으려면 비용이 많이 들었고 부작용이 나타나기도 했다. 또 사람을 문 개가 그 병을 옮기는지 확실히 알지 못하고 많은 사람들이 필요 없이 면역 주사를 맞아야 한다는 점도 문제였다.

터키와 몇몇 나라에서는 이 병원체가 박쥐에 있을지도 모른다는 가능성을 우려하였고, 유럽에서는 여우를 박멸하려는 노력이 있었다. 이것은 지난 40년 동안 여우가 이 바이러스의 중요한 보유 숙주였기 때문이다. 첫번째 방안은 여우 집단의 밀도를 바이러스가 전파되기 어려운 수준으로 줄이는 것이다. 그렇지만 가스나 독물 사용 그리고 덫을 놓는 방법으로는 이 목적을 완전하게 이룰 수 없었다.

또다른 방안은 여우를 면역시키는 것이었다. 그러나 가축을 보호하기 위해 사용하는 주입용 백신은 이러한 목적으로 사용하기 어려웠다. 그래서 몇몇 연구 그룹들이 살아 있기는 하지만 약독화된 광견병 바이러스 균주를 개발하였다. 처음에는 스위스에서, 나중에는 프랑스와 독일에서 이 백신으로 처리한 닭머리 같은 먹이를 던져 놓았고, 나중에는 다른 여러 지역에도 그 여우 먹이를 던져 놓았다.

이러한 방법은 몇몇 나라에서 광견병의 발생을 줄이는 데 효과를 발휘했다. 그렇지만 생균 약독화 바이러스에 대한 두 가지 걱정이 생겼다. 하나는 설치류에 대한 병원성이 어느 정도 남아 있다는 것이었고, 다른 하나는 이러한 방법 때문에 이론적으로 이 바이러스가 여우나 다른 동물에 대한 병원성이 회복할 수도 있다는 점이다. 이것은 스트라스브루의 트랜스진 Transgene SA 사, 리용의 론 메리어스 Rhône Merieux, 리지 대학교의 연구자들로 하여금 이런 결점이 없는 유전적으로 조작된 백신을 연구하도록 부추겼다. 그들은 바이러스에서 단백질의 껍질 성분을 골라내고 이 단백질을 생산하는 유전자를 백시니아에 이식했다.

효과가 있었다. 헬리콥터로 백신이 들어 있는 먹이 2만 5천 개를 벨기에 남쪽 2,200평방킬로미터에 달하는 지역에 뿌린 후 여우를 조사한 결과 81퍼센트가 광견병에 대해 면역되었다. 바이러스 전파를 차단할 수 있을 만큼의 면역률에 대한 이론적 모형에서 예측했듯이 병은 아주 효과적으로 사라졌다.

영국 항구에 광견병 경고 포스터가 나붙게 만들고 동물 검역을 실시하게 했던 대륙의 광견병은 제2차 세계대전 동안에 폴란드에서 시작하였다. 바이러스는 마침내 동쪽으로 구소련까지, 서쪽으로 중부 유럽과 서부 유럽으로까지 퍼졌다. 또한 전쟁의 결과로 국경 지대에서 광견병을 박멸시키려는 이탈리아와 유고의 협력은 1992-93년에 그 효력이 사라졌다. 한번 정도 프랑스 해안에까지 광견병 바이러스의 움직임이 나타났지만, 새로운 백신 덕택에 요즘에는 더 이상 나타나지 않는다. 그렇지만 감염의 여지가 남아 있는 곳에서는 백신 접종의 노력이 계속되고 있다. 곧 영국 섬들도 해협 건너의 끔찍한 위협으로부터 자유로워질 수 있을 것이다.

앞으로 백시니아 백신은 사람들에게도 광범위하게 이용될 것이다. 몇몇 과학자들은 백시니아가 천연두 바이러스에 대항해 싸울 때에는 부작용이 견딜 만하지만, 병의 위협이 크게 줄었을 때에는 가끔 발생하는 부작용조차 받아들이기가 어렵다고 말한다. 어떤 비평가들은 만약 백시니아 백신을 에이즈 바이러스 감염자가 많은 아프리카 같은 지역에서 사용하면 복잡한 문제가 일어날 것이라고 경고한다(에이즈 환자는 면역 결핍 상태이므로 백신으로 감염될 수도 있다). 그렇지만 이런 위험은 피해갈 수 있을 것이다. 원하는 부분을 〈끼워 넣은engineered in〉 것처럼 백시니아의 위험한 부분을 〈빼내는engineering out〉 작업도 할 수 있기 때문이다.

64 생분해성 플라스틱의 생산자

—— 알칼리제네스 에우트로푸스(*Alcaligenes eutrophus*)

미생물학 교과서에서 알칼리제네스 에우트로푸스라는 세균을 찾아보면, 이 균이 〈크날가스〉 반응을 하는 독특한 세균임을 알 수 있다. 크날가스 반응이란 수소를 산화시켜 물을 만들고 동시에 세포가 살기 위한 에너지를 내놓는 것이다.

이 균은 다른 생물, 심지어 사람처럼 탄수화물 같은 여러 먹이를 에너지원으로 이용하며 살아간다. 그러나 이 미생물은 세포를 장식하는 데 필요한 주요 〈건축 재료〉를 외부 공급에 의존하는 종류들에 비하면 자급자족형에 훨씬 가깝다. 알칼리제네스(*Alcaligenes*) 속의 세균은 대단히 특이한 종류로, 물을 만들면서 내놓는 에너지를 사용하는 부가적인 능력이 있을 뿐더러 이산화탄소를 고정하여 필요한 탄수화물을 만들어낸다. 이 반응은 햇빛이나 엽록소는 필요없지만, 녹색 식물이 광합성하는 것과 비슷한 연속적인 화학 변화를 통해 전체 과정이 이루어진다.

이 세균은 미생물 세계에서 또 하나의 눈에 띄는 역할을 한다. 바로 생분해되는 플라스틱의 생산자이다. 앞에서 본 것처럼 몇몇 미생물들은, 최근에 만들어진 플라스틱은 예외로 하더라도 아주 단단하고 매우 분해하기 어려운 물질들을 분해한다. 포장 재료로 쓰이는 플라스틱은 미생물이나 햇빛 또는 습기에 노출되더라도 생산품을 보호하도록 만들어졌다. 그것은 해변을 비롯한 수많은 장소에서 확인할 수 있다. 플라스틱 병이나 상자 그리고 포장재들이 마치 우리의 건강과 안전에 전혀 해를 주지 않는다는듯이 사방에 널브러져 있다.

환경이 점점 파괴되면서 생산업자들은 생분해되는 플라스틱을 만드는 미생물로 눈을 돌렸다. 이제 우리가 원하는 것은 〈생분해성 물질〉이다. 이것들은 한번 만들어지면 자연 상태나 특별한 처리장에서 쉽게 분해될 수 있다.

임페리얼 케미컬 사(ICI)에서는 알칼리제네스 에우트로푸스로 아주 새롭고 환경 친화적 플라스틱을 만들어냈다. 1970년대에 ICI에서 일하던 과학자들은 에너지를 저장하기 위해 오랫동안 사용해 온 방법을, 미생물을 이용하여 개선할 수 있는지 연구하기 시작했다. 세균이 세포 구조물과 새로운 세포를 만들 때면 어떤 방법으로든 에너지를 만들어내는데, 당장 필요한 것보다 더 많은 에너지를 만든다. 그래서 이 미생물들은 여분의 에너지를 고분자 형태로 저장해 두는 방법을 발전시켰고, 마치 인간이 지방을 사용하는 것처럼 나중에 필요할 때 분해하여 에너지로 이용한다. 우리는 현미경으로 미생물의 세포 안에 흩어진 전분 같은 물질의 알갱이들을 볼 수 있다.

알칼리제네스 에우트로푸스의 알갱이는 전분으로 구성된 것이 아니라 폴리하이드록시부티레이트(PHB)라는 지방과 유사한 중합체로 구성되어 있다. 바로 이것이 ICI의 미생물학자들에게 생분해 플라스틱의 발명에 대한 단서를 주었다. 중합체란 수많은 작은 분자들이 차례로 사슬이나 그물 모양으로 붙어서 이룬 커다란 분자를 말한다. 수많은 하이드록시부티레이트 분자가 연결된 PHB는 자체적으로 그러한 성질이 없지만, 알칼리제네스 에우트로푸스가 이 분자에서 양분을 섭취하면 전혀 다른 고분자 구조물로 바뀐다.

이러한 전략은 맞아 떨어졌다. 알칼리제네스 에우트로푸스에 발레르산이 보충된 영양분을 주자, 이 균은 물리적 성질이 플라스틱과 비슷하면서도 생분해성인 폴리하이드록시부티레이트-코하이드록시발러레이트(PHBV)라는 물질을 만들었다. 이제 우리는 알칼리제네스 에우트로푸스를 이용해 하이드록시부티레이트 분자들을 엮어 PHB를 만들고, 이것과 비슷한 다른 세균들을 이용해 다른 구성 단위를 갖춘 중합체를 만들며, 더 나아가 이들을 서로 결합시켜 PHBV 같은 물질도 만든다.

바이오폴Biopol은 플라스틱만큼 강하고 방수성이 있는 ICI의 상품이다. 이것은 대개 흙 속에 있는 미생물에 의해 빠르고 완전하게 분해되어 물과 이산화탄소로 바뀐다. 바이오폴은 하수와 함께 비료로 쓰이기도 하고 쓰레기와 함께 묻히면 몇 주 만에 사라진다. 또한 이 새로운 중합체를 태우더라도 사람들이 만들어낸 다른 해로운 화학 물질 같은 독성은 띠지 않는다.

바이오폴을 상업적으로 이용하기 시작한 것은 1990년이었다. 당시 서독의 머리 염색약 회사인 벨라Wella 사에서 바이오폴을 자회사 제품인 자나라Sanara 샴푸를 담는 병으로 사용하기 시작했다. 현재까지는 영국 티사이드의 ICI 빌링엄에서 알칼리제네스 에우트로푸스를 이용해 생산하는 바이오폴이 기존 플라스틱보다 값이 비싸다. 그러나 생산량이 많아지면 값은 훨씬 저렴해질 것이다. 이러한 종류의 생산이 붐을 이루는 이유는 소비자들이 〈환경〉 상품에 추가 비용을 지불할 의사가 어느 정도 있거나, 생산자들이 특별한 목적으로 생분해 플라스틱을 채택해야 한다는 법규가 시행되었기 때문이라고 볼 수 있다.

또한 이 새로운 플라스틱에 대한 관심은 의학계에서도 꽃필 것 같다. 예를 들면 판이나 나사를 PHBV로 만들어 부러진 뼈를 붙이는 데 사용할 수 있다. 이것을 몸 안에 넣으면 치료하는 동안에는 몸을 충분히 지지해 주고 그후에는 스스로 분해된다.

PHBV 같은 물질에 대한 연구는 유전공학이라는 새로운 국면을 맞이했다. 몇 년 전 버지니아에 있는 제임스 메디슨 대학교의 더글러스 데니스Douglas Dennis가 PHB의 생산을 조절하는 알칼리제네스 에우트로푸스의 유전자 위치를 찾아낸 것이다. 이것은 세계의 몇몇 연구팀으로 하여금 유전자를 대장균 같은 다른 세균에 이식하도록 하여 더 값싸고 효과적인 중합체를 생산하도록 하는 데 기여했다. 또한 유전자 자체를 바꿔 세균이 구조 분자를 섭취하는 것만으로는 간단히 만들어내지 못하는 새로운 구조의 중합체를 생산하도록 할 수도 있다. 이러한 방법에 따르면 더 많은 종류의 플라스틱을 만들 수 있으며, 다른 분야에서도 응용할 수 있다. 이들은 모두 기존의 플라스틱과 필요한 만큼 생분해되어야 한다.

65 세균을 공격하는 바이러스
——박테리오파지 bacteriophage

아니, 자네가 세균에 감염되는 병을 찾았단 말이지! 그런데 왜 나한테 얘기하지 않았지? 나는 자네가 병원성 세균을 없애는 멋진 방법을 찾아낸 것이 정말 꿈만 같다네.

싱클레어 루이스Sinclair Lewis의 소설 『마틴 애로스미스*Martin Arrowsmith*』의 주인공이 이렇게 말한 지 반세기하고도 또 그 반

이 지났다. 그리고 지금 이와 같은 생각은 현실이 되었다. 이것은 세균 감염을 막아보려는 전혀 새로운 전략이었고, 가장 큰 성과는 제3세계에서 끔찍한 고통과 쇠약 및 죽음의 그림자를 드리우는 설사병을 다루는 데 도움을 주었다는 점이다.

이야기는 1915년에 프레더릭 퉈트Frederick Twort가 런던의 브라운 연구소에서 일하면서 세균을 공격하는 것으로 보이는 〈투명한 용해성 물질〉을 보고하면서부터 시작된다. 당시에 파리 파스퇴르 연구소 직원이었던 캐나다 국적의 펠릭스 데렐Felix d'Herelle은 이것을 이질균과 상극인 〈보이지 않는 미생물〉이라고 설명하였다. 퉈트와 데렐은 곧 자신들이, 동물이나 식물을 감염시키는 것과 비슷하면서도 당시까지 알려지지 않은 새로운 종류의 바이러스를 찾아냈음을 알게 되었다. 그래서 이들은 각자 사람을 비롯한 동물의 병원성 세균과 싸우는 〈박테리오파지 bacteriophage〉의 이용 가능성을 연구하였다.

일리가 있는 이론이었음에도 불구하고 실험 결과는 기대에 미치지 못했다. 실험실 기구 안의 세균에 박테리오파지를 넣어주면 확실하게 세균이 파괴되었지만, 환자들에서는 같은 박테리오파지 한 컵에도 불구하고 세균들이 여전히 살아남았다. 그러다가 박테리오파지를 분리하고 정제하는 기술이 크게 발전하면서 영국의 휴턴 가금 연구소 연구자들이 1980년대에 다시 한번 새로운 역사의 장을 열었다. 농장의 동물들에서 얻은 결과가 훨씬 타당성이 있었다. 즉 강력한 항생제가 현재의 다양한 세균 감염에 효력이 있다고 할지라도 세균이 점차 내성을 띠기 때문에 그 효력이 감소하는 것이다.

휴턴의 첫번째 노력은 대장균에 집중되었다. 대장균은 사람을 비롯한 동물의 대장 안에서 해를 끼치지 않고 살고 있지만, 경우에 따라서는 병원성 균주가 나타나 심각한 병을 일으키기도 한다. 연구자들은 어린이에게 치명적인 뇌막염을 일으키기도 하는 대장균에 대해 연구하였다. 세균학자들은 그 대장균을 실험실에서 배양한 후에 그것을 공격하는 박테리오파지를 〈낚시〉하러 갔다. 이것은 무척이나 많은 박테리오파지를 포함하고 있는 하수에서 특정한 것을 가려내는 작업이었다. 실험실에서 조사한 대장균 균주를 이상적으로 없애주는 한 박테리오파지를 분리하여 같은 균주로 고통받는 생쥐에게 주사하였다.

이 박테리오파지는 생쥐만 치료한 것이 아니었다. 다섯 종류의 일반 항생 물질을 비교해 본 결과 이것이 다른 네 종류보다 효과적이었다. 임상 실험 중에 이 박테리오파지에 내성이 있는 대장균 변이종이 몇몇 나타나기도 하였지만, 그것들의 병원성은 매우 낮았다. 이것은 항생 물질을 이용한 치료에 있어 괄목할 만한 향상으로, 대부분의 변이종은 원래의 균주에 버금가거나 그보다 강한 병원성을 나타내는 경향이 있었다.

다음으로 휴턴의 과학자들은 대장염을 일으키는 세균을 공격하기로 했다. 그들은 송아지나 새끼 돼지 및 새끼 양에서 심한 감염을 일으켜 농부들에게 경제적으로 큰 피해를 주는 대장균 균주를 선택하였다. 그들은 송아지에게 연속적으로 치사량만큼의 대장균을 접종했다. 그러고 나서 그들은 두 종류의 박테리오파지 혼합액을 투여하여 치료를 시도했다. 단, 박테리오파지 혼합액은 설사가 시작되기 전에 투여해야 했고 그 이후에는 효과가 없었다. 박테리오파지는 (저항성 균주가 만들어지는 경우를 줄이기 위해 함께 사용되었고) 위험한 세균이 동물의 대장 안에서 자리잡는 것을 막아주었다.

그런데 퉈트와 데렐의 실험과는 달리, 박테리오파지 가운데 하나를 감염된 동물에게 주입했을 때가 실험실에서 배양된 세균에 접종했을 때보다 훨씬 효과적이었다. 한쪽을 또다른 세번째 박테리오파지로 대체했을 때에는 그 혼합액이 매우 효과적이었으며, 심지어 감염된 송아지가 이미 설사를 많이 하고 있는 경우에도 효과가 있었다. 휴턴 팀은 많은 종류의 하수 시료로 고생스럽게 작업한 끝에, 새끼 양과 송아지에서 장염을 일으키는 대부분의 균주에 효과적으로 대응하는 많은 종류의 박테리오파지를 수집했다. 박테리오파지 처치를 받은 동물이 있었던 가축 우리를 청소하지 않고 송아지를 넣은 경우에도 박테리오파지는 이 성가신 병에 대해 효력을 발휘했다.

이러한 연구는 몇 가지 점에서 세균성 감염병에 대한 오늘날의 접근 방법보다 미래의 공격 방법이 우수할 것임을 암시하고 있다. 우선 박테리오파지는 적은 양만 투여해도 된다. 항생 물질이 혈액이나 다른 체액으로 희석되거나 금방 사라져버리는 데 반해, 박테리오파지는 세균 안에서 증식하여 그 개체수가 천문학적으로 늘어난다. 이러한 증식은 공격이 필요한 곳, 즉 감염이 일어난 곳에서 정확히 이루어진다. 이것은 침입한 개체가 완전히 파괴될 때까지(침입한 세균이 다 죽고 없어질 때까지) 계속된다. 그리고 처리 과정에서 나타나는 박테리오파지 내성 변이체는 그 부모보다 병원성이 더 약하다.

실제로 이제까지 조사된 모든 세균 종은 역학 조사에서 병을 일으키는 미생물을 동정하는 데 흔히 이용되는 하나 혹은 그 이상의 박테리오파지로부터 공격을 받는다. 그래서 박테리오파지 치료는 그 전망이 매우 밝은 편이며, 특히 침입자들이 장에서 자유로이 증식하는 콜레라 같은 경우에도 이용할 수 있다.

폴란드 과학 아카데미의 슈테판 슬로펙Stefan Slopek과 그의 동료들은 바르샤바에서 항생 물질이 잘 듣지 않는 세균에 의한 혈액 감염을 조절하는 데에도 박테리오파지가 매우 효과적임을 알아냈다. 이러한 처리는 각각 다른 여러 경우에서도 매우 성공적으로 작용하였으며, 다른 어떤 방법으로도 치료하기 어려울 정도로 상태가 나쁘거나 오래된 상처에 대해서도 효과가 좋았다.

몇몇 연구팀은 몇 종의 세균에 대해 활성을 가진 박테리오파지를 찾기 위한 연구로 하수 같은 여러 오염원들을 세밀하게 조사했다. 그럼으로써 휴턴 팀의 작업처럼 박테리오파지 혼합액을 만들어 특정 감염을 일으키는 모든 세균 균주들을 공격하도록 만들고자 했다. 박테리오파지 치료의 출현은 20세기의 시작과 함께 나타난 페니실린이나 스트렙토마이신의 개발에 버금가는 분수령이라 할 수 있다.

66 네덜란드의 방파제를 지키는 파수꾼

——크리날륨 에핍사뭄(*Crinalium epipsammum*)

나의 멋진 장서 가운데 하나는 『네덜란드의 삼각주*De Nederlandse Delta*』라는 책인데, 이 책에는 네덜란드 사람들이 북해의 위협으로부터 국토를 지키려고 끊임없이 노력하는 모습이 빼어나게 묘사되어 있다. 암스테르담의 시폴Schipol 공항에 가 본 사람이라면 누구라도 알 수 있듯이, 네덜란드에는 물이 많다. 사실 겉으로 보기에는 튤립과 치즈가 풍부한 그림 같은 나라의 사람들이 평생을 수면 아래서 산다는 것이 믿기지 않는다. 이 나라의 일부는 이미 한 세기 동안 20센티미터나 내려앉았으며 그들은 어떤 유럽인보다도 지구 온난화에 대해 더 많이 염려하고 있다.

그들은 바닷물의 위협으로부터 네덜란드를 지키기 위해 수십억 길더guilder를 댐과 제방 등의 여러 가지 시설을 갖추는 데 투자하였다. 이미 16세기부터 네덜란드의 제방 및 매립 건축가들은 바다를 막고 호수와 늪의 물을 빼는 기술을 보유하고 있었다. 근래에 들어서는 응용생물학 덕택에 수력 기술 작업이 보강되었고, 모래언덕이 바다와 육지의 자연적인 경계처럼 되었다. 바닷가에 풀을 심어 모래언덕을 이것들로 채우면, 이 풀들이 모래를 꼭 붙잡아 바람과 파도에 쓸려가지 않도록 한다. 그렇더라도 모래언덕이 바람과 파도에 쓸려가지 않도록 언제나 〈내성〉을 높여주어야 한다. 실제로 몇몇 매립 공사 때문에 파도의 방향과 압력이 바뀌어 모래언덕의 침식이 가속화되기도 했다.

『네덜란드의 삼각주』는 미생물에 대한 언급은 별로 없이 바닷속에 있는 플랑크톤과 온도, 용존 산소 및 먹이 사슬과의 관계를 주로 설명하고 있다. 이 책이 1982년에 수생 생물학 삼각주 연구소 설립 25주년을 기념하기 위해 출간되었을 때에는 분명히 미생물이 네덜란드를 비롯한 여러 〈낮은 나라〉의 모래언덕을 안전하게 유지한다는 내용이 없었다. 그러나 지금은 암스테르담 대학교에서 지리학 연구 기금의 도움으로 진행한 연구 덕분에 상황이 놀라울 정도로 달라졌다. 최근의 연구로 세균과 조류(藻類)가 모래언덕이나 다른 지역의 안정성을 변화시키는 복합 과정의 주요 공헌자라는 사실이 알려지기 시작했다. 그뿐만이 아니다. 조사자들은 관계 있는 미생물 종과 이전에는 확인되지 않았던 개체들을 동정하기 시작했고, 이들의 생장과 활성이 앞으로 실질적인 도움이 될 것이라고 말했다.

네덜란드의 북해 연안에서 침식이 일어나던 때에 암스테르담의 미생물 연구실에서 연구하던 루크 무어 Luuc Mur와 그의 동료들은 해안을 따라 거친 규산질 모래언덕에서 단단한 표면을 만들어내는 미생물을 조사하고 있었다. 이러한 미생물들은 주로 원시적인 녹조 식물인 클렙소르미듐 플라치듐(*Klebsormidium flaccidum*)과 오실라토리아(*Oscillatoria*), 미크로콜레우스(*Microcoleus*) 등의 시안세균이다. 최근에 무어와 그의 동료들은 표면이 만들어지는 초기 과정에 미생물이 관여한다는 사실을 밝혀내기 시작했다. 이 미생물들은 분명히 미지의 특이한 실 모양의 시안세균으로, 구형보다는 타원형에 가까웠다. 조류와 시안세균이 모래와 어울려 무리를 이룸으로써 모래언덕이 침식되지 않도록 보호한다는 사실이 점점 분명해졌다.

시안세균에 초점이 맞추어졌다. 시안세균은 이른바 햇빛 영양성으로, 광합성을 하면서 녹색식물과 비슷한 방법으로 산소를 만든다. 이들 가운데 어떤 종류는 공기로부터 질소를 고정하기도 한다. 이들은 보통 영양이 풍부한 강과 호수에 많지만 영양이 적은 환경에서도 나타나며, 몇 종류는 바다에 적응하기도 했다. 이들은 가끔 극한 환경에서 우점종을 이루기도 한다.

모래언덕은 주기적으로 흠뻑 젖기는 했지만 거의 일년 내내 가뭄을 견뎌야 했다. 암스테르담의 연구자들은 어떤 종이 표면을 형성하는 햇빛 영양 생물로서 건조 상황에 알맞은 특이한 적응을 하는 구조인지를 결정하려고 했다. 특히 흥미로웠던 것은 새로 발견된 시안세균으로, 그것은 구형이 아닌 타원형이었다. 무어와 그의 동료인 벤 드 위더 Ben de Winder 및 루카스 스탈 Lucas Stal은 이 미생물을 〈크리날륨 에핍사뭄〉이라 불렀다(라틴어 〈*crinalis*〉는 〈털〉을, 그리스어 〈*psammos*〉는 〈모래〉를 뜻한다).

새로운 종은 시안세균 가운데서도 특별한 종류로, 세포의 모양만 특이한 것이 아니라 특이한 섬유소로 이루어진 두꺼운 세포벽도 가지고 있는데, 이것은 식물의 세포벽과 비슷하다. 이러한 특성은 물이 부족하고 때때로 햇빛이 생존을 위협하는 모래언덕에서 적응하여 살아가기 위한 필수 조건이 된다. 순수한 섬유소는 물을 함유하는 능력이 높으며, 세포벽이 건조해질 때면 육지성 시안세균을 둘러싸고 있는 점액질의 껍질보다 더욱 효과적으로 습기를 빨아들인다. 크리날륨 에핍사뭄은 세포벽의 친수성 덕분에 함수 능력이 높다.

한편 여러 시안세균이 녹조류와 함께 모래언덕이 자연적인 힘에 의해 없어지지 않도록 돕는 메커니즘은 여전히 의문으로 남아 있다. 이에 대한 답은 아마도 세포벽이 친수성이라는 점과 미생물이 실 모양으로 끝이 가늘지 않은 〈사상체 trichome〉(남조류의 몸을 구성하는 외줄의 세포로, 중간의 아무데나 끊어져도 복제된다)로 자란다는 점에 있다고 하겠다. 또 이 미생물의 표면과, 모래알이나 다른 생물들의 표면 사이의 물리·화학적 상호작용도 중요하다. 대부분의 시안세균과는 다른 크리날륨 에핍사뭄의 별난 모양은 또다른 이점도 가진다. 즉 이것은 돌아다니지 않는다.

시안세균이 자연에서 모래언덕을 지키는 역할을 한다면, 이 균을 유전공학적으로 바꿔 침식을 막는 능력을 증가시키는 일을 고려해 봄직도 하다. 그렇게 되면 이들의 능력을 필요한 환경 속에 정확하게 사용할 수 있을 것이다. 그러나 이러한 생각을 실제로 적용할 때에는 더욱 조심해야 한다. 수 년 전에 개간지에 스파르티나 안글리카(*Spartina anglica*)라는 줄풀을 심었는데, 이것은 나중에 좁은 수로의 상당한 골칫거리로서 환경에 피해를 주었다. 그러한 일이 있었다고 해도 북해 모래언덕에서의 루크 무어의 연구는 이전까지 알려지지 않았던 미생물의 능력을 개발하여 해안의 침식을 막는 데까지 이어졌다.

67 세균을 공격하는 세균

—— 엔테로박테르 아글로메란스(*Enterobacter agglomerans*)

항생 물질과 비슷한 박테리오신 bacteriocin은 박테리아가 만드는 물질이다. 이것은 다른 세균을 공격하거나 그 세균의 생장을 억제하는 능력이 있다. 이 독특한 세균성 단백질을 병원균과 싸우도록 할 수 없을까? 칠레의 탈카 대학교 연구팀은 이것이 가능할 것이라고 생각했다. 이들의 목적은 박테리오신을 우물물에 살고 있는 병원성 세균을 억제하는 데 이용하는 것이었다. 그리하여 이들은 자신들의 아이디어를 최신 유전공학 기술과 결합시키는 놀라운 성과를 보이고 있다.

박테리오신은 항생 물질만큼이나 오랜 역사를 가지고 있을 뿐더러 메커니즘도 그와 비슷하다고 알려져 있다. 이 가운데 어떤 것은 세균 세포 안에서 단백질의 합성을 방해하기도 한다. 일반적으로 항생 물질은 테트라사이클린이 여러 종류의 세균을 공격하는 것과 같이 광범위하게 작용한다. 그러나 박테리오신은 훨씬 제한적으로 작용하여, 특정 박테리오신은 오직 특정 균주만 공격한다. 이러한 이유로, 박테리오신은 실험실에서 식중독균이나 다른 세균 균주를 동정하거나 역학 조사에서 분포 정도를 확인하는 등의 연구에서 유용하게 사용되고 있다. 그렇지만 이러한 단백질을 병의 치료에 이용하려던 시도는 성공하지 못했는데, 그 이유는 이것을 입으로 삼키면 소화액에 의해 바로 분해되기 때문이다.

몇 년 전에 탈카 대학교의 미생물학자들이 박테리오신을 칠레의 시골 지역에 있는 우물물의 소독 약품으로 값싸고 안전하게 사용할 수 있는지를 조사했다. 당시에 시골의 우물이 설사와 식중독 및 장염을 일으키는 세균으로 심하게 오염되어 있었기 때문이다. 몇 가지 예비 실험에서 박테리오신이 사람의 입과 소화관에 있는 세균의 수를 조절하는 성질이 있음을 알았다. 만약 이러한 일이 자연 상태의 우물에서도 일어난다면, 박테리오신을 생산하여 생태적 오염을 줄일 수도 있었다.

생물공학자들이 독성 물질을 분해할 수 있는 미생물을 이미 그러한 물질로 오염된 흙과 물에서 찾았듯이, 칠레의 연구자들도 우물의 침전물에서 세균을 찾아 연구하기 시작했다. 그들은 준설기로 20개의 우물에서 5센티미터 정도의 시료를 채취하여, 세균 5종의 수를 조절하는 박테리오신을 분비하는 종류를 찾았다. 이러한 목적으로 실험한 세균 중 세 종류는 각각 장티푸스에 걸린 여성으로부터 분리한 장티푸스균, 급성 설사를 하는 남자로부터 분리한 시겔라 플렉스네리(*Shigella flexneri*, 이질균의 일종), 장염으로 고통받는 소년에서 분리한 독소 분비 대장균 균주였다. 다른 두 종류는 식중독을 일으키는 살모넬라 티피무륨과 시겔라 소네이로, 수집 균주 culture collection로부터 얻은 것이었다.

우물물에서 걸러낸 세균은 모두 25종이나 되었다. 제일 많은 종류는 대장균으로 36개 균주나 나왔다. 다음으로 많은 종류는 에로모나스 히드로필라(*Aeromonas hydrophila*, 26개 균주)였고 그 뒤를 프세우도모나스 푸티다(*Pseudomonas putida*)와 고초균(24개 균주)이 이었다. 모두 합쳐 12종 412균주가 박테리오신을 분비하는 것으로 나타났다. 가장 활발한 종류는 엔테로박테르 종으로, 그 가운데에서도 엔테로박테르 아글로메란스가 특히 활발했다. 대부분의 박테리오신은 한두 종류의 세균에 대해서만 강한 활성을 보였다. 그런데 엔테로박테르 아글로메란스는 장티푸스와 시젤라 플렉스네리 그리고 대장균 등 세 가지 세균을 공격하는 박테리오신을 분비했다. 그러나 복합 박테리오신이나 다른 광범위한 요인이 이러한 효과를 나타내는 것인지 아닌지는 분명하지 않다. 박테리오신의 영향을 가장 많이 받은 것은 시젤라 플렉스네리와 대장균이었고, 대상으로 한 모든 미생물들이 크건 작건 간에 몇몇 단백질의 영향을 받았다.

탈카 대학교 연구팀이 바라는 바는 이미 언급했듯이, 유전공학적으로 박테리오신을 생산하는 미생물 균주를 만들어 자연적인 생물 조절 물질로 우물에 넣어주는 것이다. 이들은 이미 세균의 핵에 들어 있는 유전자에 의해 결정되는 박테리오신에 대한 기초적인 분자 연구를 마친 상태이다. 핵에서 분리해낸 플라스미드 내의 유전자는 단지 세 균주에만 작용한다. 최근의 목표는 유전자 재조합 기술을 이용하여 다른 광범위한 박테리오신의 유전 암호를 지정하는 유전자를 삽입하는 것이다. 또한 박테리오신을 고농도로 생산하는 유전자를 동정하여 이용하고, 박테리오신을 분비하는 세균을 필요한 곳에 잘 적응시켜 온도가 낮거나 양분이

고갈된 환경에서도 잘 견디며 살 수 있게 하는 것이다.

유전공학을 이용하려는 이러한 계획은 꽤나 거창한 것으로, 예를 들어 사람의 성장 유전자를 세균에 넣어 호르몬을 만들어내는 것과 비교할 수 있다. 그렇지만 이러한 기본 물질이 손 안에 있다고 해도 이 미생물들로는 칠레의 우물을 회복시키지 못할 것 같으며, 이들이 옮기는 유전자에 대해서도 마찬가지다. 그러나 두 가지를 한데 섞어 효과적으로 조합하는 것이, 지난 10여 년 동안 여러 가지 목적으로 다른 생물에서 이루어 온 유전자 재조합 연구보다 어려운 것만은 아니다.

예를 들어 최근 캘리포니아에서 감자와 딸기의 서리 피해를 줄이기 위해 개발해낸 이른바 〈얼음 결손 ice-minus〉 세균의 예를 꼽더라도 그렇다. 연구자들은 우선 자연에 존재하는 어떤 세균의 내부와 표면에서 무엇이 이들 작물에 얼음 결정을 만들도록 하는가를 밝혀야 했다. 해답은 특별한 단백질이었다. 두번째 과제는 이 단백질의 유전 암호를 지정하는 유전자가 어디에 있는지 알아내는 것이었고, 세번째는 이 유전자를 떼어내는 것이었다. 그러나 유전적으로 변화된 이 세균이 식물에 뿌려졌을 때, 이들이 이미 그곳에 있던 세균들이 얼음 결정을 만들지 못하게 할 수 있는지에 대해서는 결코 확신하지 못했다. 그러나 결과는 훌륭했다.

이러한 꿈 같은 일들을 현대 생물공학은 해냈다. 곧 칠레의 학자들도 성공하지 않겠는가?

68 위험한 물질을 찾아내는 형광 미생물

——포토박테륨 포스포레움(*Photobacterium phosphoreum*)

깊은 바다는 우리가 생각하듯이 들여다보지도 못할 만큼 어둡지는 않다. 사실 바다 깊숙한 곳에는 표면의 빛이 거의 혹은 아예 침투하지 못하기 때문에 녹색 식물이 자랄 수 없다. 그렇지만 포토박테륨 포스포레움이라는 미생물이 빛과 같은 중요한 역할을 하기 때문에, 지구 곳곳의 바다 밑바닥 역시 육지 종들의 환경과 비슷하다. 포토박테륨 포스포레움이 형광성을 발휘하면 물고기는 그것으로 강한 빛을 내서 먹이감을 유인하거나, 적을 피하거나 견제하며, 또는 성적으로나 다른 목적으로 신호를 주고받을 수도 있다.

공생이라고 알려진 상호 이익 관계는 살아 있는 생물 세계의 어디에나 있다. 이런 관계에 미생물이 참여하는 예로는 세균이 콩과 식물의 뿌리혹에서 질소를 고정하거나 소의 위 속에서 섬유소를 분해하는 등의 경우가 있다. 이러한 공생 관계 중에서 진화의 오랜 세월 동안 깊은 바닷속 물고기의 표면에 특별한 기관으로 살아온 발광 세균만큼 인상적인 것도 없다.

이 미생물의 숙주 물고기로는 아노말롭스 카톱트론(*Anomalops katoptron*)이 있다. 인도네시아 해안 근처에 살고 있는 이 물고기는 눈 밑에 콩팥 모양의 커다란 구멍이 있다. 이것은 막으로 덮여 있고, 물고기가 때때로 이 막을 열면 그 안의 형광 세균이 내는 빛이 스며나온다. 이와 비슷한 구조를 가진 물고기는 많으며, 몇몇 고도로 정교한 덮개와 렌즈와 반사경을 가진 물고기는 빛의 발산을 조절하기도 한다. 그럼으로써 이 미생물은 물고기로부터 안정된 환경을 얻고 물고기는 사냥감 확보를 통한 영양 공급이 보장된다.

흥미롭게도 이제 사람들이 점점 이 형광 미생물을 실용적인 목적으로 이용하기 시작했다. 영국 노팅엄 대학교와 브라이튼 대학교에서는 아머샴Amersham 사와의 공동 연구에서 다음과 같은 내용을 강력하게 주장했다.

> 생물 발광은, 자연 상태의 물이나 음식물에서 갑자기 사라져버리는 아주 적은 양의 공해 물질을 찾아내거나, 그 존재만으로도 즉시 혹은 곧 닥쳐올 건강상의 위험을 의미하는 세균을 찾아내는 특이하고도 새로운 기술로 이용할 수 있다.

몇 년 전부터 이러한 작업은 시작되었다. 즉 미생물학자들이 포토박테륨 포스포레움 같은 발광 세균의 내부 생리 과정을 손상시키는 어떠한 물질이 동일한 신호에 따라 빛을 발산한다는 사실에 주목했다. 이 각각의 미생물들은 상당한 양의 빛을 만들지만 발산하는 빛의 양은 독성 물질에 매우 민감하며, 독성 물질은 순식간에 빛을 약화시킨다. 이러한 사실은 미생물이 환경 속에서 여러 가지 화학 물질의 수준을 측정하고 찾아낼 수 있는 센서로 사용될 수 있음을 의미했다. 이런 간단한 원리를 이용해 캘리포니아에 본사를 둔 마이크로빅스Microbics 사는 마이크로톡스Microtox 시스템을 시장에 내놓았다. 이 시스템은 포토박테륨 포스포레움을 이용하여 몇 가지 공해 물질을 추적하는 장치다.

이제 유전공학자들은 형광을 내는 이른바 룩스(*lux*)라는 발광 유전자를 다른 일반 〈암흑〉 세균에 옮기는 방법을 찾았다. 그리하여 일반 세균도 빛을 내지는 않지만 환경에 대해 잠재적으로 유용한 방식으로 반응하게 되었으며, 물 속에서 독성을 가지는 금속인 카드뮴부터 우유에 잔류한 항생 물질에 이르는 광범위한 물질을 측정할 수 있는 방법이 개발되었다.

특히 영국 노팅엄 대학교의 고돈 스튜어트Gordon Stewart는 유전공학을 이용하여 특정 독성 물질에 좀더 민감하게 반응하는 장치를 만들려고 하였다. 브라이튼 폴리테크닉Brighten Polytechnic 사에 근무하는 스티븐 데니어Stephen Denyer와 스튜어트는 이미 한 가지 응용법을 개발했다. 이 방법은 냉각수의 살균제 수준을 조사하기 위하여 생물 발광을 일으키는 대장균을 이용하는 것이었다. 새로운 기술은 재향군인병의 출현으로 더욱 필요하게 되었다. 즉 새로운 기술은 폐렴으로 죽음에 이르게까지 하는 세균들이 모여 있는 냉각탑을 소독하는 데 매우 요긴하게 쓰였고, 이러한 처리의 효과를 조사할 수 있는 수단으로도 이용되었다.

상당히 다른 방법은 발광 유전자를 세균이 아니라 특정 세균 균주만 감염시키는 박테리오파지에 붙이는 것이다. 바이러스는 대사 기관이 없으므로 그야말로 〈암흑〉 상태다. 그렇지만 발광 유전자를 숙주인 세균에 심어주면 빛을 낸다. 발광 유전자로 변형시킨 박테리오파지는 식품 산업에서 식중독을 일으키는 살모넬라나 캄필로박테르 같은 미생물 조사 방법에 혁명을 가져왔다. 또다른 방법으로는 수질 검사를 전통적인 〈대장균 추정 계수 presumptiue coliform count〉에 근거하는 방법이 있다. 기본적으로 대장균이나 엔테로박테르에 대한 조사에서는 병을 직접적으로 일으키는 세균이 아니라 존재만으로도 분변성 감염을 의미하는 세균의 수를 모두 측정한다. 스튜어트와 그의 동료들은 이와 같은 방법으로 고기를 가공하는 작업대에서 미생물을 매우 빠르게 조사할 수 있었다.

세균 발광에 근거한 기술이 세균을 동정하거나 쓸모 없는 균을 일일이 세는 이제까지의 방법을 완전히 대체할 수는 없을 것이다. 그렇다고 하더라도 세균을 감시하고 화학 오염 물질을 조사하는 데에는 이러한 기술이 간편하며, 이것은 현장에서 이용할 때 엄청난 장점으로 작용한다. 생물 발광 기술은 한마디로 사용하기 쉬운 기술이다.

이것은 또한 환경 친화적인 기술로서 환경 보호와 식품 안전에 대한 문제 해결책으로 큰 관심을 끌고 있다. 지난 1992년 유럽 공동체에서 실시한 〈유럽 지표 Eurobarometer〉(여론 조사 기구) 여론 조사에서 나타났듯이, 일반인들은 분명히 현대 생물 연구에 대해 잘 모르며, 그래서 불안해한다. 자신이 충분히 이해하지 못하고 있는 것이 발전하는 데 대해 두려움을 느끼는 것은 어쩌면 당연한 일이다.

이제까지 과학자들은 이와 같은 연구를 통해 의학과 농업 및 복지를 향상시키는 데 크게 이바지했다. 일반 대중이 과학과 기술에 대해 유별난 적개심을 품고 있는 것은 아니다. 미래의 기술은 생물권의 완전함을 깨뜨리지 말고 오히려 보호해야 한다. 과연 환경을 탐구하고 보호하기 위해 자연적으로 발생하는 세균을 이용하는 것보다 더 나은 방법이 있을까?

69 신경계 지도를 그려내다

——헤르페스(*Herpes*) 바이러스

학창 시절에 나의 상상력에 불을 붙인 책 가운데 하나는 얀 클뤼버A. J. Kluyver와 코빌리스 반 닐C. B. van Niel의 『생물학에 대한 미생물의 공헌 *The Microbe's Contribution to Biology*』이다. 나는 지금도 이 책을 갖고 있다. 이 책의 녹색 표지는 심하게 바랬지만 그래도 즐겨 매는 넥타이만큼 정겹기만 하다. 표지에는 그냥 미국의 미생물학자로 설명되어 있지만, 반 닐은 1897년에 네덜란드의 할렘Haarlem에서 태어났다. 미생물학에 대한 경력은 1922년 델프트Delft 기술 대학에서 시작되었다. 당시 이 대학에서 그보다 11년 연상인 클뤼버는 교수였다. 1956년에 출간된 이 책은, 두 사람이 팀을 이루기 2년 전에 하버드 대학교에서 강의한 내용을 엮은 것이다.

〈미생물 연구의 발전은…… 살아 있는 생명체의 기본적인 특성에 관한 지식을 상당히 넓혀주었기 때문에〉 이것은 상당히 지적인 매력을 끄는 작업이었다. 이어서 저자들은 〈미생물은 생물학의 기본 지식을 구성하는 데 중요한 역할을 하고 있다〉라고 하였다. 되돌아보면 이 책은 사람들(파스퇴르부터 미국의 유전학자 조수아 레더버그Joshua Lederberg에 이르기까지)이 발견한 생명의 사실들을 열거하는 것 이상으로, 세균 집단을 세밀하게 직접 조사하여 집필한 뛰어난 저작이었다. 또한 이 책은 대사 조절과 유전 과정에 관한 지식을 꽃피울 미래에 대해서도 언급하였다. 그러나 이 〈미래〉는 클뤼버와 반 닐이 상상한 것보다 훨씬 빨리 다가왔다.

때로는 후배 과학 저자들이 주제를 더욱 풍부하게 꾸미기도 했다. 1988년 MIT의 보리스 매게세닉Boris Magasanik은 《사이언스》에 세균이 이루어 놓은 위대한 공헌들을 자세히 기록했다. 클뤼버와 반 닐이 책을 쓴 이래 반세기가 넘도록 세균이 유전학과 생화학 및 생리학의 발전에 공헌한 업적들이었다. MIT 생물학자인 데이비드 봇스타인David Botstein과 제럴드 핑크Gerald Fink 역시 실험 미생물로서 효모가 가진 독특한 장점을 《사이언스》 같은 호에서 다루었다. 다른 학자들도 점균이나 페니칠륨 등 다른 많은 미생물이 주는 혜택을 기록하였다.

그러나 바이러스가 고등 생물을 연구하는 생물학자에게 도움을 주었다는 이야기는 거의 듣지 못했다. 사실 바이러스가 사람들에게 주는 이득은 대체적으로 세균이 주는 것보다는 훨씬 적다. 얼마 안 되는 이로운 바이러스 가운데 하나는 튤립 모자이크 바이러스tulip mosaic virus로, 이것은 튤립의 꽃잎에 〈튤립 파열tulip break〉로 알려진 매혹적인 무늬를 만든다. 실험실에서도 바이러스 연구의 응용 범위는 세균의 경우보다 훨씬 좁다는 것을 알 수 있다.

이러한 일반적인 생각에 대한 두드러진 예외가 있다면 박테리오파지일 것이다. 박테리오파지는 식중독을 일으키는 살모넬라를 동정에서부터 유전자 조작까지 몇 가지 작업에 있어 매우 유용하다. 이러한 연유로 1940년대와 1950년대 초반에 이른바 〈파지 연구소〉가 있었고, 이것은 분자생물학의 출현에 결정적인 영향을 주었다. 그러나 바이러스는 가축에서 구제역을 일으키고 토마토에서 점무늬시들음병spotted wilt disease을 일으키는 등 여전히 해로운 것으로만 보인다. 성격이 좀 다르기는 하지만 최근 유럽을 여행하던 중에 무심코 보았던 무정부주의 잡지에서도 가장 화나는 것이 바로 〈바이러스〉라고 했다. 즉 컴퓨터 바이러스에 〈감염〉되어 정보가 파괴된다는 것이었다.

1989년에 세상을 떠난 한스 쿠이퍼스Hans Kuypers는 뛰어난 신경과학자로, 바이러스가 받아온 오명을 씻어내려고 했다. 쿠이퍼스는 그의 생애 마지막 몇 년 동안 바이러스를 이용해 난해한 미로같이 실처럼 얽힌 동물의 신경계를 구성하는 상호 연결 체계를 추적하는 특별한 기술을 개발하였다. 그는 영국 케임브리지 대학교의 가브리엘라 우골리니Gabriella Ugolini와 함께 일하면서 헤르페스 바이러스를 이용해 몇 가지 놀라운 연구 결과를 얻었다. 두 해부학자들의 논문은 《신경과학 동향*Trends in Neuroscience*》 1990년 2월호에 실렸고, 이 새로운 방법의 강점과 앞으로 이루어질 많은 잠재적 가능성을 보여주었다.

쿠이퍼스는 유일하게 영장류에게만 나타나는 미세한 지문 같은 현상에 특히 관심을 가졌다. 그리고 그는 이러한 움직임이 뇌로부터 하위 체계로 전달되면서 어떻게 조절되는지 이해하려고 했다. 그는 이 노력의 일환으로 신경 섬유와 그 상호 연결 체계를 볼 수 있는 더 좋은 방법을 찾아 보았다. 그는 최초로 살아 있는 신경 섬유가, 지표로 작용할 수 있는 특정 효소가 포함된 단백질을 포착하여 전달할 수 있다는 사실을 발견했다. 그의 기술 혁신 가운데 또다른 것은 갈라진 신경 섬유를 연구하기 위해 분기된 가지에 포착되는 형광 색소의 쌍을 바탕으로 고안해낸 이른바 〈2중 표지 기술double-labelling technique〉이다.

그러나 이러한 접근은 신경 세포를 연결하는 완전한 망상 조직을 그려내는 데에는 충분하지 않았다. 이러한 목적에 필요한 것은 〈신경 세포 전달 추적자transneuronal tracer〉로, 이것은 몇몇 신경 세포의 사슬 한쪽 끝에 작용하여 다른 한쪽으로 연속적으로 이동하는 표지로 작용하는 물질이다. 그 물질로서 가능한 후보로는 파상풍균이 생산한 치명적인 독소가 있다. 그러나 이 추적자는 소량만이 옮아간다. 표지가 그만큼 약하기 때문이다. 그러나 쿠이퍼스와 우골리니가 동료들과 함께 개발한 표지는 세포에서 세포로 전해질 때 희석되지 않았으며 오히려 증폭되었다. 이것의 비밀은 살아 있는 바이러스를 이용한 것에 있었으며, 이 바이러스는 신경계를 특히 좋아한다.

헤르페스 바이러스(입가에 부스럼을 일으키는 바이러스의 일종)는 광견병 병원체의 한 종류로 의사 광견병 바이러스라고도 불리며 표지로서 굉장히 효과적이다. 이들은 양방향으로 옮겨갈 수 있으며, 신경 세포로부터 뻗어나온 긴 돌기의 끝으로 나가서 인접 신경 세포와 접촉한 후에 원래의 신경 세포로 돌아온다. 헤르페스 바이러스의 항원은 정밀한 염색법으로 검출할 수 있다. 게다가 헤르페스 바이러스는 실험실 유리 기구 안과 살아 있는 동물 안에서 모두 작용한다. 그리하여 이 바이러스는 말초 신경과 뇌에 있는 신경 세포 사이의 연결망을 그려내는 엄청난 과제를 전개해 나감으로써 그 가치를 인정받기 시작했다.

수십 년 동안 미생물학의 대중화에 있어서 렘브란트의 튤립 같은 감염을 제외하고는 바이러스에 대해서 그리 좋게 얘기할 만한 것이 없었다. 그러나 이제 드디어 사람들이 바이러스를 좋아하기 시작했다. 왜냐하면 이들이 지닌 엄청난 감수성을 이용해 생물과학의 난제들을 해결하기 시작했기 때문이다.

70 저온균을 이용하는 생물공학

——아르트로박테르 글로비포르미스(*Arthrobacter globiformis*)

북극 지방의 꽁꽁 얼어 있는 황무지에서 옐로스톤 국립공원의 열천에 이르기까지 지구의 어떤 곳도 미생물이 자라기에 불편한 곳은 없는 것 같다. 미생물학자들은 미생물의 다양한 생활 모습을 보고 수십 년에 걸쳐 세균과 곰팡이가 자랄 수 있는 온도를 중심으로 이것들을 3개 무리로 분류했다. 고온균은 아주 뜨거운 곳에서 잘——그것도 정말 번성하면서—— 살 수 있다. 저온균은 시원한 곳을 좋아하며, 중온균은 중간 정도의 온도를 즐겨 찾는다.

산업에서는 이미 수십 년 동안 화학적 일꾼으로 중온균을 이용해 왔다. 예를 들면 항생 물질을 생산하거나 비타민을 만들거나 스테로이드를 변화시키는 등의 일을 해왔다. 그러나 최근 들어 생물공학자들은 고온균을 이용하기 시작했으며, 이것에는 두 가지 장점이 있다. 우선 이들이 가진 효소는 중온균에 비해 상당히 높은 온도에서도 화학적 반응을 촉진할 수 있으며, 따라서 반응을 더욱 신속하게 끝낼 수 있다. 둘째, 이들은 중온에서도 대단히 안정적으로 오랫동안 일을 할 수 있다.

요즈음에는 저온균도 관심을 끌고 있는데, 그 이유는 생물공학적 작업을 하는 데 있어 특별한 역할을 해내기 때문이다. 〈냉장〉 온도에서도 자랄 수 있는 미생물은 최근 여러 나라에서 공중 보건에 심각한 문제를 일으켰다. 식중독을 일으키는 세균인 리스테리아 모노치토제네스(*Listeria monocytogenes*)는 저온균이다. 따라서 0°C 가까운 냉장고 안에서도 생존은 물론 증식까지 한다. 더구나 이러한 조건에서는 리스테리아가 리스테리오리신 listeriolysin을 더 많이 생산한다. 리스테리오리신은 효소로서 소화 기관 내에서 세포를 공격하여 인체에 해를 끼친다.

저온균은 생물공학 산업에서 상당한 잠재적 가치를 지니고 있다. 이들이 상업적으로나 의학적으로 몇몇 유용한 물질을 생산하는 데 있어 어려운 문제들을 해결해 주기 때문이다. 이미 앞에서 설명한 바와 같이 요즘에는 어떤 호르몬이나 특정 단백질을 생산하는 유전자를 대장균 같은 세균에 삽입하여 이 유전자가 단백질을 생산하는지 아닌지를 확인하는 것이 그리 어렵지 않다. 그래서 사람의 성장 호르몬이나 인슐린 같은 물질을 쉽게 생산할 수 있다.

그렇지만 원래 있던 효소가 새로 만들어진 단백질을 공격하여 그것을 파괴해 버리면 심각한 난관에 봉착하게 된다. 특정한 암이나 B형 간염 바이러스를 치료하는 데 널리 쓰이는 사람의 〈인터페론 알파-2〉 유전자도 그 한 예이다. 이 유전자는 대장균에 이식되어, 그 안에서 발현될 수 있다. 그렇지만 이 유전자에게 적합한 37°C에서는 오히려 이 균이 효소를 생산하여 인터페론을 순식간에 분해한다.

유전공학이 아니더라도 저온 생물공학에 이용할 만한 미생물을 찾아내는 것은 힘든 일이 아니다. 최근에는 세계 곳곳의 언 땅에서 괄목할 만한 발견들이 이루어졌다. 이곳은 중온균이 정상적인 생활을 하기에는 온도가 낮을 뿐더러 영양분도 부족하다. 지의류나 다른 미생물은 매우 차갑고 건조한 남극 로스Ross 사막에서도 자란다. 또 조류(藻類)는 햇빛의 양이 0.01퍼센트에 불과한 북극해의 차디찬 수면에서도 특별한 능력으로 광합성을 한다. 선캄브리아기의 스트로마톨라이트를 닮은 포르미듐 프리지둠(*Phormidium frigidum*)은 빛이 희미하게 비치는 건조한 남극 계곡 안의 얼음으로 뒤덮인 호수 밑바닥에서 깔개처럼 풍요롭게 자라기도 한다. 그리고 〈용승 지역〉의 많은 세균 집단은 캐나다 북극해의 얼음이 어는 깊이에서 번성하고 있다.

최근 영국 킹스 카리지의 앨런 힙키스Alan Hipkiss, 프랑스 빌뢰르반의 끌로드-베르나-리용 대학교 패트릭 포티어Patrick Potier는 동료들과 함께 단백질 분해 문제의 해결에 저온균을 이용할 수 있을지 연구하고 있다. 또한 최저 영하 5°C 내지 최고 32°C에서 살 수 있고 20-25°C에서 가장 잘 증식하는 아르트로박테르 글로비포르미스(*Arthrobacter globiformis*)라는 세균을 연구해왔다. 그들은 스칸디나비아 북극해의 차가운 지역의, 표면 온도가 각각 다른 곳에서 이 균을 분리했다. 몇몇은 이러한 미생물이 적응력이 매우 클 것이며 주변의 조건에 따라 대사 능력이 변할 것이라고 생각했다.

포티어와 힙키스 및 공동 연구자들은 아르트로박테르 글로비포르미스를 세 가지 다른 온도(10, 20, 32°C)에서 배양했고, 이와 함께 처음에는 10°C에서 배양하다가 나중에 32°C로 옮긴 균도 연구했다. 그리고 각각의 경우에서 세균 추출물을 준비한 다음, 인슐린과 카세인을 대상으로 이 세균 추출물이 나타내는 단백질 분해 능력을 측정하였다. 연구자들은 이 두 단백질에 대한 세균 추출물의 분해 능력이 온도 상승에 따라 높아진다는 것을 발견하였다. 즉 단백질 분해도가 온도의 기울기에 따라 빠르게 증가하였다.

또한 힙키스와 그의 동료들은 37°C가 아닌 29°C에서 배양된 대장균이 생산한 인터페론 알파-2는 전혀 분해되지 않는다는 것을 알았다. 이것은 광범위 의약품과 각종 단백질 등을 생산하는 미생물을 개발할 수 있음을 의미했다. 어쩌면 병원균인 리스테리아와 비슷한 종류일지라도——이것은 저온균이지만 고온균처럼 높은 온도에서도 견딜 수 있다——생물공학은 그 응용 방법을 찾아낼 것이다.

저온균을 낙농 산업에 이용하면 중온균의 오염 가능성을 최소화하는 등의 여러 이득을 얻을 수 있다. 일례로 곰팡이인 아스페르질루스가 분비하는 효소는 젖당을 포도당과 갈락토오스로 분해하여 소화율과 우유의 당도를 높여준다. 이러한 변화를 위해서는 우유에 효소를 첨가하여 30-40°C에서 4시간 정도 숙성시켜야 한다. 그러나 이것은 원하지 않는 다른 중온균이 자랄 수 있는 훌륭한 조건이 되기도 한다. 만약 온도를 5-10°C로 낮추면 이 효소는 적어도 4배나 더 오랫동안 작용하면서 젖당의 4분의 3이나 분해한다. 이 문제를 깨끗이 해결하려면 저온균이 분비하는 효소를 적절하게 이용해야 한다.

71 환경 친화적인 생물 농약
——트리코데르마(*Trichoderma*)

앞길이 창창한 과학 연구 분야를 개척하는 데 실패했다고 비탄에 빠지는 것은 그야말로 국가적인 시간 낭비이다. 실패에 대해 만족과 믿음을 가지고 되돌아볼 수 있는 경우는 그리 흔하지 않다. 그러나 1940년대 후반에 영국 허트퍼셔의 체스헌트 시험장에서 처음으로 실시했던 작물병의 방제 수단에 관한 연구는 뜻 깊은 실패였다. 이 연구는 식물 해충의 〈생물학적 방제〉 방법을 개발하는 것이었다. 즉 작물을 비롯한 식물에 해를 주는 미생물을 물리치는 데에 화학 물질 대신 생물을 이용하는 것이었다.

이 연구를 긍정적으로 보는 사람들은 토마토의 잘록병 damping-off을 페니칠륨 파툴룸(*Penicillium patulum*)이 생산하는 파툴린 patulin이라는 항생 물질로 물리치겠다고 생각했다. (잘록병은 어린 식물을 공격해 식물을 마르게 하는 병으로, 어린 묘들이 습한 환경에서 밀집하여 자랄 때에는 곰팡이의 생장이 촉진되기 때문에 일어난다.) 매우 유별난 연구자였던 에르나 그로스바드 Erna Grossbard는 오래전《일반 미생물학 저널》에, 미생물과 항생 물질이 토마토의 감염을 확실하게 막을 수 있으며 경제적으로 중요한 다른 작물에 대해서도 이러한 방법이 가능할 것이라고 하였다. 비록 1952년에는 이것을 알지 못했지만 10여 년 후부터 농업이나 원예에 사용하기에는 파툴린에 적어도 두 가지 본질적인 결점이 있음이 알려졌다. 즉 파툴린은 독성을 가지고 있으며 암을 유발한다.

현재는 방대한 양의 지식과 함께 유전공학이 나타났고, 다른 미세 곰팡이를 생물학적 방제 무기로 이용하려는 시도가 무르익었다. 적어도 짐 린치 Jim Lynch는 그렇다고 믿는 사람이다. 그는 최근까지 서식스 소재 리틀험프턴의 농업 식품 연구 협의회 산하 국제 원예 연구소에서 일했다. (이곳은 옛 체스헌트 실험실의 후속 기관이다.) 그의 열정은 부분적으로 (예를 들면 메틸브로마이드 같은) 화학 물질을 다른 것으로 대체할 필요가 있다는 데 기초했다. 화학 물질은 흙에 남거나 먹이사슬에 끼어들며, 근래에 이르러서는 환경이 더 이상 이러한 물질들을 자정해내지 못하게 되었기 때문이다. 그는 또한 식물의 병을 막기 위해 사용하는 화학 무기를 버려야 할 시기가 왔다고 보았다. 이러한 생각에는 분명히 병을 일으키는 미생물들의 해로움이 경미하다는 생각이 깔려 있다. 즉 병의 원인이 되는 세균이 미치는 해로움은 경미하기 때문에, 들판에서 사용할 생물학적 방제 도구를 찾아내고 복잡한 등록 과정을 거쳐 모든 것을 계획하고 추진하는 데 들어가는 모든 비용을 정당화할 수 없다는 것이다.

린치와 그의 동료들은 상추에서 피튬 울티뭄(*Pythium ultimum*)과 리족토니아 솔라니(*Rhizoctonia solani*) 같은 곰팡이가 일으키는 잘록병을 방제하기 위해 다른 종류의 곰팡이인 트리코데르마(*Trichoderma*, 그림 16) 속의 여러 종으로 그 가능성을 조사하고 있다. 사실 트리코데르마 비리데(*Trichoderma viride*)는 이미 이전에도 느릅나무 마름병과 과일나무의 은색 잎병을 포함한 여러 가지 병을 통해 주목받은 바 있다. 또다른 곰팡이인 페니오포라 지간테아(*Peniophora gigantea*)는 그루터기에 색칠을 한 것처럼 보이게 하는데, 린치의 연구팀은 이 곰팡이를 소나무에서 뿌리 썩음병을 일으키는 헤테로바시디온 아노숨(*Heterobasidion annosum*)을 억제하기 위해 사용하기도 했다. 동부 유럽에서 이러한 산물을 많이 이용하고 있다고는 하지만——불가리아의 11개 실험실에서는 딸기의 보트리티스 치네레아(*Botrytis cinerea*) 같은 병균을 방제하는 트리코테르마 비리데를 생산한다——역시 이러한 방안들을 정말로 신뢰해도 되는가라는 의심이 생긴다.

그러나 린치의 연구진이 곰팡이들을 생물 농약으로서 다시 조사하는 데에는 다른 이유도 있다. 이전 작업에서 트리코데르마의 특정 균주에 한 식물의 생장을 촉진하는 능력이 있음을 알았다. 그러나 이들 가운데 일부 보고는 반대의 경우도 있었다. 따라서

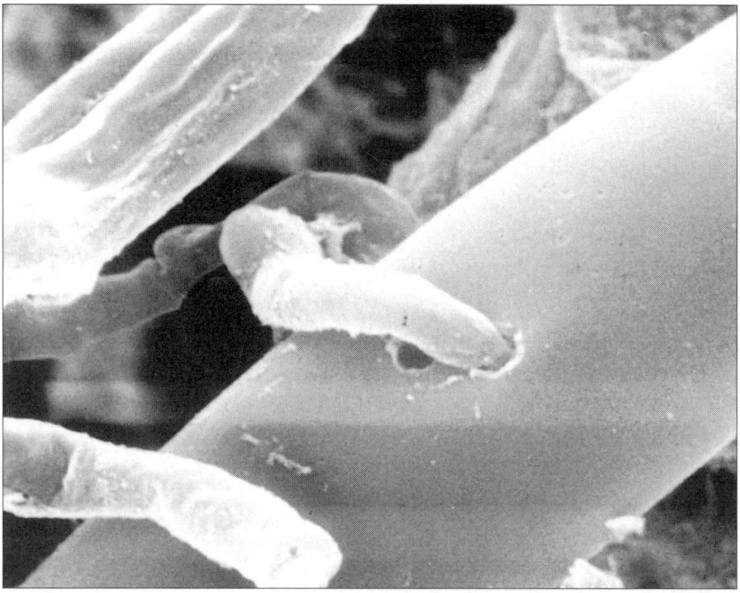

그림 16 트리코데르마(*Trichoderma*). 환경 친화적 해충 방제를 위한 곰팡이. 사진은 트리코데르마가 상추에 병을 일으키는 리족토니아 솔라니(*Rhizoctonia solani*)의 실 모양 균사를 파고드는 모습이다(배율: ×10,000).

린치와 동료들은 상추가 병에 걸리지 않았을 때에도 이 11가지 다른 균주의 곰팡이가 상추의 생장과 정착에 영향을 주는지 알아보고자 했다.

곧 사실이 알려졌다. 곰팡이 균주를 당밀을 포함한 배지에 배양하여 토탄과 모래를 섞은 토양에 접종하였더니, 몇몇 균주는 상추가 싹을 틔우고 자라나는 데 전혀 영향을 주지 않거나 억제하였다. 그러나 두 균주는 씨앗이 싹트고 자라나는 데 매우 극적인 도움을 주었다. 더군다나 이러한 효과는 20번의 시도에서 모두 같았고, 곰팡이는 생체량으로 따져볼 때 상추의 평균 수확량을 54퍼센트나 늘려주었다. 다른 식물에서도 결과는 같았다. 트리코데르마 균주는 개화 시기를 앞당겼고, 금잔화 꽃의 크기와 무게를 100퍼센트나 늘려주었다.

트리코데르마와 다른 곰팡이 길항제가 식물 병원균에 대한 희망으로 떠올랐음에도, 린치는 이 과제에 대하여 심사숙고했다. 예를 들어 인공적인 조건에서 실험할 때에는 작물의 병에 대해 길항 작용하는 곰팡이를 분리하는 것이 그리 어렵지 않다. 오히려 실험실에서의 관찰 결과를 임상에서의 성공으로 이끄는 것이 더욱 어려운 과제였다.

다시 말해 농업이나 원예에서 생물학적 방제 농약들을 성공적으로 이용하려면 목표물을 공격하는 미생물의 효율 이상의 것이 필요했다. 특히 미생물의 효율성만큼 중요한 것으로 방제 농약의 유효 시간 및 자연 상태에서의 양상과 지속성을 꼽는다. 여기에는 토양학자나 작물생리학자 같은 전문가들이 협력하여 복합적으로 연구할 필요도 내포되어 있다.

트리코데르마는 이러한 노력에 맞춰 훌륭하게 자리잡은 미생물이다. 이 미생물이 얼마나 효과적으로 식물의 생장을 촉진하는지를 보여주는 린치의 작업과 더불어, 몇 가지 다른 요소들도 이 미생물이 미래에 유망할 것임을 보여주었다. 우선 트리코테르마 비리데는 비록 다소 논쟁이 되기는 했지만, 틈새 시장을 찾아 자리를 잘 잡았다. 두번째로 우리는, 트리코데르마에 대한 생태학적 지식을 가지고 있다. 이것은 필수적인 정보로서 이 미생물이 환경 속에 뿌려질 때 보여줄 영향을 평가하는 데 활용된다. 아마도 세번째가 가장 중요할 텐데, 유전공학자들은 최근 트리코데르마에 새로운 기술을 적용했다. 그들은 생물학적 방제에 필요한 단백질을 생산하는 유전자를 이식하여 더욱 효과적인 균주를 만듦으로써 흥미로운 전망을 내놓았다.

린치는 이제 이런 미생물에 대해, 20년 전에 나타난 분자생물학의 중심에 있는 대장균 개발과 유사한 국제적 노력을 기울일 때가 왔다고 말한다. 그렇지만 사실 그도 반신반의하고 있다.

72 항체 대량 생산 시대

——대장균(*Escherichia coli*)

수요일 아침 조디 카잘스Jordi Casals는 예일 대학교 도서관 608호에서 아보바이러스arbovirus 실험실에 중요한 모임이 있다는 소식을 듣고 다른 날보다 서둘러 걸어가고 있었다. 모임 바로 직전에 윌 다운스Wil Downs는 국제적으로 이름난 바이러스 학자이자 그의 동료인 칼 존슨Karl Johnson 박사에게 전화를 걸었다. 당시 존슨 박사는 볼리비아 사람들에게 치명적인 출혈열을 일으키는 마추포 바이러스Machupo virus를 연구하면서 미국 공중 보건국 일원으로 파나마에 있었다.

다운스는 존슨에게서 파나마도 같은 위험에 처해 있다는 이야기를 들었다. 사람들은 마추포 바이러스로 인해 파리처럼 죽어갔고, 존슨은 병을 앓고 회복된 환자로부터 얻은 면역 혈청에만 의존할 수밖에 없었다. 이것은 어떤 경우에는 효과가 있었고 어떤 경우에는 효과가 전혀 없었다. 그래도 한 가지만은 분명했다. 시간이 너무 많이 지나면 혈청도 소용없었다.

살인 바이러스와 절망의 전염병에 관한 여러 공상과학 소설 중 가장 압권인 작품은 1974년에 발표된 존 풀러John G. Fuller의 『열병 *Fever*』이다. 이 작품은 1969년 라사열Lassa fever이 발생해 불안에 떠는 나이지리아의 풍경을 묘사하고 있다. 독자를 빨아들이는 그의 이야기에서 의사는 라사열로 한바탕 소동을 벌인 후에 조금이나마 회복된 희생자의 혈청(피가 굳은 다음의 맑은 액체)을 얻어, 같은 병으로 매우 심하게 앓고 있는 다른 사람에게 투여하기로 결심했다. 이것은 너무나도 강렬한 인상을 준다. 이론적으로 혈청 속에 들어 있는 항체는 감염에 대항하여 병원균과 싸우므로 두번째 희생자를 도울 수 있다. 그렇지만 이것도 확실하지 않았고, 이전의 경험으로 볼 때 이 열병은 진단을 확정 짓는 검사를 끝내기도 전에 환자를 죽음으로 내몰았다.

더욱 나쁜 것은 환자가 전혀 다른 병을 함께 앓고 있을지도 모른다는 점인데, 그런 경우에는 귀중한 혈청을 낭비하게 되었다. 또 바이러스 입자가 혈관에 있다가 혈청에 남게 되면 모르는 사이에 라사열을 옮기는 경우도 있었다. 이럴 때에는 항상 혈청 투여로 인해 병이 전파되는 위험을 감수해야 한다. 또다른 위험은 죽음에 이르게 하는 과민성 쇼크로서, 심한 알레르기 반응과 비슷하다. 그리고 B형 간염 바이러스를 (요즈음에는 HIV도 함께) 옮길 위험도 있다. 또한 충분히 건강하지 못한 사람이 혈액을 제공할 경우도 위험하다. 또 라사 바이러스에 대한 방어 작용이 시작될 즈음 항체를 주사하면, 오히려 거꾸로 환자의 면역 체계에 악영향을 끼칠 수도 있다.

무척이나 고심한 끝에 의료진은 마침내 귀중한 혈청을 투여하기로 결정하였고, 다행스럽게도 혈청은 성공했다. 그렇지만 환자들은 전염병 전문의를 지속적으로 찾아야만 했고 바이러스 감염을 다룰 수 있는 의료 설비는 형편없이 부족했다. 〈능동 면역〉──백신을 통해 항체를 만드는 면역──은 오늘날 바이러스 감염을 다루는 기본 전략이다. 반면 〈수동 면역〉은 회복된 환자의 혈청을 이용하는 것으로, 이 혈청에는 항체가 있다. 이러한 면역 방법은 높은 이병률과 사망률을 보이는 새로운 병의 감염에서는 여전히 중요하게 사용되고 있다. 라사열 연구자들을 조롱하는 위험과 재해에 한 가지를 덧붙이자면, 전염성이 매우 높은 병원균에 대해 그 공급량이 크게 부족한 혈청을 얼마나 정확하게 사용할 수 있겠는가 하는 것이다. 즉 가능한 많은 환자에게 돌아가도록 나누어야 한다는 쉽지 않은 문제가 있다.

이제 그 해답이 손에 잡힐 듯도 하다. 이것은 아마 영국 케임브리지 의학 연구 위원회 분자생물학 실험실의 그레그 윈터 Greg Winter와 동료들의 연구 덕택일 것이다. 이들은 동물 내에서 생산되는 전형적인 항체가 아닌, 대장균이 〈단일 영역 항체 single-domain antibody〉를 만들도록 자극하는 방법을 개발했다. 단일 영역 항체는 항원과 결합하는 방법에는 차이가 없지만, 전체 항체 분자의 한 부분으로만 구성되기 때문에 이렇게 불린다.

케임브리지 실험실은 특별한 항원에 대해 면역성을 갖는 동물을 이용하는 전형적인 방법으로 접근하기 시작했다. 이들은 곧 동물의 비장 세포로부터 유전공학적으로 항체 분자의 주요 부분을 부호화하는 유전자 클론을 만들어냈다. 이 유전자는 대량 생산된 대장균에서 발현되었다. 이 과정은 매우 빠르게 진행되었다. 항체는 과거 방식에서 한 달이나 걸리던 것에 비해 비장 세포로부터 채취한 후 이틀이면 만들 수 있었다. 케임브리지 실험실의 방법——이러한 방법은 상당한 화제가 되었으며 사회적으로도 관심을 불러일으켰다——이 갖는 또다른 이점은 항체를 생산하는데 필요한 동물의 수를 크게 줄일 수 있다는 것이다. 이렇게 세균을 배양하면 비용이 매우 저렴할 뿐 아니라, 생쥐나 다른 실험동물을 이용하는 것에 비해 대체 효과도 훨씬 크다.

알려진 바와 같이 〈dAb〉는 연구와 임상 모두에서 여러 가지로 응용되고 있다. 이것은 진단 도구로뿐 아니라 단백질을 분리하는 도구로도 쓰인다. 몸에서 독소를 제거하거나 악성 조직에 대항해 싸우는 〈마법의 탄환〉으로서 독소를 표적으로 삼기도 한다. 또한 dAb는 다른 항체보다 훨씬 작은 분자이므로 감염된 악성 조직에 더 쉽게 들어갈 수 있으며, 바이러스 입자 표면에서도 더 깊이 들어갈 수 있다.

이와 같은 기술은 순수하고 특이적인 항체의 대량 생산 방법을 마련함으로써 라사열의 출현으로 딜레마에 빠진 의사들을 확실하게 도울 수 있다. 이제까지 알려지지는 않았으나 의학자들은 라사열만큼 치명적인 바이러스의 출현에 맞서, 이 병에 걸렸던 단 한 사람에게서 얻은 항체를 상당한 수준으로 거의 끝없이 증폭시킬 수 있다.

우선 개인의 비장 세포로부터 관련 유전자를 복제한다. 또는 더 간단한 방법으로 혈액 속의 림프구로 알려진 백혈구로부터 유전자를 복제한다. 다음으로 유전자를 대장균에 이식하여 적절한 dAb를 이용해 대량으로 증식시킨다. 이제는 수많은 환자들이 이 작은 항체로 치료받을 수 있으며, 더 이상 사람의 혈청을 사용할 경우의 위험에 노출될 필요도 없어졌다. 더구나 우연히 B형 간염 바이러스나 HIV에 감염될 염려도 없고, 또한 아주 작은 항체 분자라서 과민성 쇼크를 일으키는 등의 위험도 없다. 시간이 지나면 확실히 알 수 있을 것이다. 아무튼 분명 이것은 매력적인 시나리오다.

73 미생물과 식물의 새로운 결합

——L형 균

유전공학은 현재 매우 놀랍고도 활기가 넘치는 생물공학 분야이다. 그리고 많은 사람들은 이 두 가지가 같다고 생각한다. 이제 실험실에서든 산업 현장에서든 어떤 과제를 해결하는 데 있어 유전적으로 변이시킨 미생물을 이용하지 않고 연구하는 과학자는 찾아보기 어렵다. 그러나 유전공학에 분명한 장점이 있음에도 불구하고, 사람들은 이것이 현명한 학문인지에 대해 여전히 불안해한다. 특정 유전자를 없애거나 삽입하는 능력은 이제까지 시도되지 않았다는 것 외에는 생명 조절 방법으로서 똑같이 유익한 것일까?

스코틀랜드 애버딘 대학교의 앨런 페이튼Alan Paton은 그렇게 믿는다. 그와 동료들은 10여 년이 넘도록 대체 방안으로 다른 개체의 유전자 대신 세균과 식물 및 다른 세포들을 섞어 가며 실험하고 있다. 일은 점점 잘 풀렸고 영국 석유 사의 선견지명이 있는 벤처 연구단이 처음으로 이들을 지원하였다. 그리고 이들은 드디어 자신들의 기술이 농업 및 관련 산업에 쓰이는 생물공학에서 유전자 조작의 실제적인 대안을 마련하기 시작했다는 자신감을 갖게 되었다.

페이튼이 한 연구의 중심은 미생물학의 개척자인 에미 클리네베르거Emmy Klieneberger(나중에 클리네베르거-노벨Klieneberger-Nobel로 성을 바꿈)가 1933년에 독일에서 영국으로 건너 가서 처음으로 설명한 L형 균이었다. 그녀가 여러 해 동안 일했던 런던 리스터 연구소의 이름을 딴 L형 균은 자신의 세포벽 구성 물질을 합성하는 능력을 잠시 혹은 영구적으로 잃은 세균이다. 이들은 식물의 원형질체와 비슷한데, 원형질체는 두꺼운 세포벽을 잃고 그 단단한 벽 양쪽에 있던 세포막으로만 둘러싸인 식물 세포를 말한다. 이렇게 세포막으로만 둘러싸인 L형 균은 연약하여 쉽게 부서진다. 세포막 안에 들어 있는 내용물의 농도와 염의 농도가 똑같이 유지되지 않으면 이 연약한 막이 터져서 세포가 죽게 된다.

이 미숙하고 깨지기 쉬우며 불규칙한 세균은 사실 놀라운 일을 할 수 있다. 대부분의 L형 균은 훨씬 더 단단하고 외관상으로 더 정교해 보이는 미생물들에 비해 복잡한 생활을 한다. 이들의 모습은 생활 주기에 따라 시시각각 변하는데, 때로는 아주 고운 필터도 통과하는 바이러스처럼 엄청나게 미세한 알갱이로 변하기도 한다. 세균을 페니실린이나 라이소자임(눈물이나 다른 분비물에 나타나는 항균성 물질)으로 처리하면, 대부분의 세균은 불안정한 L형 균으로 바뀌며, 이 가운데 어떤 것은 그 상태로 살아가기도 한다.

페이튼과 동료들은 감자와 당근과 순무의 세균성 연부병을 연구하면서 세균으로 꽉 들어찬 이 식물들의 세포를 보고는 당황하지 않을 수 없었다. 그러나 좀더 정밀한 연구를 해보니 L형 균의 입자는 필터를 통과할 수 있었으나 이보다 훨씬 큰 〈정상〉 세균은 필터를 통과하지 못했다. 이러한 침투는 병을 일으키는 세균에 한정되지 않는다. 식물의 조직이나 어린 싹의 뿌리털이나 줄기에 L형 균을 주사하면, 일반 세균으로부터 나온 이 L형 균은 살아 있는 식물 세포에 침투하여 새롭고 안정된 생존 관계를 정립한다. 특히 흥미로운 것은 세균의 몇몇 대사 과정이 숙주 식물 안에서도 진행된다는 사실이다.

애버딘의 연구자들은 〈정상〉 세균을 페니실린이나 라이소자임과 함께 식물 조직 안으로 주사하는 등의 더욱 정밀한 기술을 이용해 더욱 광범위한 방법으로 세균의 주요 종류(그람 양성균과 그람 음성균)와 식물의 주요 종류(외떡잎 식물과 쌍떡잎 식물)를 결합시켰다. 항생 물질을 생산하는 것 같은 미생물의 대사 활동은 이러한 공생 관계에서도 계속되며, 효모를 포함한 곰팡이 역시 L형 균과 안정된 관계를 만든다.

페이튼은 세균 세포와 고등 생물 사이의 이러한 관계는 실질적으로 무한히 변화시킬 수 있을 것이라 믿었다. 〈흥미롭지만 아직은 역부족인〉 계획 중 하나는 미생물이 생산한 물질을 이용한 생물학적 해충 방제이다. 두번째 계획은 내한성 작물을 재배하는 것이며, 세번째는 이렇게 하여 작물의 영양 가치를 높이는 일이다. 네번째는 내부적으로 합성한 물질들을 식물의 생장을 자극하고 조절하는 데 이용하는 것이다. 마지막은 식물에서 세균의 대사 산물을 회수하는 대신 식물이 그런 대사 산물을 만들어내도록 하는 것이다.

그런데 애버딘의 시도는 새로운 성질을 가진 미생물을 만드는 또다른 방법이라는 것 이상의 의미를 지닌다. 유전공학의 기술을 통해 현재 생물공학을 규제하는 여러 나라의 정부와 이에 대해 충분히 합의할 수 있게 된 것이다. 유전자를 하나의 세포에서 다른 세포로 옮기는 것이 위험할지도 모른다는 걱정은 상당히 부풀려진 것이라는 생각을 하게 되었다. 이러한 위험의 출현은 지난 20년 동안 한번도 없었다. 물론 그렇다고 유전공학자들이 완전히 침묵을 지켜온 것도 아니었지만 말이다. 어쨌든 20여 년 동안 안심할 수 있었던 것은 이러한 실험과 산업적인 생산이 〈봉쇄〉 속에서 진행되어 왔다는 사실이다. 조작된 미생물이 들어 있는 설비 또한 안전했다. 그러나 이제는 상황이 달라지고 있다. 유전적으로 조작된 미생물과 식물 모두가 농업이나 다른 목적을 위해 환경으로 쏟아져 나오고 있다.

그래서 대부분의 나라에서는 모든 것을 신중하게 조절하고 있다. 즉 환경 속에 내놓을 때 허가를 받아야 하고, 있을 법한 위험에 대한 생태 조사를 미리 마쳐야 한다. 그 동안 몇몇 비동조적인 과학자들이 조작된 미생물을 충분히 인정받기도 전에 방출해 버림으로써 대중에게 심각한 불신을 남기기도 했었다. 이렇게 유전자 재조합에 대한 대중의 믿음이 심하게 훼손되었을 때, 페이튼의 시도는 그 대안으로 상당한 관심을 끌 수 있었다. 그는 1987년 1월 7일 런던에서 있었던 응용세균학회 발표장에서 청중들에게 다음과 같이 말했다.

> 코흐는 자신이 운 좋게도 길가에 놓여 있는 금을 발견했다고 말했다. 그러나 내가 말할 수 있는 것은 내가 썩은 감자를 찾아냈다는 것뿐이다. 이것을 금으로 바꾸는 것은 여러분에게 달려 있다.

74 오존층을 보호하는 가이아의 미생물

——메틸로시누스 트리코스포륨(*Methylosinus trichosporium*)

현대 과학에서 나타난 굉장히 독특하고 도전적인 생각 중 하나는 가이아Gaia 이론이다. 1970년대 영국의 과학자 제임스 러브록James Lovelock과 미국의 생물학자 린 마굴리스Lynn Margulis에 의해 발표된 가이아는 지구를 하나의 살아 있는 계로 본다. 즉 살아 있는 계로서 지구의 개념을 구체화한다. 러브록은 1988년 『가이아의 시대 *The Ages of Gaia*』에서 다음과 같이 표현했다.

> 가이아 가설은…… 대기, 대양, 기후, 지구의 표면들이 살아 있는 유기체들의 활동 덕분에 생명에 적합한 상태로 조절되고 있다는 것이다. …… 온도, 산화, 산도, 바위, 물의 특성들은 언제나 일정하게 유지되고, 이러한 항상성은 생물에 의해 자동적이면서도 무의식적이고 능동적인 되먹임 과정으로 지속된다. …… 생명은 그를 둘러싼 환경과 너무나 밀접하게 연결되어 있으므로 가이아의 진화는 생물 또는 환경이 따로 일어나지 않는다.

가이아는 러브록의 동료 과학자들 사이에서조차 널리 알려지지 않았다. 이 가설은 기술적인 근거로 비난받았고, 사실 서로 의견이 달랐기에 결국에는 의견 충돌로 끝나버렸다. 가이아 가설은 생물계와 그것을 둘러싼 물리적 세계의 수많은 요소들 사이의 상관 관계를 강조함으로써, 환경을 배출수와 공해 물질을 버리는 무한한 쓰레기 처리장으로 다루는 인간의 어리석음을 일깨웠다. 또한 가이아의 유연성은 환경이 긴 시간 동안 산업 사회에서 발생된 화학적 물리적 손상에 대해 어떻게든 맞서 왔다는 것을 의미한다.

메틸로시누스 트리코스포륨이 적절한 사례일 것이다. 메탄을 메탄올로 산화시키며 살아가는 이 미생물은 자연적으로 나타나는 종류다. 이 작은 세균이 최근에 열광적인 관심을 끌게 된 것은 이것이 숨겨진 특별한 재주를 가지고 있기 때문이다. 이 미생물은 화학 산업에서 나타나는 특정 산물을 분해할 수 있으며, 이러한 작용이 없으면 지구를 보호하는 오존층이 고갈된다. 지구 위의 무수히 많은 생명체 가운데 하나가 갖추고 있는, 여태까지 알려지지 않은 능력을 찾아냈다는 것은 다음의 두 가지 면에서 중요하다. 우선 자연의 능력에 대한 인간의 무지를 드러냈으며, 다음으로 인간의 간섭 때문에 자연의 이러한 능력이 점차 약해지고 있음을 나타낸다. 그러나 메틸로시누스 트리코스포륨을 비롯한 미생물들은 특정 공해 물질과 맞서 살아가고 있음을 우리는 알고 있다.

이 이야기는 염화불화탄소 chlorofluorocarbons(CFC)에 관한 것으로, 이 가스는 1930년대부터 냉장고와 에어컨에 쓰였으며 최근에는 분무 추진제와 거품 충진제로도 쓰였다. 이와 함께 사용되는 가스로 불화탄화수소 hydrofluorocarbons(HFC)와 수소화염화불화탄소 hydrochlorofluorocarbons(HCFC)가 있는데, 둘 모두 10여 년 전에 개발된 환경 친화적 대체 물질이다. CFC는 때로 에너지와 물질에 대한 서구 사회의 무절제한 사용을 조장했다는 비난을 사기도 했지만, 분명히 큰 이익도 가져왔다. 예를 들면 생명을 구하는 백신을 편리하게 보관하도록 해주었고, 그것을 멀리 떨어진 곳으로 운반할 수 있도록 해주었다. 1970년대 중반에 들어서야 비로소 이들은 태양에서 발산되는 자외선의 피해로부터 지구를 보호하는 오존층을 파괴하는 파괴자로서 그 죄를 드러냈다.

그리하여 1987년 몬트리올 의정서와 같은 조치로 CFC 사용을 단계적으로 줄여 20세기 말까지만 겨우 사용할 수 있었다. 이것을 대신하는 두 물질 중 하나인 HCFC는 CFC에 비해 오존층 파괴를 상당히 줄여주며, 다른 하나인 HFC는 오존층에는 전혀 위험을 주지 않지만 (이산화탄소나 수증기처럼) 지구 온난화에 영향을 준다.

이런 점에서 HFC나 HCFC가 완전한 대체물이 되지는 못하지만, 중요한 강점은 있다. 이것들은 환경이 수용할 만한 새로운 물질이 될 수 있다. CFC는 매우 안정된 구조여서 이것을 분해하는 생물학적 과정이 알려진 바가 없다. 화학자들의 계산에 따르면 현재의 이 가스들 대부분은 60년 이상이나 대기 중에 그대로 있어 온 것이라고 한다. 이렇게 지속적인 공해의 멍에는 HFC와 HCFC의 경우에는 전혀 다르다. 1992년 12월에 뉴저지 로렌스빌의 인바이로젠 Envirogen 사에 근무하는 메리 드플랑 Mary DeFlaun과 그의 동료들이 《생물/공학》에 발표한 것에 따르면, 이 대체 물질들은 다루기 힘든 물질이 전혀 아니며 (애초에 생각했던 것처럼) 미생물에 의해 분해될 수 있다.

드플랑과 동료들은 메틸로시누스 트리코스포륨이 CFC와 비슷한 분자 구조를 가진 물질을 분해하는 효소를 가지고 있음을 발견하였고, 이것은 이 균에 대한 연구에 불을 붙였다. 그들은 이 균을 각각 독립적으로 세 종류의 HFC와 다섯 종류의 HCFC에 접종하였고, 곧 이 균은 HFC 한 종류와 HCFC 세 종류를 분해하였다. 이러한 결과가 완전하지는 않지만, CFC의 주된 대체 물질들이 적어도 분해된다는 것을 밝혔다는 점에서 중요하다. 또한 메틸로시누스 트리코스포륨이나 다른 메탄 산화균이 HFC와 HCFC를 안정되게 바꿔주는 자연의 메커니즘을 제공할 수도 있음을 암시한다.

메틸로시누스 트리코스포륨은 자연계에 널리 분포하는 하나의 대표자(인바이로젠 연구자들은 하나의 균주만 연구하였다) 격인 세균일 뿐이다. 흙, 호수, 늪, 대수층, 논, 공기와 접촉하는 환경 속에 서식하는 생물로 알려진 메틸로치스티스(*Methylocystis*)와 메틸로박테르*Methylobacter*) 등의 메탄 산화균은 최근까지도 거의 연구되지 않았다. 그러므로 이러한 메탄 산화균이 널리 퍼져 있는 HFC와 HCFC를 분해하도록 집단을 이루게 하는 것도 분명히 가능할 것이다.

드플랑과 동료들은 메틸로시누스 트리코스포륨 같은 미생물들이 특정 상태에서 냉각제를 처리할지도 모른다고 생각했다. 예를 들면 다른 미생물들을 이용하여 쓰레기 배출물을 처리하는 것 같이, 이 미생물들을 이용하여 생산 또는 재생 공장에서 HFC와 HCFC의 방출을 막을 수도 있다. 그러나 정작 중요한 것은 당국이 합성 화학 물질의 남용을 단속할 것인지와 이러한 물질을 처리하는 데 있어 흙에서 이루어지는 미생물의 활동을 신뢰할 것인가라는 점에 있다. 가이아는 이런 의문에 대해 명백한 답을 주었다.

75 지구 온난화를 막는다

——시네코코쿠스(*Synechococcus*)

이 책의 여러 이야기에서 말했듯이, 미생물은 현재 우리가 살고 있는 이 세상을 꾸미는 데 적어도 인간이나 자연의 다른 물리적 힘만큼이나 많은 영향을 주어 왔고 현재도 그러고 있다. 미생물은 석유를 만들었고, 약제의 처방을 바꾸기도 하였다. 이들은 대규모로 인명을 앗아가기도 했고, 근대 과학을 여는 데 도움을 주기도 하였다. 이들은 또한 생물공학과 유전공학의 출현에도 공헌했다. 미생물은 우리에게 훌륭한 음식과 음료를 마련해 주었지만 우리가 사는 건물과 기념물을 파괴하기도 했으며, 우리의 건강과 복지를 위협하기도 했다. 그리고 미생물은 우리가 만든 쓰레기와 배출물을 처리하면서 농업뿐 아니라 지구의 전체 생명을 지탱하고 있다.

그러나 이러한 것들은 이들의 영웅적인 위업의 일부일 뿐이다. 따라서 세상의 중요한 문제를 처리하는 데 미생물의 기술을 이용하자는 제안들이 쉽게 의심이나 비웃음을 산다는 것은 다소 역설적이다. 이러한 모순은 미래의 가능성과 눈에 보이지 않는 생명체가 과거에 성취한 것 사이의 대비로부터 비롯되었다. 뿐만 아니라 범지구적인 문제가 오직 수많은 미생물을 이용함으로써만 해결될 수 있으리라는 사실에서도 기인하였다.

지구 온난화 현상은 이런 문제 중 하나이다. 추정치는 조금씩 다르지만, 지구의 온도가 1세기 후에 1.5-4.5°C나 오르리라는 강력한 증거도 있다. 그 원인은 이산화탄소 같은 여러 〈온실 가스〉의 방출부터 대규모 남벌과 토지 개발까지 다양하다.

온실 효과 자체는 이 책에서 다룰 문제가 아니다. 그러나 대기가 제대로 작용하지 않는다면 지구의 평균 온도는 현재의 15° C에서 18° C로 높아질 것이다. 문제는 온실 효과가 지구의 사회·경제 체계를 위협할 만큼 심해지면서 발생했다. 지구의 바다는 더욱 넓어질 것이고, 해수면은 1미터나 높아질 것이며, 해안선은 침식당하고 파괴되어 홍수가 만연할 것이다. 그리고 몇몇 섬은 완전히 잠겨버릴 것이다. 극지방이 따뜻해지면 빙하와 눈이 녹으면서 세계 곳곳의 기후에 심각한 변화를 초래하게 된다. 강우의 형태도 변한다. 몇몇 지역에서는 농업도 피해를 입는다. 그리고 생태계는 극적인 변화를 겪게 된다. 몇몇 생물 종들은 절멸하고, 병원성 미생물과 곤충 그리고 각종 보균체 등이 전에 없이 번성할 수도 있다.

그러나 궁극적으로 미생물이 이렇게 무서운 악몽의 시나리오로부터 우리를 구해주지 않을까? 두 명의 일본 미생물학자 마쓰나가 다다시〔松永是〕와 미야치 시게토〔宮地重遠〕는, 1991년 3월 28일자 《네이처》에 보고했듯이, 시네코코쿠스라는 세균에 희망을 걸고 있다. 이 세균은 발전소나 각종 산업체 설비에서 만들어지는 이산화탄소를 제거한다. 따라서 이 세균을 이용하면 온실 효과를 억제하거나 줄일 수 있을지도 모른다. 시네코코쿠스는 시안세균의 한 종류로 바다나 강 또는 육지에서 산다. 어떤 종류는 강이나 바다에서 갑자기 웃자라 〈물꽃〉 현상을 나타내면서 물고기를 비롯한 동물들에게 해로운 독소를 분비하여 피해를 주기도 한다.

마쓰나가와 미야치는 커다란 〈생물 반응기〉 안에 필요없는 이산화탄소를 골고루 넣어 주면 시네코코쿠스를 배양할 수 있다고 말한다. 이제까지 광합성 세균이나 조류(藻類)를 배양 용기에 키울 때면 미생물들이 빛과 가까운 곳에서만 잘 자랐기 때문에 늘 실패했었다. 엽록체는 배양기의 깊은 곳에 미치는 빛의 세기로는 제대로 성장하지 못하기 때문이다. 마쓰나가는 오노다 시멘트 사와 볼펜 제작사인 펜텔 사 등의 특별한 지원을 받아 도쿄 근처의 고가네이에 있는 도쿄 농업 기술 대학교에서 연구한 끝에, 이러한 문제를 헤쳐나갈 시제품을 만들었다.

그는 물과 세균만이 아니라 600개의 아주 가느다란 광섬유가 들어 있는 2리터짜리 생물 반응기를 만들었다. 지금까지의 전형적인 광섬유와는 달리 이 광섬유는 섬유 전체에서 빛을 발하므로 용기 구석구석에 적당한 빛을 비춰준다. 그 결과 유전적으로 재조합시킨 시네코코쿠스 균주의 집단이 알맞게 잘 자라났다. 이것은 곧 이들이 거품의 형태로 물 속에 1분에 300밀리리터씩 유입되는 이산화탄소를 제거할 수 있다는 것을 의미했다.

이것은 매우 감동적인 성과이기는 했지만 적어도 한 가지 중요한 문제가 남아 있었다. 즉, 발전소와 공장에서 뿜어져 나오는 이산화탄소의 공기 중 비율은 일반 공기의 0.03퍼센트보다 훨씬 높았다. 이 가스가 광합성 생물의 생활에 필수적이라고는 하지만, 그 농도가 과도하게 높으면 분명히 그들의 생장에 해를 끼친다. 미야치와 그의 동료들은 가마이시와 시미주에 있는 해양 생물공학 연구실에서 그 해결책을 찾고 있다. 그들은 바닷물에서 녹조 식물을 분리했는데, 이 식물은 이산화탄소의 농도가 20퍼센트인 공기에서도 잘 자란다. 만약 미야치 등이 이산화탄소에 대해 높은 내성을 갖는 유전자를 분리할 수 있다면, 유전공학을 이용하여 이 같은 성질을 시네코코쿠스에 이식할 수 있을 것이다.

그러나 발전소에 설치한 생물 반응기에서 쉬지 않고 생산되는 막대한 양의 이 세균 세포를 가지고 무엇을 할 것인가? 마쓰나가와 미야치가 조사한 몇 가지 가능성 가운데 가장 관심을 끄는 것은 시네코코쿠스의 한 균주를 개발하는 것이다. 이 새로운 균주는 입수한 많은 양의 에너지와 물질을 단순히 세포의 집단을 늘리는 데 사용하지 않고 유용한 생성물로 전달할 것이다. 일본 미생물학자들은 미생물을 이용하여 아미노산을 영양 보조제로서 생산해온 오랜 역사를 가지고 있으며, 마쓰나가는 이미 시네코코쿠스를 유전적으로 재조합하여 아미노산 가운데 하나인 글루타민산을 생산하고 있다. 이러한 원리를 확장시켜 나가면 세균이 아미노산뿐 아니라 항생 물질이나 다른 유용한 물질도 만들 수 있을 것이다.

사람들이 정말 관심을 가지는 것은 결국 모두 같다. 유전적으로 재조합된 세균 하나가 지구의 위기를 극복하는 데 중요한 역할을 하면서 동시에 맛도 좋고 약품으로서의 가치도 지닐 수 있다면, 이것이 미생물의 힘일 것이다.

용어 설명

간균 bacillus　막대 모양의 세균. 또한 바칠루스 속(*Bacillus*)의 이름이기도 하며, 여기에는 탄저병 병원균인 *Bacillus anthracis*가 속해 있다.

구균 coccus　둥근 모양의 세균.

균사체 mycelium　특정한 곰팡이가 자라면서 만드는 실 모양의 형태.

균주 strain　한 종 내에서 서로 다른 점이 인정되는 개체. 이를테면 식중독을 일으키는 살모넬라 티피무륨(*Salmonella typhimurium*)에는 실험실에서 동정된 특이한 균주들이 알려져 있다. 균주를 통해 병균의 전파를 추적할 수 있다.

그람 양성 Gram positive　1884년 현미경으로 미생물을 관찰하기 위해 덴마크 내과의사 크리스티안 그람 Christian Gram이 개발한 과정에 따라 염색했을 때 붉게 염색되는 세균을 지칭함.

그람 음성 Gram negative　그람 염색으로 세균을 관찰하였을 때에 색깔이 나타나지 않는 세균을 일컫는다.

단백질 protein　음식의 주요 구성 물질 가운데 하나. 또한 특정 유전자에 상응하는 암호 지시에 따라 만들어지는 특수 단백질을 가리키는 말이기도 하다. 종류에 따라 근육과 같은 구조 물질이나 효소 또는 인슐린 같은 호르몬을 만든다. 또 혈액에서 산소를 운반하는 헤모글로빈 같은 특수한 기능을 가진 것도 만든다.

독소 toxin　대체로 미생물이 생산하는 독성 단백질. 대표적인 독소 중독으로는 디프테리아, 파상풍, 보툴리누스 중독 등을 들 수 있다.

DNA　암호 형태로 유전 정보를 전해주는 것으로 이중나선을 이룬 기다란 분자. 세포가 분열할 때 나선이 두 가닥으로 떨어져 새로운 짝과 만남으로써 딸 세포에 유전자를 전해준다. DNA는 모든 미생물에 나타나며, RNA 바이러스에는 없다.

면역 immunization　보통은 능동 면역을 말함. 백신을 이용하여 먹거나 주사를 맞아 특이한 항체를 만들도록 하여 특정한 감염에 대해 개체 면역이 일어나도록 한다. 수동 면역은 미리 만들어놓은 항체를 이용하는 것으로 병에 걸렸다 나은 사람의 혈액에서 항체를 뽑아 투여한다.

미생물 microbe　현미경을 통해서만 볼 수 있는 생물. (세균이나 다른 미생물들이 영양 배지에서 배양되어 천문학적인 숫자로 불어나 집락을 만들었을 때에는 육안으로 볼 수도 있다). 그리스어로 〈작다〉라는 뜻의 〈*mikro*〉와 〈생명〉이라는 뜻의 〈*bios*〉가 합쳐진 말이다.

바이러스 virus　대부분 DNA——드물게는 RNA——유전자를 단백질이 보호하며 싸고 있는 작은 유기체. 이들은 살아 있는 세포에 침입하여 증식한다. 각종 바이러스들이 식물이나 사람 또는 동물에 병을 일으키며, 박테리오파지는 세균을 감염시킨다.

박테리오신 bacteriocin　세균이 만들어내는 독성 물질. 이것은 비슷한 균주에 대해 독성을 띤다. 예를 들면 대장균(*Escherichia coli*)이 생산하는 콜리신이 있다.

박테리오파지 bacteriophage　세균에 기생하여 대개 그 세균을 죽이는 바이러스.

백신 vaccine　죽였거나 아니면 살아 있더라도 약화시킨 미생물이나 그 일부 또는 미생물의 산물을 이용해서 그 미생물에 대한 면역을 얻고자 만든 물질.

복제 cloning 유전자나 세포의 수를 늘리기 위한 복제. 세균은 연속적으로 분열함으로써 클론을 만들고, 원예학자들은 꺾꽂이를 통해 클론 식물을 생산한다. 미생물에서 쓰이는 이 용어는 유전공학의 중심을 이루는 방법을 뜻한다.

사상균 mould 곰팡이의 한 형태로, 눈으로 볼 수 있는 균사체를 만드는 종류. 예를 들면 페니실륨 글라우쿰(*Penicillium glaucum*)은 빵에서 볼 수 있다.

생물공학 biotechnology 산업적인 목적으로 상품을 제조하거나 효과적인 처리 과정을 개발하기 위해 살아 있는 세포를 이용하는 활동. 과거에는 미생물 가운데에서도 세균과 곰팡이가 생물공학에 많이 이용되었지만, 요즈음에는 동물과 식물 세포들이 널리 이용되고 있다. 더구나 유전공학이 생물공학의 범위를 넓히는 데 크게 이바지하였다.

세균 bacterium 동물이나 식물 세포에서처럼 막으로 둘러싸인 진핵이 없는 미생물의 한 종류.

시안세균 cyanobacteria 이전에는 남조류라고 불린 세균 무리. 식물처럼 광합성을 하고 산소를 만든다.

예방 접종 vaccination 백신을 접종하는 것. 요즈음에는 면역 예방 주사와 같은 뜻으로 쓰인다.

운반체 vector 매개체. 어떤 것을 한 장소에서 다른 곳으로 옮겨주는 것. 이 용어는 (a)말라리아 기생체를 옮기는 모기 같은 질병 매개 곤충이나 (b)유전공학에서 유전자를 옮기는 데 쓰이는 플라스미드나 박테리오파지를 뜻한다.

원생동물 protozoa 가장 복잡한 미생물. 단세포로 되어 있다. 어떤 것은 말라리아 같은 병을 일으키지만, 일반적으로 이들은 다른 종류의 미생물에 비해 사람들의 생활에서 적은 영향을 끼친다.

유전공학 genetic engineering 특성을 바꾸기 위해 어떤 개체에서 다른 개체로 유전 물질을 옮기거나 조작하는 활동.

유전자 gene　유전의 단위를 이루는 DNA의 조각. 유전자의 기본 단위인 염기의 배열은 특이적이며, 이에 상응하는 단백질의 생산을 결정한다. 어떤 유전자는 대사 과정을 조절하는 데 관여하며, 또 어떤 것들은 이 유전자들의 작용을 조절하기도 한다.

유전자 발현 gene expression　유전자에 근거하여 특정 단백질을 형성(그리고 이 단백질이 효소로 작용하거나 다른 기능을 발휘)하는 것.

재조합 DNA recombinant DNA　두 가지 서로 다른 개체로부터 DNA 조각을 얻어 한데 합친 DNA. 예를 들면 세균의 DNA에 사람의 인슐린 유전자를 넣어준 것과 같다.

접종 inoculation　살아 있는 미생물을 사람이나 동물에 넣어주는 것. 살아 있는 백신을 이용한 면역이나, 배양을 위해 미생물을 배지에 넣는 것.

진균 fungus　곰팡이와 이스트는 물론 버섯과 독버섯 따위도 포함하는 미생물 무리를 일컫는 일반적인 용어. 많은 곰팡이들은 세균과 달리 단세포 모양이 아니며 균사체라는 실 모양으로 자란다. 곰팡이는 식물과 비슷한 특징을 가지며, 자실체를 키워서 포자(씨에 해당)를 만들어 증식한다.

플라스미드 plasmid　몇몇 세균들이 옮기는 둥근 모양의 DNA 조각. 대부분 핵 바깥쪽에 있다. 플라스미드는 대체로 유전공학에서 운반체로 쓰인다.

항생 물질 antibiotic　일반적으로 세균이나 곰팡이 같은 미생물이 생산하는 물질로, 다른 생물에 해를 끼칠 수도 있다.

항원 antigen　대부분 단백질로 구성된 커다란 분자로서 동물의 혈액에 들어가면 이에 상응하는 항체를 만든다. 어떤 항원은 미생물의 일부분이거나 특이한 독소처럼 미생물의 산물인 경우도 있다.

항체 antibody　동물이 만들어내는 단백질의 일종인 글로불린. 보통은 면역 체계에서 감염된 미생물의 일부분과 같은 외래 항체를 인식하여 만든다. 항체는 마치 열쇠와 자물쇠처럼 그와 상응하는 항원에 대해서만 특이적으로 반응하므로, 몸에서 항원을 처리하는 데 도움을 준다.

효모 yeast 뜸팡이. 보통은 단세포 모양을 한 곰팡이. 출아법이나 분열로 증식한다.

효소 enzyme 특별한 화학 반응을 촉진시키는, 살아 있는 세포가 생산하는 단백질. 이것은 화학 산업에서 인공 촉매를 사용하는 것보다 훨씬 일반적인 조건에서도 작용한다. 효소는 영구적인 반응을 일으키지는 않는다.

참고 문헌

이 책을 쓰는 데 이용한 문헌들의 상당 부분은 대중적 작품이 아닌 전공에 관한 논문들이기 때문에, 아래에 열거한 것들은 그저 간단히 정리한 보고서가 아님을 밝힌다. 물론 참고 문헌은 여러 분야에 걸쳐 광범위한 정보를 알려주는 최근의 책들에 관한 간단한 목록이며, 동시에 여기에는 중요한 인물의 일대기와 함께, 본문에 언급한 책과 역사적인 작업에 관한 내용을 포함하고 있다. 지금은 절판된 것들도 있다.

Andrewes, C. H., *The Natural History of Viruses*, Weidenfeld and Nicolson, London, 1967.

Andrewes, C. H., *In Pursuit of the Common Cold*, Heinemann Medical Books, London, 1973.

Bains, William, *Biotechnology from A to Z*, Oxford University Press, Oxford, 1993.

Baldry, Peter, *The Battle Against Baccteria-A Fresh Look*, Cambridge University Press, Cambridge, 1976.

Balfour, Andrew and Scott, Henry Harold, *Health Problems of the Empire*, British Books, London, 1924.

Baumler, Ernest, *Paul Ehrlich : Scientist for Life*, Holmes & Meier, New

York, 1984.

Buchanan, R. E. and Gibbons, N. E., *Bergey' s Manual of Determinative Bacteriology* (8th edition), Williams & Wilkins, Baltimore, 1975.

Bud, Robert, *The Uses of Life : A History of Biotechnology*, Cambridge University Press, Cambridge, 1993.

Bulloch, William, The History of Bacteriology, Oxford University Press, Oxford, 1938.

Carefoot, G. L. and Sprott, E. R., *Famine on the Wind : Plant Diseases and Human History*, Angus and Robertson, London, 1969.

Chadwick, Sir Edwin, *General Report of the Sanitary Conditions of the Labouring Population of Great Britain*, HMSO, London, 1837.

Cherfas, Jeremy, *Man Made Life : A Genetic Engineering Primer*, Basil Blackwell, Oxford, 1982.

Clark, Ronald W., *The Life of Ernest Chain : Penicillin and Beyond*, Weidenfeld and Nicolson, London, 1985.

Cloudsley-Thompson, J. L., *Insects and History*, Weidenfeld and Nicolson, London, 1976.

Clowes, R. C. and Hayes, W., *Experiments in Microbial Genetics*, Blackwell, Oxford, 1968.

Collard, Patrick, *The Development of Microbiology*, Cambridge University Press, Cambridge, 1976.

Collier, Richard, *The Plaque of the Spanish Lady : The Influenza Pandemic of 1918-19*, Macmillan, London, 1974.

Connor, Steve and Kingman Sharon, *The Search for the Virus : The Scientific Discovery of AIDS and the Quest for a Cure* (2nd edition), Penguin Books, London, 1989.

Creighton, Charles, *A History of Epidemics in Britain*, Cambridge University Press, Cambridge, 1894.

De Kruif, Paul, *Microbe Hunters*, Harcourt Brace, New York, 1954(first published 1927).

Desowitz, Robert S., *New Guinea Tapeworms and Jewish Grandmothers : Tales of Parasites and People*, Avon Books, New York, 1983.

Dobell, Clifford, *Antony van Leeuwenhoek and His 'Little Animals'*, Staples Press, London 1932.

Douglas, Loudon M., *The Bacillus of Long Life*, T.C. & E.C. Jack, London, 1911.

Dubos, René J., *Louis Pasteur : Free Lance of Science*, Gollancz, London, 1950.

Dubos, René and Dubos, Jean, *The White Plague : On Tuberculosis - For Laymen and Scientists*, Gollancz, London, 1953.

Federspiel, J. F., *The Ballad of Typhoid Mary*, André Deutsch, London, 1984.

Fenner, F., Henderson, D. A., Arita, I., Jezek, Z. and Ladnyi, I. D., *Smallpox and Its Eradication*, World Health Organization, Geneva, 1988.

Fuller, John G., *Fever!*, Hart-Davis, MacGibbon, London, 1974.

Gale, A. H., *Epidemic Diseases*, Penguin, London, 1959.

Gasquet, Francis Aidan, *The Great Pestilence* (AD 1348-9) *Now Commonly Known as the Black Death*, Simpkin Marshall, Hamilton, Kent & Co., London, 1893.

Hare, Ronald, *Pomp and Pestilence : Infectious Disease, Its Origins and Conquest*, Gollancz, London, 1954.

Harrison, Gordon, *Mosquitoes, Malaria and Man : A History of Hostilities Since 1880*, John Murray, London, 1978.

Hegner, Robert, *Big Fleas Have Little Fleas or Who 's Who Among the Protozoa*, Dover Publications, New York, 1968 (first published 1938).

Herschell, George, *Soured Milk and Pure Cultures of Lactic Acid Bacilli*

in the Treatment of Disease, Henry J. Glaisher, London, 1909.
Kluyver, A. J. and van Niel, C. B., *The Microbe's Contribution to Biology*, Harvard University Press, Cambridge, Mass., 1956.
Large, E. C., *The Advance of the Fungi*, Jonathan Cape, London, 1940.
Lewis, Sinclair, Martin Arrowsmith, Jonathan Cape, London, 1925.
Lloyd George, David, *War Memoirs*, Odhams Press, London, 1934.
Longmate, Norman, *King Cholera : The Biography of a Disease*, Hamish Hamilton, London, 1966.
Macfarlane, Gwyn, *Howard Florey : The Making of a Great Scientist*, Oxford University Press, Oxford, 1979.
Macfarlane, Gwyn, *Alexander Fleming : The Man and the Myth*, Chatto and Windus, London, 1984.
Marx, Jean L. (editor), *A Revolution in Biotechnology*, Cambridge Unoversity Press, Cambridge, 1989.
McNeill, William H., *Plagues and Peoples*, Basil Blackwell, Oxford, 1977.
Nossal, G. J. V. and Coppel, Ross L., *Reshaping Life : Key Issues in Genetic Engineering* (2nd edition), Cambridge University Press, Cambridge, 1989.
Oparin, A. I., *The Origin of Life on the Earth* (3rd edition), Oliver and Boyd, Edinburgh, 1957 (first published 1924).
Osborn, June (editor), *Influenza in America* 1818-1976, Prodist, New York, 1977.
Parish, H. J., *Victory with Vaccines : The story of Immunisation*, E. & S. Livingstone, Edinburgh, 1968.
Postgate, John, *Microbes and Man* (3rd edition), Cambridge University Press, Cambridge, 1992.
Prentis, Steve, *Biotechnology : A New Industrial Revolution*, Orbis, London, 1985.

Radetsky, Peter, *The Invisible Invaders : The Story of the Emerging Age of Viruses*, Little, Brown, and Co., Boston, 1991.

Rosebury, Theodor, *Life on Man*, Paladin, London, 1972.

Rosebury, Theodor, *Microbes and Morals : The Strange Story of Veneral Disease*, Secker and Warburg, London, 1972.

Ryan, Frank, *Tuberclosis : The Greatest Story Never Told*, Swift Publishers, Bromsgrove, 1992.

Schierbeek, A., *Measuring the Invisible World*, Abelard-Schuman, London, 1959.

Scott, Andrew, *The Creation of Life : From Chemical to Animal*, Basil Blackwell, Oxford, 1988.

Shaw, Bernard, *The Doctor's Dilemma*, Penguin, 1958 (first published 1911).

van Heyningen, W. E., *The Key to Lockjaw : An Autobiography, Colin Smythe*, Gerrards Cross, 1987.

Wainwright, Milton, *Miracle Cure : The Story of Antibiotics*, Basil Blackwell, Oxford, 1990.

Waksman, Selman, *My Life With the Micobes : Discoverer of Streptomycin*, Robert Hale, London, 1958.

Waterson, A. P. and Wilkinson, Lise, *An Introduction to the History of Virology*, Cambridge University Press, Cambridge, 1978.

Weizmann, Chaim, *Trial and Error : The Autobiography of Chaim Weizmann*, Hamich Hamilton, London, 1949.

Williams, Greer, *Virus Hunters*, Alfred Knopf, New York, 1961.

Witt, Steven C., *Biotechnology, Microbes and the Environment*, Center for Science Information, San Francisco, 1990.

Ziegler, Phillip, *The Black Death*, Collins, London, 1969.

Zinsser, Hans, *Rats, Lice, and History*, George Routledge & Sons, London, 1935.

옮긴이의 말

이 책의 번역을 부탁받았을 때 처음에는 미생물 부교재 정도로 생각했다. 그런데 막상 읽어보니 이제까지 읽어본 다른 미생물 관련서와는 너무나 달랐다. 대부분의 관련서들은 미생물학 내지 의학 쪽에서 접근하여 일반 독자들이 읽기가 힘들고 전공자들에게는 따분함을 준 것과 달리, 이 책은 읽는 이로 하여금 깊이 빠져들게 하는 재미가 있었다.

과학이라고 하면 으레 어려운 학문이라고 생각하는 사람들이 많다. 특히 요즘 고교생들의 이과 기피 현상을 보면 그것이 더 심화되고 있음을 절감할 수 있다. 물론 과학이 본래 지닌 특성상, 가설을 세우고 실험을 통해 그것을 증명해야 하는 어려움이 있기 때문이겠지만, 과학 지식을 전달하는 사람들조차도 논리적 사고나 이해를 돕기보다는 공식과 원리에 입각한 암기를 강요하기 때문일 것이다.

포스트모더니즘 유행 이후 학제간 연구가 더욱 활발히 이루어지면서 이제 모든 학문 분야는 각각의 정체성 확립과 발전을 함께 도모하고 있다. 특히 자연과학에 대한 이해 또한 인문, 예술, 역사 등의 입장에서 재해석 및 재발견하는 데서 찾는 경향이 늘고 있다. 그리하여 과학이 실제 생활에 어떻게 이용되고 사회 · 문화적으로 어떤 영향력을 가지는지를 설명하는 책들이 많이 등장하고 있다.

이 책은 여러 가지 미생물에 대한 단순한 소개 정도로 그치는 것이 아니라, 미생물이 사람들의 생활에 어떠한 영향을 미쳤고 더 나아가 문화와 역사에서 어떠한 변화를 이끌어냈는지 등에 대해 이야기한다. 또한 앞으로 미생물이 우리의 세계를 어떻게 바꿀지에 대해서도 문화 · 인류학적인 면에서 전망한다.

저자는 미생물에 정통한 학자이면서도 서구를 중심으로 펼쳐진 문화와 역사 속에서 미생물이 사회를 변화시킨 사례를 찾아내어 간결하면서도 재미있게 풀어내고 있다. 그럼으로써 인간과 오랫동안 공존해온 생명체인 미생물들의 다양한 특성을 한눈에 파악하도록 했다.

모처럼의 기회로 번역을 해보니 역시나 만만치 않았다. 그래서 우리말로 옮기는 과정에서 꽤 어려움이 많았다. 전공 지식과 교양이 너무나 잘 어울려 있는 탓일 게다. 사이언스북스에 고마움을 전하며, 부디 많은 독자들이 이 책을 통해 미생물과 인간의 관계에 대한 이해를 늘리길 바란다.

찾아보기

ㅈ

ㅊ

ㅋ

ㅌ

ㅍ

ㅎ

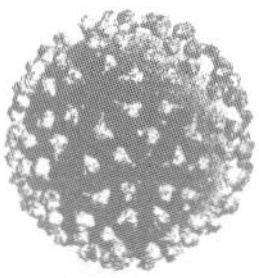

미생물의 힘

1판 1쇄 펴냄 2002년 5월 27일
1판 14쇄 펴냄 2022년 9월 15일

지은이 버나드 딕슨
옮긴이 이재열, 김사열
펴낸이 박상준
펴낸곳 (주)사이언스북스

출판등록 1997. 3. 24.(제16-1444호)
(우)06027 서울특별시 강남구 도산대로1길 62
대표전화 515-2000, 팩시밀리 515-2007
편집부 517-4263, 팩시밀리 514-2329
www.sciencebooks.co.kr

ISBN 978-89-8371-095-6 03470